浙江省普通本科高校"十四五"重点教材

化学与人类社会

Chemistry
and
Human Society

U0230714

谢洪珍 主编

化学工业出版社
·北京·

内容简介

《化学与人类社会》共分为九章：化学与能源、化学与电池、化学与材料、化学与大气、化学与水、化学与药物、化学与食品、化学与日用品、化学与生命科学。通过列举社会生产生活中的实例，引入最新科技成果和社会发展动态，介绍化学发展史和诺贝尔奖获得者及其突出贡献，读者可从化学知识中了解化学与社会发展和日常生活的联系，了解当今化学发展的现状和当前人们普遍关心的社会热点问题，拓展科学视野，提高科学素养。

本书可作为高等院校非化学类专业通识选修课教材，也可作为中学化学教师的教学参考书、中学生的课外读物以及社会各界了解化学与人类社会相关性的科普读物。

图书在版编目（CIP）数据

化学与人类社会/谢洪珍主编 . —北京：化学工业出版社，2023.4

ISBN 978-7-122-43008-3

Ⅰ.①化⋯　Ⅱ.①谢⋯　Ⅲ.①化学-关系-社会生活-研究　Ⅳ.①O6-05

中国国家版本馆 CIP 数据核字（2023）第 036839 号

责任编辑：汪　靓　宋林青　　　　　　　文字编辑：段正聿　葛文文
责任校对：宋　玮　　　　　　　　　　　　装帧设计：史利平

出版发行：化学工业出版社（北京市东城区青年湖南街 13 号　邮政编码 100011）
印　　装：三河市双峰印刷装订有限公司
787mm×1092mm　1/16　印张 12¾　字数 314 千字　2023 年 6 月北京第 1 版第 1 次印刷

购书咨询：010-64518888　　　　　　　　售后服务：010-64518899
网　　址：http://www.cip.com.cn
凡购买本书，如有缺损质量问题，本社销售中心负责调换。

定　　价：35.00 元

《化学与人类社会》编写人员名单

主　编：谢洪珍

副主编：胡宇芳　潘仲彬　朱倩倩　干　宁

编　者：谢洪珍　胡宇芳　潘仲彬　朱倩倩
　　　　干　宁　许　伟　李　星　李天华

化学是一门中心的、实用的和创造性的科学，与人类社会的发展有着非常深厚的渊源。化学在为人类探寻和利用新能源，开发新材料，保护环境，研制新药物，创建美好生活，探索生命奥秘等方面都起着关键作用。

本书是编者在多年化学与社会、化学与人类等通识课程的教学基础上编写而成的。全书共分成九章，分别是化学与能源、化学与电池、化学与材料、化学与大气、化学与水、化学与药物、化学与食品、化学与日用品、化学与生命科学。内容包括与人们社会生活密切相关的能源的开发和利用、材料的合成和应用、环境污染与治理、食品安全与人类健康、生命的本质五大主题，有意识地将新能源和锂离子电池、三大合成材料、禁塑令、雾霾、全球变暖、臭氧层空洞、水污染、药品与毒品、食品添加剂、食品安全、日用品安全、转基因、绿色合成化学等热门话题纳入本书的相应章节。同时，在每章的结束设立与正文密切相关的"科学家启示录"或"身边的化学"专栏，介绍优秀科学家的品质与成就和化学在社会生活中发挥的重要作用。

本书内容设计兼具思想性、科学性、先进性和实用性。通过各类思政案例的融入，在传授知识的同时实现价值引领，体现思想性；通过展示新成果，吸纳学科专业新理论，反映新知识、新技术和新工艺等，实现成熟与创新的有机统一，体现科学性和先进性；选题是与人们社会生活密切相关的五大主题，体现实用性。全书每章按照"案例引入"→"基本理论"→"存在问题"→"解决方案"的编写思路，实现了以"提出问题""分析问题""解决问题"为教学要务的目标。全面系统地介绍了化学的过去、现在和未来，同时体现了学科间的相互渗透和知识的再生。

本书编写立足化学基础知识，聚焦立德树人的根本任务，放眼科学发展前沿，紧扣主题，各章相对独立，全书又自成一体，对重要知识的介绍由浅入深，并且具有一定的深度和系统性，以满足不同层次读者的需要。旨在培养学生的科学社会观，增强学生的社会责任感，提高学生的科学素养，完善知识结构，从而高效率地学习，高质量地生活。本书可作为非化学专业本科生的通识课教材，也可供中学化学教师和科普爱好者作为科普性读物使用。本书在编写中参考了国内外的一些图书和期刊，在此对本书中所引用文献资料的中外作者致以衷心的感谢！

本书为新形态教材，配套有"化学与人类生活"在线课程，读者可扫描二维码或登录智慧树慕课平台进行学习。

鉴于本书内容涉及面广，加之编者学识水平有限，书中不足之处在所难免，真诚希望专家和读者不吝指正。

编者

2022 年 8 月

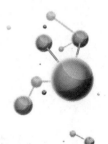

关注易读书坊
扫封底授权码
学习线上资源

课程导论

目录

关注易读书坊
扫封底授权码
学习线上资源

第一章

化学与能源

能源、材料和信息一起被称为 21 世纪人类社会的三大支柱，也是我们赖以生存的重要物质基础。能源，也被称为能源资源或能量资源，作为现代人类社会和经济可持续发展的根本动力，是国民经济发展的重要保证。关于能源，在中国的《能源百科全书》中给出了这样的定义："能源是可以直接或经转换提供人类所需的光、热、动力等任何一种形式能量的载能体资源。"能源可在自然界中呈现多种形态，并可以在不同形式之间互相转换。

第一节 能源分类和发展

能源的发展
与利用

一、能源的分类

中国新版的《能源词典》中把能源细分为 11 种，根据不同的分类标准，它可以被分成不同类型。根据能源的可再生性划分，能源被分为不可再生能源与可再生能源；根据其形态和使用过程中是否被加工过，能源被分为一次能源与二次能源（图 1-1）。像煤炭、天然气、地热、水能等自然界直接存在的，不必改变其基本形态就可以直接利用的能源，常被称为一次能源。二次能源是由一次能源经过加工或转化成的另一种形态的能源产品，如电力、焦炭、汽油、柴油、煤油等。上述分类中可再生能源通常指的是新能源，不可再生能源就是常规能源或称为传统能源。

二、能源的发展

人类利用能源经历了"火与柴草""煤炭与蒸汽机""石油与内燃机""新能源与可持续发展"四个阶段的演变，其中前三个阶段已经完成，第四个阶段正在发生与演变。在世界能源利用总量不断增长的同时，能源结构也在不断变化（图 1-2）。每一次能源时代的变迁，

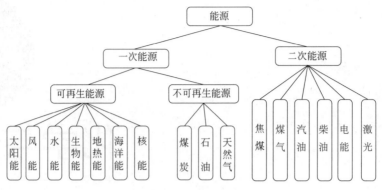

图 1-1　能源的分类

都伴随着生产力的巨大飞跃，极大地推动了人类经济社会的快速发展。

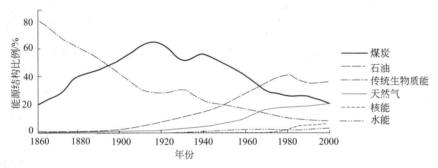

图 1-2　1860—2000 年世界能源结构的变化

（一）火与柴草时代

在古代，人们很早就掌握了不同形态能量之间的转换，钻木取火（图 1-3）就是一种把机械能转化成热能的方式。钻木取火的发明和柴草的利用，促使古代生产力诸要素发生了巨大的变化。第一点火改变了劳动者的饮食习惯，扩大了食物来源和种类。第二点，火和柴草相结合的能源体系对于劳动工具的发展也起到了重要作用。例如，木矛、弓箭、木臼、独木舟的加工，陶瓷工具、金属工具的制作都离不开火。第三点，其增加了原材料的种类，提高了原材料的质量，例如，陶瓷的制作、砖瓦的焙烧、金属的冶炼都需要火和柴草。钻木取火是人类历史上一个划时代的发明，恩格斯曾高度评价说："就世界性的解放作用而言，摩擦生火还是超过了蒸汽机，因为摩擦生火第一次使人支配一种自然力，从而最终把人同动物分开。"

在人类漫长的历史中，人类通过对木材和畜力、风力及水力等能源和天然动力的控制和利用，大幅度增长了支配环境的能力，使社会生产力不断提高。从远古时代到 18 世纪中叶，柴薪在世界一次能源的消费结构中一直占首位。

图 1-3　钻木取火

（二）煤炭与蒸汽机时代

公元前 200 年左右的我国西汉时期，已用煤炭作为燃料来冶铁。意大利人马可波罗来到中国见到煤炭，回国后在他所写的游记《东方见闻录》中介绍了中国这种耐燃且便宜的矿石："契丹（元朝）全境之中，有一种黑石，采自山中，如同脉络，燃烧与薪无异，其火候且较薪为优。盖若夜间燃火，次晨不息。其质优良，致使全境不燃他物。"

在 16 世纪的欧洲，英国的采矿业特别发达，已经具有了相当的规模。到 1700 年，矿井的深度已达 60 米。此时，人们在矿井中遇到沼气与渗水的难题，英国的工业革命也因此差点"胎死腹中"。这时很多技术人员致力于如何将矿井深层的水顺利地排出井外，研究各种各样的工具。幸运的是，当时瓦特被一所学校邀请来修理一台纽可曼式蒸汽机。在修理的过程中，他熟悉了蒸汽机的结构和原理，并发现了这种蒸汽机的缺点。经过三年多的时间，瓦特攻克了各种难题，终于制造出了第一台可用于工业生产的蒸汽机（图 1-4）。

图 1-4　瓦特和蒸汽机

18 世纪下半叶，蒸汽机的发明和使用，将人类文明推上了一个热火朝天的新阶段。据统计，从 1860 年到 1920 年，煤炭在世界一次能源消费结构中所占的比例由 24％上升到 62％。在此期间，煤炭取代柴薪成为主要能源。19 世纪建立在煤炭能源上的工业革命迅速改变了全球经济，煤炭与蒸汽机正是工业革命的关键，促进人类进入能源史的第二个阶段。

（三）石油与内燃机时代

如果说煤炭与蒸汽机是能源史的第二阶段，那么石油与内燃机就掀起了第二次人类能源史的变革。1859 年，德再克用小型蒸汽机为动力的钻探机发现了石油，为美国和全球拉开了第一波石油热的序幕。19 世纪 80 年代，德国人卡尔·本茨成功地制造了第一台汽油内燃机驱动的汽车（图 1-5）。1896 年，美国的亨利·福特制造了第一辆四轮汽车。随后，以内燃机为动力的机车、远洋船舶、航空器也不断出现。1903 年，莱特兄弟在美国成功试飞了自己制造的飞机。另外，内燃机的发明还促进了石化工业的发展。从 19 世纪 80 年代开始，有机化工也得到了发展，人们开始提取苯、煤焦油等有机原料。通过化学合成的方法，美国人发明了塑料，法国人发明了人造纤维，这大大促进了化工行业的发展，此时石油已成为一种极其重要的新能源。依托于石油、内燃机和电力的应用，世界由"蒸汽时代"进入"电气时代"。

1950 年，世界石油能源消费已近 5 亿吨。能源结构由单一的煤炭转向石油和天然气，对社会经济的发展起到了重要作用。在 20 世纪 50～60 年代，西方发达国家依靠充足的石油供应，也实现了经济的高速增长。

图 1-5　卡尔·本茨和内燃机

（四）新能源和可持续发展时代

　　化石能源的发现和利用，极大地提高了劳动生产率，使人类由农耕文明进入工业文明，推动人类社会大繁荣、大发展，但与此同时，化石能源耗竭的危险日益临近。同时，大量化石能源的利用，也带来了日益严重的环境污染和气候变化问题，迫使人们反思只讲发展不讲保护、只讲利用不讲修复的发展方式。20 世纪 70 年代以来，世界能源开发利用开始经历第三次转变，即从以石油、天然气为主的能源系统，开始转向以生物能、风能、太阳能等可再生能源为基础的新能源和可持续发展的能源系统。

三、我国的能源结构特点

　　随着我国经济的快速发展，一次能源消费基本上一直处于上升趋势。1990 年能源消费总量为 9.9 亿吨标准煤（1 吨标准煤 = 29GJ）。21 世纪以来，消费总量快速增长，从 2000 年的 14.7 亿吨标准煤增长到 2019 年的 48.7 亿吨标准煤，增长了 2.3 倍。同时，前 15 年煤炭消费的增加趋势与能源消费的增长趋势基本保持一致。2015 年以来，我国煤炭消费量趋于平缓，消费量在 27 亿吨标准煤左右。煤炭消费占比基本处于不断下降的趋势，由 2007 年峰值的 72.5% 连续降至 2019 年的 57.7%（图 1-6）。

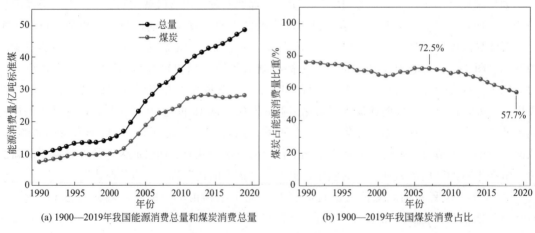

(a) 1900—2019年我国能源消费总量和煤炭消费总量　　　　(b) 1900—2019年我国煤炭消费占比

图 1-6　我国能源消费结构变化

《世界能源发展报告（2021）》指出，"十三五"期间，我国能源结构逐渐向清洁、低碳、高效方向发展，能源利用效率不断提高，重点行业用能持续下降，二氧化碳排放逐年减少。数据显示，2020 年煤炭在一次能源中的消费占比降至 56.8%，煤炭消费增速也明显下降，煤炭消费量为 28.27 亿吨标准煤。

常规能源

第二节　常规能源

常规能源也称为传统能源，是指大规模生产和广泛使用的能源。如煤炭、石油、天然气等都属于一次性不可再生的常规能源，又称为化石能源。大约两个世纪之前，工业革命开始后，全世界开始了对化石能源的大规模开发，直到今天仍在继续。

一、煤

（一）煤的主要成分和结构

煤炭被人们誉为黑色的金子、工业的粮食，它是 18 世纪以来人类使用的主要能源之一。煤炭是最丰富的化石燃料，占世界化石燃料的 70% 以上，目前煤炭约占世界一次能源消耗的 30%。煤是由古代植物堆积在湖泊、海湾、浅海等地方，长期受到高温和压力，经过复杂的生物化学、物理化学和地球化学作用，转化而成的一种具有可燃性的沉积岩，这个转变过程称为植物的成煤作用。现代成煤理论认为煤化过程为：植物→泥炭→褐煤和无烟煤（图 1-7），所以根据煤化程度由低到高，可将煤依次分为泥炭、褐煤、次烟煤、烟煤和无烟煤。煤的等级越高，其颜色越黑，质地也越密。

植物　　　　　　植物枯萎　　　　　　植物遗骸被埋于土中，经
　　　　　　　　　　　　　　　　　　复杂变化形成煤

图 1-7　煤化过程

煤炭是一类具有高碳氢比的有机交联聚合物与无机矿物所构成的复杂混合物，以有机物为主。煤的化学结构模型有多种，现在公认的模型如图 1-8 所示。煤中的有机质主要由碳、氢、氧、氮和硫等 5 种元素构成，其中碳、氢、氧占有机质的 95% 以上，此外还有少量的氮、硫和其他元素，将其平均组成折算成原子比，一般可用 $C_{135}H_{96}O_9NS$ 表示。从结构模型可以看出，煤炭中含有大量的环状芳烃，并且夹杂着含 S 和含 N 的杂环，同时煤在燃烧过程中有 S 或 N 的氧化物产生，对大气造成污染。煤中无机物所包含的元素达数十种，例如，Ca、Mg、Al 等，它们常以硫酸盐、碳酸盐和硅酸盐形式存在；Na、K 常以硅酸盐形

式存在；Fe 常以硫酸盐、碳酸盐、硫化物和氧化物等形式存在于煤中。无机物常被有机大分子所填充和包埋，煤燃烧后这些无机物构成煤的灰分。所以煤燃烧后的灰分为各种矿物质，如 SiO_2、Al_2O_3、Fe_2O_3、CaO、MgO、K_2O、Na_2O 等。

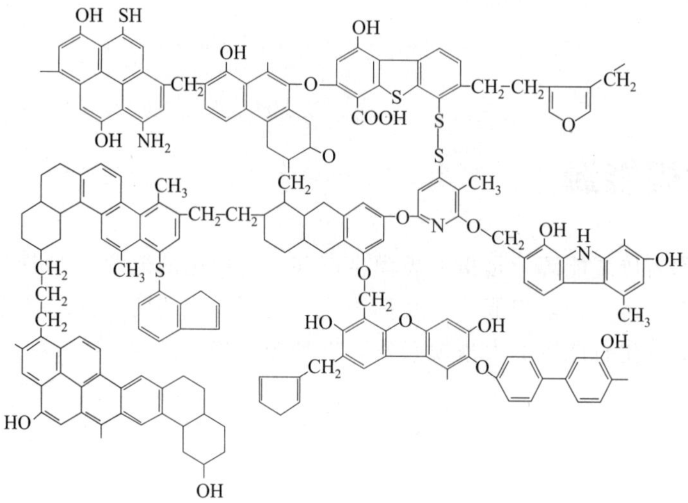

图 1-8 煤的结构模型

（二）煤的分布和利用

1. 煤的分布

世界各地虽然都有煤炭资源，但是分布不均匀，绝大部分都埋藏在北纬 30°以上地区。按探明的储量，世界煤炭资源的储量和密度，北半球高于南半球，特别是高度集中在亚洲、北美洲和欧洲的中纬度地带，约占世界煤炭资源的 96%，形成两大煤炭蕴藏带：一是亚欧大陆煤田带，东起我国东北、华北煤田延伸到俄罗斯的库茨巴斯、伯绍拉，哈萨克斯坦的卡拉干达和乌克兰的顿巴斯煤田，波兰和捷克的西里西亚，德国的鲁尔区，再向西越海到英国中部；二是北美洲的中部。而南半球含煤率低，仅澳大利亚、南非和博茨瓦纳发现有较大煤田。截至 2020 年年底，全球已探明的煤炭储量为 1.07 万亿吨，分地区来看，亚太地区储量占比 42.8%，北美地区占比 23.9%，独联体国家占比 17.8%，欧盟地区占比 7.3%，以上 4 个地区储量合计占比超过 90%。从国家来看，美国是全球煤炭储量最丰富的国家，占全球资源的 23.2%，俄罗斯占比 15.1%，澳大利亚占比 14%，中国占比 13.3%，印度占比 10.3%，以上 5 个国家储量之和占全球总储量的 76%；而印度尼西亚和蒙古国煤炭的探明储量占比仅为 3.2% 和 0.2%

2. 煤的利用

煤的用途十分广泛（图 1-9），根据其使用目的可分为两大类：动力煤和炼焦煤。我国动力煤的主要用途为：①发电用煤，我国三分之一以上动力煤用来发电；②蒸汽机车用煤，占动力煤的 2% 左右；③建材用煤，约占动力煤的 10% 以上，以水泥用煤量最大，其次为玻璃、砖和瓦等；④一般工业锅炉用煤，除热电厂及大型供热锅炉外，一般企业及取暖用的工业锅炉，数量大且分散，约占动力煤的 30%；⑤生活用煤，数量也较大，约占动力煤的 20%；⑥冶金动力用煤，主要为烧结和高炉喷吹用无烟煤，用量比较少。

图 1-9 煤的用途

我国虽然煤炭资源比较丰富，但是炼焦煤资源还相对较少。炼焦煤的主要用途是炼焦炭，焦炭由焦煤和混合煤高温冶炼而成，是目前钢铁行业的主要生产原料，被誉为钢铁工业的"基本粮食"，是世界各国在市场上必争的原料之一。

3. 煤作为能源的缺点

虽然煤在全世界都在大量开采利用，仍然是现在广泛使用的燃料，但它本身具有一些缺点。首先，煤的开采涉及地下采矿，这既危险又昂贵。开采煤的过程中，可能会发生的有毒气体泄漏（硫化氢）或者瓦斯爆炸（比如甲烷）、煤炭粉尘爆炸、地震活动、水灾或者机械故障等，都会引发矿难。另外，煤的开采和使用过程中会造成环境污染。煤炭的开采会导致土地资源破坏以及生态环境的恶化，很容易破坏地下水资源，加剧缺水地区的供水紧张。煤炭开采过程中，矿井瓦斯的排放和地面矸石山自然释放的气体，都会造成环境污染。

（三）洁净煤技术

煤是固体燃料，其缺点是燃烧反应速率慢，利用效率低，而且煤在燃烧过程中产生温室气体二氧化碳，比起石油和天然气来说，煤燃烧过程中每释放 1kJ 热量，会产生更多的二氧化碳。另外含硫多的煤在燃烧时，产生二氧化硫气体，与空气中的水反应，生成酸雨而污染环境，危害植物，这些都是大气污染的重要来源。因此世界各国都致力于开展洁净煤技术，实现煤的高效与清洁利用。

洁净煤技术（clean coal technology，CCT），是指在煤炭开发利用过程中旨在减少污染排放与提高利用效率的燃烧、转化合成、污染控制、废物综合利用等先进技术。为了解决美国和加拿大的越境酸雨问题，美国于 1986 年率先提出洁净煤技术。洁净煤技术主要包括煤的气化、液化和焦化。

1. 煤的气化

煤的气化是将煤在氧气不足的情况下进行部分氧化，使煤中的有机物转化为一氧化碳、氢气和甲烷等可燃性气体的过程。这些气体在较低的温度下燃烧，从而减少氮氧化物的产生。例如，焦炭与水蒸气在高温下反应产生水煤气，即：

$$C(s)+H_2O(g) \longrightarrow CO(g)+H_2(g)$$

2. 煤的液化

煤的液化也称为人造石油，是将煤转化为清洁的液体燃料（如汽油、柴油和航空煤油等）或化工原料的一种先进的洁净煤技术。煤的液化分为直接液化和间接液化。直接液化是将煤加热解离，使大分子变小，然后在催化剂的作用下加氢（450～480℃，12～30MPa），从而得到各种燃料油，其实际工艺相当复杂，涉及多种化学反应。间接液化是把煤气化得到 CO 和 H_2 等气体后，在一定的温度、压力和金属催化剂的作用下合成烷烃、烯烃和含氧化合物。煤液化的目的之一是寻找石油的替代能源，煤炭储量是石油的 10 倍以上，并且煤液化有利于提高煤炭资源利用率，是减轻燃煤污染的有效途径。

3. 煤的焦化

煤的焦化又称煤炭高温干馏，是以煤为原料，在隔绝空气条件下，加热到 950℃左右，经高温干馏生成焦炭，同时获得煤气、煤焦油并回收其他化工产品的一种煤转化工艺。

二、石油

石油被称为"工业的血液""黑色的黄金"等。中国是世界上最早发现和利用石油的国家之一，最早提及石油的是东汉时期的班固，他在《汉书·地理志》中记载："高奴有洧水，可燃。"汉代的上郡高奴县故城在今陕西延长县。最初发现的石油是自然溢出地面的，后来随着石油的使用越来越多，人们就开始凿井开采。我国最早的石油井出现在元朝。据《大元一统志》中记载："在延长县南迎河有凿开石油一井，其油可燃……"可见，我国在元代时便已钻井采油了。

石油是国家现代化建设的战略物资，许多国际争端往往与石油资源有关。石油产品的种类已超过千种，现代生活中的衣食住行都直接或间接地与石油产品有关。从 19 世纪后半叶开始，世界能源结构发生了第二次大转变。石油超过煤而成为当今世界上最重要的化石燃料之一，占总能源的约 36％。与煤不同，石油具有液体的明显优势，容易泵送到地面，并可通过管道运输到炼油厂。

（一）石油的组成和结构

石油是由远古时期沉积在海底和湖泊中的动植物遗体中的有机质不断分解，与泥沙或碳酸质沉淀物等物质混合组成沉积层，经过千百万年的漫长转化过程而形成的碳氢化合物的混合物（图 1-10）。直接从地壳开采出来的石油称为原油，是一种黏稠的深褐色液体。原油及其加工所得的液体产品总称为石油。

图 1-10　石油的形成过程

石油的主要组成元素为碳（C）、氢（H）、氧（O）、硫（S）、氮（N），其中碳和氢（质量分数）分别占83%～87%和11%～14%，此外，还包含少量的O、N和S及微量金属元素（镍、钒、铁、锑等）。石油是多种碳氢化合物的混合物，主要是烷烃、环烷烃、芳香烃和烯烃，以及少量的有机硫化物、有机氧化物、有机氮化物、水分和矿物质。与前面讲的煤相比，石油的含氢量较高，而含氧量较低。石油以直链烃为主，煤以芳香烃为主。

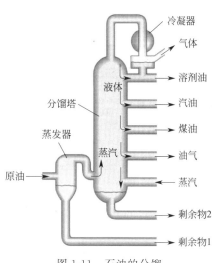

图 1-11　石油的分馏

（二）石油的深加工

人们是如何从石油中得到汽油和其他碳氢化合物的呢？这个过程发生在炼油厂，主要包括对石油的分馏、裂化、重整和精制等。

1. 分馏

要蒸馏原油，首先必须将其泵入锅炉中加热。在加热过程中，由于烃的沸点随碳原子的增加而升高，碳原子少的低沸点烃，先汽化，经过冷凝先分离出来，随着温度的升高，沸点较高的烃再汽化，经过冷凝也分离出来，借此可以把石油分成不同沸点范围的蒸馏产物分离，这个过程就称为分馏（图1-11）。表1-1中列出了经过分馏可以得到的多种石油产品及其用途。

表 1-1　石油分馏主要产品及用途

类别	温度范围/℃	分馏产品名称	碳原子数	主要用途
气体		石油气	$C_1 \sim C_4$	化工燃料、气体燃料
轻油	30～180	溶剂油	$C_5 \sim C_6$	溶剂
		汽油	$C_6 \sim C_{10}$	汽车用液体燃料
	180～280	煤油	$C_{10} \sim C_{16}$	液体燃料、溶剂
	280～350	柴油	$C_{17} \sim C_{20}$	柴油机用燃料
重油	350～500	润滑油、凡士林	$C_{18} \sim C_{30}$	工业用润滑油
		石蜡	$C_{20} \sim C_{30}$	蜡烛、肥皂
		沥青	$C_{30} \sim C_{40}$	建筑业、铺路
	>500	渣油	$>C_{40}$	机电、金属铸造燃料

在30～180℃范围内可收集$C_6 \sim C_{10}$馏分，这就是汽油，以C_7和C_8成分为主。其中最具代表性的组分是辛烷，所以汽油的质量往往用"辛烷值"来表示。辛烷值（octane number）是衡量汽化器式发动机燃料的抗爆性能好坏的一项重要指标。汽油的辛烷值越高，抗爆性越好，发动机就可以用更高的压缩比。也就是说，如果炼油厂生产的汽油的辛烷值不断提高，则汽车制造厂可随之提高发动机的压缩比，这样既可以提高发动机效率，增加行车里程数，又可节约燃料。随着石油工业的发展，早年发现异辛烷（2,2,4-三甲基戊烷）的抗爆性最好，将其辛烷值定为100。正庚烷的抗爆性最差，定为0。例如平常汽车所用的92号汽油，表示其与含有异辛烷92%、正庚烷8%的标准汽油具有相同的抗爆性。

2. 裂化

裂化就是在一定条件下，将碳原子数目较多的碳氢化合物分解为各种小分子的烷烃。例如在加热、加压和催化剂的存在下，十六烷裂化为辛烷和辛烯，化学反应方程式为：

$$C_{16}H_{34} \xrightarrow{\text{加热、加压和催化剂}} C_8H_{18} + C_8H_{16}$$
十六烷   辛烷   辛烯

裂化包括热裂化和催化裂化两种方法。热裂化通常是在 $700\sim900℃$ 的高温下进行，其主要目的是获得化工原料，如乙烯、丙烯、丁烯、丁二烯和少量的甲烷、丙烷等。催化裂化反应温度较低，一般在 $400\sim500℃$。催化裂化能提高汽油的产量和质量，是因为在碳链断裂的同时，还有异构化、环化、脱氢等反应发生，生成带有支链的烷烃、烯烃和芳香烃。

3. 重整和精制

重整就是把馏分中的烃类分子重新排列而构成新的分子结构。重整的结果是支链异构体和芳烃增加，而这些新的化合物中，碳原子数仍然是在汽油的组成范围之内，因此可以大大提高汽油的辛烷值。分馏和裂解所得的汽油、煤油、柴油中都含有氮和硫的杂环有机物，燃烧过程中会产生氮氧化物、硫氧化物等有害气体，污染空气。为了减少环境污染，提高油品质量，常对燃料油进行催化加氢处理，使氮、硫变为氨和硫化氢而除去。

原油经过分馏、裂化、重整和精制等步骤，获得了各种燃料和化工产品，有的可直接使用，有的还需进行深加工。

三、天然气

（一）天然气的组成和特点

天然气是指自然界中天然存在的一切气体，包括大气圈、水圈和岩石圈中各种自然过程形成的气体（包括油田气、气田气、泥火山气、煤层气和生物生成气等）。而人们长期以来通用的"天然气"的定义，是从能量角度出发的狭义定义，是指天然蕴藏于地层中的烃类和非烃类气体的混合物。

天然气的主要元素组成为 C、H、O、S、N 及微量元素，其中碳占 $65\%\sim80\%$，氢占 $12\%\sim20\%$。天然气中的烃类主要是甲烷，一般含量在 80% 以上。输送到用户家中的天然气几乎是纯甲烷，也包括乙烷（$2\%\sim6\%$）和其他分子量的烃。天然气自身无色无味，但是生活中使用的天然气有一种难闻的味道，这来自天然气在通过管道送到最终用户之前添加的硫醇气，以助于泄漏检查。

天然气是较为安全的燃气之一，比空气轻，一旦泄漏立即会向上扩散，不易聚集形成爆炸性气体，安全性比较高。天然气作为一种清洁能源与煤相比，能减少二氧化碳和粉尘排放接近 100%，减少二氧化碳排放量的 60% 和氮氧化合物排放量的 50%。并有助于减少酸雨形成，减缓地球温室效应，从根本上改善环境质量，所以天然气是 21 世纪的主要能源。有

图 1-12 我国的西气东输工程

专家预测，到 2040 年天然气将超过石油和煤炭成为世界第一能源。例如，我国的西气东输工程是开发大西北的一项重大工程（图 1-12），该重大工程的实施，将取代部分工业和居民使用的煤炭和燃油，有效改善大气环境，提高人们的生活质量。

（二）可燃冰

自然界中另外一种天然气的存在形式是天然气水合物，也被称为"可燃冰"。当提到能源时，浮现在人们脑海中的常常是燃烧的火焰，而绝不是冰块。但是"可燃冰"就是可以燃烧的"冰块"。

可燃冰实际上是一种天然气水合物的新型矿物，它是在低温、高压条件下，由天然气分子与水分子组成的一种类结晶化合物的固体物质。其分子结构就像一个一个的"笼子"，由若干水分子通过氢键构成刚性"笼子"，里面关着一个天然气分子，其分子式为 $CH_4 \cdot nH_2O$（图 1-13）。

图 1-13　天然气水合物及其结构

由于可燃冰杂质少，燃烧后几乎不会产生有害污染物质，尤其是生成的二氧化硫要比燃烧原油和煤低两个数量级，是一种新型清洁能源。有科学家预测，地球海底可燃冰的储藏量相当于目前世界能源消耗量的 200 倍。由于可燃冰有很强的吸附天然气的能力，一个体积单位的可燃冰可以分解为 164 个单位的天然气及 0.8 个单位的水，也就是 $1m^3$ 可燃冰释放出的能量，相当于 $164m^3$ 的天然气。目前，国际公认全球的可燃冰总储量是地球上所有煤、石油和天然气总和的 $2\sim3$ 倍。

陆地永久冻土带和深水大陆架具有形成天然气水合物的有利条件。天然气水合物中的甲烷大多数是由当地生物活体产生。海底的有机物沉淀都有几千几万年甚至更久远的历史，死的鱼虾、藻类体内都有碳，经过生物转化，可形成充足的甲烷气源。另外海底的地层是多孔介质，在温度、压力和气源三项条件都具备的情况下，便会在介质的空隙中生成甲烷水合物晶体。

通过多年的调查和预测，我国在南海地区预计有 680 亿吨油当量的可燃冰。在青海地区发现 350 亿吨油当量的天然气水合物。但是技术问题和开发成本成为各国开采可燃冰的瓶颈。近年来中国在开采可燃冰方面取得了重大的进展。

第三节　能量的产生和转化

一、能量的产生

发电厂是如何"生产"电的？

（一）燃烧热

煤、石油和天然气等常规能源的燃烧可以产生热量，这里重点介绍燃烧过程产生热量的原理和其中涉及的化学概念。

　　化学变化都伴随着能量的变化，在化学反应中拆散化学键需要吸收能量，而形成新的化学键则放出能量。由于各种化学键的键能不同，所以当化学键改组时必然伴随着能量的变化。在化学反应中放出的能量大于吸收的能量，则反应为放热反应，反之为吸热反应。下面以氢气的燃烧反应为例，介绍化学反应变化中如何计算燃烧反应中的吸放热。表 1-2 中列出了氢氢键、氧氧双键以及氢氧键的键能。

表 1-2　氢气燃烧反应中的吸放热

分子	每个分子中化学键的数目	反应中物质的物质的量/mol	化学键的总物质的量/mol	每个化学键的键能/kJ	总能量/kJ
H—H	1	2	$1 \times 2 = 2$	$+436$	$2 \times (+436) = +872$
O=O	1	1	$1 \times 1 = 1$	$+498$	$1 \times (+498) = +498$
H—O—H	2	2	$2 \times 2 = 4$	-467	$4 \times (-467) = -1868$

　　反应中 2mol 氢气加 1mol 氧气，生成 2mol 水：

$$2H_2 + O_2 \longrightarrow 2H_2O + 能量$$

　　反应过程中拆开 2mol 氢氢键所消耗的能量为 872kJ，这里的正号表示吸收能量，拆开 1mol 氧氧双键所需要吸收的能量为 498kJ。此反应形成 4mol 氢氧键所放出的能量为 1868kJ，所以整个反应的净能量变化为 $-498kJ$。这里用负号表示放出能量，也就是 2mol 氢气燃烧生成 2mol 水，所放出的能量为 498kJ。这种燃烧反应过程中放出的能量通常称作燃烧热，化学上把它定义为 1mol 纯物质完全燃烧放出的热量。燃烧热通常取正值，利用同样的方法可以计算出甲烷的燃烧热为 802.3kJ/mol。这表明 1mol 甲烷与 2mol 氧气反应，生成 1mol 二氧化碳和 2mol 水产生 802.3kJ 的热量。为了便于不同燃料之间燃烧热的比较，可以用燃烧热计算出每克燃料释放出的热量。已知甲烷的摩尔质量为 16.0g/mol，计算出其燃烧热为 50.1kJ/g，在常用的燃料中，甲烷的这个值是很高的。

　　表 1-3 中列出了几种常规能源的燃烧热。通过比较，可以看出石油的燃烧热为 48kJ/g，而煤炭只有 30kJ/g，每克石油比煤多释放约 60% 的能量，而天然气是化石能源中燃烧热最高的。好的燃料应具有高的燃烧热，燃烧热越高，燃烧生成二氧化碳和水放出的热量就越多。

表 1-3　几种不同能源燃烧热的比较

能源	木材	煤炭	石油	天然气
燃烧热/(kJ/g)	14	30	48	50

（二）热化学反应方程式

　　在化学反应中能量变化通常用热化学方程式表示，如甲烷燃烧反应的热化学反应方程式为：

$$CH_4(g) + 2O_2(g) = CO_2(g) + 2H_2O(l) \quad \Delta H^{\ominus} = -50.1kJ/g$$

ΔH 表示恒压反应热，又称为反应焓变，负值表示放热反应，正值表示吸热反应。反应热与温度、压力及反应物和生成物的状态有关，因此热化学反应方程式中必须标明物质的状态，如气体（g）、液体（l）或固体（s）。

二、能量的转化

　　能源的利用，其实质就是能量的转化过程。例如，煤、石油和天然气等常规能源的燃烧可以将化学能转化为热能。大多数情况下，由于热能难以控制，不方便运输及应用，人们一般不将其作为最终使用的能量。电能是人们日常生活中常用的能量形式，火力发电厂就是将热能转化为电能的典型例子。

（一）火力发电厂中的能量转化

最早的火力发电是 1875 年在法国巴黎北火车站的火电厂实现的。这座火力电厂安装直流发电机，给附近照明供电。随后，美国、俄国、英国也相继建成火电厂。1882 年，我国在上海建成一座装有 12 kW 直流发电机的火电厂（乍浦路火电厂），为电灯供电。随后，火力发电在全世界发展成为主要的发电形式。

火力发电厂是如何把燃煤产生的热量转化为电的呢？例如，以煤为燃料的发电厂从煤的燃烧到最终电能的产生，需要经过以下几个步骤的能量转化。

1. 化学能转化为热能

煤的燃烧产生热能，在锅炉煤床中温度可达 600℃，为了产生此热量，一小型发电厂每小时就要燃烧一火车车厢的煤。此过程中煤储存的化学能转变为热能。

2. 热能转化为机械能

在封闭的高压系统中，燃烧释放的热量用于加热水，形成高温高压蒸汽，当蒸汽受热膨胀时，它会通过涡轮机，并使其旋转。此过程水的热能转化为涡轮机的机械能。

3. 机械能转化为电能

涡轮机的轴与磁场内旋转的大线圈相连接，带动该线圈转动产生电流。同时水蒸气离开涡轮并继续在系统内循环。水蒸气通过冷凝器在那里冷却，冷水带走剩余的热能。冷凝水进入锅炉，重新进行能量转换循环。此过程涡轮机机械能转化为电能。所以火力发电厂发电过程的能量转化为：化学能→热能→机械能→电能。

（二）发电厂的能量转化效率

煤燃烧获取电能的过程，经过了一系列的能量之间的相互转化。这些能量转化之间的效率是怎么样的呢？是不是煤燃烧放出的全部能量最后都转变成电能了呢？如果不是这样，能量的转化效率是如何计算的呢？发电厂能量转化之间的效率用净效率来表示：

$$净效率 = \frac{产生的电能}{燃料产生的能量} \times 100\%$$

大多数化石燃料发电厂的净效率，通常在 35%～50%。发电厂化学能转变成电能的过程，必须通过锅炉、涡轮机和发电机三大设备进行三次转换才能实现，所以火力发电厂的效率取决于三大主要设备的效率。三大设备中发电机和管理系统的效率均在 99% 以上，锅炉的效率也达到了 90% 左右。所以，涡轮机效率是影响发电厂效率的决定性因素。使涡轮机旋转的高温蒸汽将能量传递到涡轮机时，蒸汽的动能降低、冷却并且压力下降，下降到一定程度后，蒸汽就不再有足够的能量来推动涡轮机旋转了，这种未被利用的蒸汽的产生，加热它仍然需要大量的能量，这部分能量没有被转化为电能，导致了发电厂的低效率。

（三）我国电力结构

火力发电是我国的主要发电形式，长期占据总装机容量和总发电量的七成左右。火力发电包括燃煤发电、燃气发电、燃油发电、余热发电、垃圾发电和生物质发电等具体形式。根据2021年中国能源大数据显示，全国发电量为77790.6亿kW·h，其中火力发电量53302.5亿kW·h，占比为68.5%。基于我国资源国情和各类发电形式的技术经济性，燃煤发电长期占据我国火力发电领域的主导地位。

在碳达峰、碳中和的大背景下，国家在逐渐调整电力结构，减少以煤炭发电为代表的火力发电。从表1-4中明显可以看出，2020年，我国火电发电量53302.5亿kW·h，同比增长2.1%，最近几年增速不断下滑；水电发电量13552.1亿kW·h，同比增长3.9%，最近几年保持低速增长；核电发电量3662.5亿kW·h，同比增长5.1%，增速下滑明显；风电、太阳能发电量分别为4665亿kW·h和2611亿kW·h，分别同比增长15.1%和16.6%。我国电力结构发生的明显变化，得益于国家政策支持和财政补贴，也表明了我国实现"双碳目标"的决心。

表1-4　2011—2020年我国电力结构变化　　　　　　单位：亿kW·h

年份	火电	水电	核电	风电	太阳能发电
2011	38337.0	6989.4	863.5	703.3	6.0
2012	38928.1	8721.1	973.9	959.8	36.0
2013	42470.1	9202.9	1116.1	1412.0	84.0
2014	44001.1	10728.8	1325.4	1599.8	235.0
2015	42841.9	11302.7	1707.9	1857.7	395.0
2016	44370.7	11840.5	2132.9	2370.7	665.0
2017	47546.0	11978.7	2480.7	2972.3	1178.0
2018	50963.2	12317.9	2943.6	3659.7	1769.0
2019	52201.5	13044.4	3483.5	4057.0	2240.0
2020	53302.5	13552.1	3662.5	4665.0	2611.0

第四节　新能源

在过去的20世纪，人类是用煤、石油和天然气等生物质和矿物质作为主要能源和有机化工原料的，然而使用这些矿物原料不仅容易造成严重的环境污染，而且不可再生，因此研究和开发清洁而又用之不竭的新能源，是21世纪能源发展的首要任务。

新能源（或可再生能源），是指传统能源之外的各种能源形式。新能源包括各种可再生能源和核能。它的各种形式大都是直接或者是间接来自于太阳或地球深处所产生的热能，包括太阳能、风能、生物质能、地热能、水能和海洋能以及由可再生能源衍生出来的生物燃料和氢所产生的能量等。

一、核能

（一）核裂变如何产生能量

核裂变如何产生能量

1939年，费里施在研究核裂变现象时观察到伴随着碎片有巨大的能量，同时约里奥·居里夫妇和费米都测定出铀裂变时还会放出中子，这使链式反应成为可能，至此释放原子能的前期技术研究已经完成。1942年，在费米领导下，人类成功地建造了第一座原子核反应堆。

核裂变怎样产生能量？回答这一问题要用到爱因斯坦的质能关系式 $E = mc^2$。它揭示能量 E 与物质或者说质量 m 的等价性，式子中符号 c 为光速 2.9979×10^8 m/s，$c^2 = 8.9874 \times 10^{16}$ m^2/s^2。大的 c^2 值意味着可以从很小的质量变化中获得巨大的能量。核裂变中的金属铀元素在自然界中有两种同位素，它们都含有 92 个质子，电中性的原子有 92 个电子。其中丰度为 99.3% 的铀同位素，有 146 个中子，这种同位素的质量数是 238，即 92 个质子和 146 个中子，这种同位素为 U-238。丰度 0.7% 的铀同位素含有 143 个中子和 92 个质子，即 U-235。尽管 U-235 和 U-238 之间的区别，仅在于三个中子，但这一差值导致了核性质的基本差异。在核反应堆中，U-238 不发生裂变，而 U-235 会发生裂变。U-235 的裂变产物成分很复杂，在裂变产物中含有 30 多种元素。下面是 U-235 一种重要的裂变方式。核裂变过程由中子引发，又放出中子，由反应方程式可以看出，开始一个中子撞击 $^{235}_{92}$U 核，$^{235}_{92}$U 核俘获中子变成一个重一点的铀同位素 $^{236}_{92}$U 核：

$$^{1}_{0}\text{n} + ^{235}_{92}\text{U} \longrightarrow [^{236}_{92}\text{U}] \longrightarrow ^{142}_{56}\text{Ba} + ^{91}_{36}\text{Kr} + 3^{1}_{0}\text{n}$$

$^{236}_{92}$U 写在方括号里，表示其仅仅短时间存在，U-236 很快分裂成两个较小的原子核 Ba-142 和 Kr-91 并释放出三个中子（图 1-14）。核裂变的方程式中两边都含有中子，左边的中子引发裂变反应，而右边的则由裂变反应产生，所产生的每一个中子随之撞击另外一个 U-235 引起核的分裂，并释放出更多中子，这就是链式反应的原理。从链式反应的原理我们可以看出，反应产物中的中子又可以作为反应物继续下一步的反应，所以链式反应可以自己维持下去。当然链式反应不仅仅可以自己维持，而且还可以迅速扩展，最后可能引发核爆炸特征失控的链式反应。

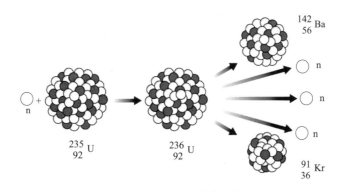

图 1-14　U-235 的裂变反应

U-235 的裂变反应方程式两边的总质量数相等，也就是质子数和中子数之和相等，从这一点上来看，反应过程没有质量损失，但是实际上反应前后质量略有减小，下面通过计算说明。

已知 $^{235}_{92}$U、$^{1}_{0}$n、$^{142}_{56}$Ba、$^{91}_{36}$Kr 的摩尔质量分别为：235.0439 g/mol、1.00867 g/mol、141.9092g/mol、90.9056g/mol，则

$$\Delta m = (141.9092 + 90.9056 + 3 \times 1.00867 - 235.0439 - 1.00867)\text{g/mol}$$
$$= -0.2118\text{g/mol}$$
$$\Delta E = \Delta mc^2 = -0.2118 \text{ g/mol} \times (2.9979 \times 10^8 \text{m/s})^2$$
$$= -1.9035 \times 10^{13} \text{ kg} \cdot \text{m}^2/(\text{s}^2 \cdot \text{mol})$$
$$= -1.9035 \times 10^{10} \text{ kJ/mol}$$

1.000g $^{235}_{92}$U 所放出的能量为:

$$\Delta E = -1.9035 \times 10^{10} \ kJ/mol \times 1.000g/(235.0439g/mol)$$
$$= 8.1 \times 10^7 \ kJ$$

这些能量相当于 3 吨标准煤所放出的能量。为了使上述链式反应能够发生, 裂变材料的质量必须大于某一最小质量, 否则产生的中子在有机会轰击其他原子核之前, 会从裂变材料样品中逸出。如果逃逸的中子太多, 链式反应将终止。对给定的裂变材料而言, 足以维持链式反应正常进行的质量称为临界质量。U-235 的临界质量为 1kg, 质量超过 1kg 则会发生爆炸。事实证明不可能一下子使 1kg 或 2kg 纯的 U-235 全部发生裂变。例如在核武器中瞬间释放的能量将裂变物吹散, 在原子核尚未全部参与裂变之前核反应就终止了。尽管如此, 所释放的能量也是相当大了。

(二) 核电站

控制这种链式反应, 使它维持在一定程度上持续进行, 产生的能量用来发电, 这正是核电站的目标。前面我们描述了传统的发电厂通过燃烧煤、石油和其他燃料产生热, 热使水沸腾, 使水转化为高压蒸汽以驱动叶片和涡轮, 涡轮的转轴与磁场中旋转的大线圈相连接而产生电能。核电站的运行方式与此基本相同, 只是对水加热的能量不是源于化石燃料, 而是通过燃料 U-235 裂变产生。

如图 1-15 所示, 一个核电站由两部分组成, 核反应堆区与非核区。核反应堆是核电站的心脏。核反应堆有一组或者是更多的蒸汽发生器及初级冷却系统一起, 被放置在一个特制的钢制容器中, 并置于一个分离的拱顶的混凝土建筑中。非核区包括驱动发动机的涡轮区和一套二次冷却系统。除此之外, 非核区必须连接其他设备, 以便将冷却剂多余的热量带走。一般来说一个核电站需要一个或多个冷却塔或者要靠近体量较大的水域。所以, 我们经常在核电站附近看到的冒着热气的大烟囱, 那不是反应堆而是冷却塔。

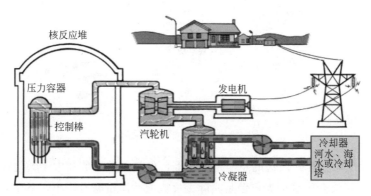

图 1-15　核电站工作原理示意图

核反应堆核心的铀燃料以二氧化铀芯块形式存在, 通过一定方法产生的中子引发反应堆芯中 U-235 的核裂变。核裂变反应一旦引发, 将通过链式反应持续进行下去, 不断有大量中子产生。但是中子太多, 反应堆会升至高温, 中子太少, 链式反应会停止, 导致反应堆冷却。要实现所需的平衡, 每次裂变产生的中子应该是一个, 依次引发后面的反应。

如图 1-16 所示, 散置在燃料元件之中的金属棒, 起到了中子海绵的作用。控制棒是由优良的中子吸收剂, 如由铬和硼元素组成, 通过调节这些控制棒的位置, 可以控制吸收中子的多少。当控制棒全部插入，链式反应难以维持，当向外抽提控制棒，反应堆便会"走向临界"，裂变反应可以自持续下去，裂变速率取决于控制棒的准确位置。通过这种方式实现了对核裂变反应的有效控制。

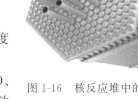

图 1-16　核反应堆中的控制棒

由此看来，核能发电与电力发电相比具有很多优势：

① 它的能量巨大且燃料能量密度高。核能的高能量密度大大降低了燃料储存与运输的成本。

② 它是一种清洁能源。核发电无煤渣，并且无 CO、CO_2、氮氧化物、SO_2 等有害气体的排放，不会造成温室效应和酸雨，从而保护人类赖以生存的环境。

③ 核电站发电成本低，经济性优于火电。

发展核电曾被国际上认为是解决电力缺口的重要选择。但是，核电站的运行安全和核废料的处理两大问题，必须引起高度重视。1986 年 4 月 26 日，苏联切尔诺贝利核能发电厂发生严重核泄漏及爆炸事故，事故导致 31 人当场死亡，上万人由于放射性物质影响而丧命或患重病，被放射线影响而导致胎儿畸形时有发生。因事故直接或间接死亡的人数难以估算，且事故后长期的影响仍是个未知数，这是有史以来最严重的核事故。2011 年 3 月 11 日，受地震和海啸影响，日本福岛第一核电站发生 3 个装置熔毁事故，导致最严重的 7 级放射性物质泄漏（与切尔诺贝利核电站事故等级相同）。

核电站的泄漏事故给人类造成了巨大的危害，其中危害性极大的放射性物质就是 I-131。通过前面的核裂变反应我们知道，U-235 在中子的强力冲击下，发生裂变，生成约 300 种新的物质，并放出热量，新的物质发生衰变再生成新的物质……衰变不停地进行，而产生最多的裂变物就是 I-131。I-131 不稳定，半衰期短，具有放射性，是一种 β 发射体，并伴有 γ 射线的放出，反应式如下：

$$\underset{53}{\overset{131}{}}I \longrightarrow \underset{54}{\overset{131}{}}Xe + \underset{-1}{\overset{0}{}}e + \underset{0}{\overset{0}{}}\gamma$$

人体吸入 I-131 会引起甲状腺癌或其他疾病。正如我们所看到的，随着全球能源需求的增加，核能作为一种新能源给人类带来了巨大的益处。但是我们必须应对的也有来自于核电站大量放射性废物的增长、开采和提炼浓缩铀以及核武器相关的现实和潜在的危害。

核电虽然不是解决世界能源危机的灵丹妙药，但是，它在未来的新能源中仍然会占有一席之地。

二、生物质能

生物质能——燃料乙醇和生物柴油

日常生活中，我们会经常听说太阳能、风能、核能等，对于生物质能这种新能源形式，我们可能了解不多。生物质能是蕴藏在生物质中的能量，是绿色植物通过叶绿素将太阳能转化为化学能而存在于生物质内部的能量。通常包括以下几个方面：一是木材及森林工业废弃物；二是农业废弃物；三是水生植物；四是油料植物；五是城市和工业有机废弃物；六是人和动物的粪便。与常规能源化石燃料相比，生物质燃料的硫含量、氮含量低，燃烧过程中生成的硫氧化物和氮氧化物较少。由于它在产生时需要的二氧化碳相当于它排放的二氧化碳的量，因而对大气的二氧化碳净排放量近似于零，可有效地减小温室效应，这就是它与常规化石能源最大的区别。

利用生物质能的传统方法是直接燃烧，例如燃烧柴薪、农作物秸秆或牲畜的粪便等。当生物质能燃烧时，上述分子中储存的能量即以热的形式放出，但是此方法对于生物质能的利用效率很低，热效率仅为 $10\%\sim30\%$，且造成温室效应加剧。因此必须改变传统的用能方式，利用生物质的转化技术，提高能源利用率，目前生物质能源主要有以下几种利用方式。

（一）燃料乙醇

1. 燃料乙醇的使用

燃料乙醇是一种清洁的可再生能源，其密度与汽油相近，常温常压下呈液态。燃料乙醇一般是指体积浓度达到 99.5% 以上的无水乙醇，是清洁环保的高辛烷值燃料和汽油增氧剂。乙醇被用作燃料的历史由来已久，早在 1908 年，美国人亨利·福特就设计并制造出了世界上第一台使用纯乙醇的汽车。燃料乙醇的使用方法有两种，第一种是以乙醇作为汽油的"含氧添加剂"，例如 E10 的乙醇汽油就是指汽油中含有 10% 的乙醇。因为水和汽油不相溶，这里所用的乙醇是无水乙醇。第二种是使用乙醇代替汽油，这是在巴西普遍采用的方法。

2. 燃料乙醇的优点

燃料乙醇作为一种新的能源形式，具有下列优点：

（1）燃料乙醇是一种清洁能源

实验表明，乙醇汽油能够有效减少汽车尾气中 $PM_{2.5}$ 和一氧化碳的排放。其作为可再生液体燃料，可补充化石燃料资源、降低石油资源对外依存度、减少温室气体和污染物的排放，受到世界各国的广泛认可，并于 20 世纪 70 年代在一些国家率先得到应用，被称为 21 世纪"绿色能源"。

（2）燃料乙醇是一种可再生能源

乙醇和植物（包括粮食）一样，是太阳能的一种表现形式。自然界的植物通过光合作用，产生生产乙醇的基本原料，在乙醇的生产和消费过程中，又全部被分解为植物光合作用的原料，周而复始，永无止境。植物光合作用的主要产物为六碳糖，六碳糖是构成纤维素和淀粉的基本单元。在生产乙醇的过程中，六碳糖中的两个碳转化为二氧化碳，四个碳转化为乙醇，乙醇作为能源使用后，又转化为四个二氧化碳回归自然界。这六个二氧化碳分子经光合作用，又再合成一个六碳糖，就这样形成一个闭环在大自然中循环，其反应方程式如下：

$$植物的光合作用：6CO_2+12H_2O \longrightarrow C_6H_{12}O_6（葡萄糖）+6O_2+6H_2O$$
$$乙醇的制备：C_6H_{12}O_6（葡萄糖）\longrightarrow 2C_2H_5OH（乙醇）+2CO_2$$
$$乙醇的燃烧：C_2H_5OH（乙醇）+3O_2 \longrightarrow 2CO_2+3H_2O$$

（3）推动粮食向工业化转化

燃料乙醇的原料是陈化粮、玉米、木薯等。推动粮食产品向工业品转化符合国家的"三农"政策，利于提高农民收入。

3. 燃料乙醇的合成

我国燃料乙醇产业发展相对晚一些，2016 年，我国在《生物质能发展"十三五"规划》中明确提出了 2020 年的生物燃料乙醇发展目标为 400 万吨/年。目前，生物质乙醇有三代合成技术路线：

① 第一代由谷物生产（例如玉米、小麦和稻米），通过酶解转化为糖，然后经发酵而

成。由于中国人口众多，粮食安全是国家的首要战略任务，因此不能将燃料乙醇的发展建立在粮食原料基础之上。利用玉米等谷物制备乙醇的原理是，玉米中大量存在的淀粉是葡萄糖的天然聚合物，利用酶的催化作用，把淀粉转化为葡萄糖，葡萄糖通过酵母酶作用转化为乙醇。

② 第二代技术路线称为纤维素法，基础原料是低价值生物质，如废弃的玉米秸秆、干草、树叶和其他类型的植物纤维材料。我国作为农业大国，植物秸秆资源储备丰富，在这方面有天然的优势。纤维素也是由葡萄糖分子连接而成的聚合物，但是其连接方式与淀粉不同，这也是为什么人体可以消化玉米等谷物，而不能消化植物中的纤维素。纤维素要想转化为乙醇，也要先水解为葡萄糖。但是，目前水解纤维素酶价格昂贵，反应速率比较慢，纤维素乙醇的生产也相应受到制约。

③ 第三代燃料乙醇以微藻中含有的淀粉、纤维素、半纤维素等大量碳水化合物为原料。

国内三代生物质燃料乙醇技术共存。这三种技术中玉米转化为燃料乙醇的第一代技术趋于稳定，处于世界领先水平，但长期来看纤维素乙醇才是战略目标。

（二）生物柴油

生物柴油是指植物油、动物油、废弃油脂或微生物油脂，与甲醇或乙醇经酯转化而形成的脂肪酸甲酯或乙酯。生物柴油是典型的"绿色能源"，具有环保性能好、发动机启动性能好、燃料性能好、原料来源广泛、可再生等特性。大力发展生物柴油对经济可持续发展、推进能源替代、减轻环境压力、控制城市大气污染具有重要的战略意义。

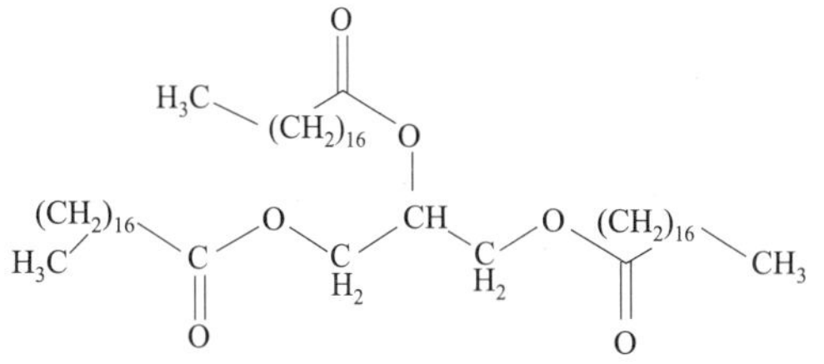

上述提到的脂肪和油的化学组成都为甘油三酯，都是生物柴油的起始原料，它们在植物和动物体内自然存在。图 1-17 是动物脂肪的一种甘油三酯，它是一个复杂的分子，结构中存在三个长的烃链，这就是它与碳氢燃料的相似性。切断每一个烃链都可以作为柴油原料，即具有 14～16 个碳原子的烃混合物。虽然甘油三酯会燃烧，但是它不能直接作为燃料。甘油三

图 1-17 一种甘油三酯的结构

酯用作燃料之前，首先需要把它切割成更小的尺寸，使它更接近柴油燃料中的分子。其中一种方法是一分子的甘油三酯、三分子醇（如甲醇）和作为催化剂的氢氧化钠反应，产物为三分子的脂肪酸甲酯和一分子的甘油（图 1-18）。其中脂肪酸甲酯就是生物柴油分子。当然此化学反应中，如果甘油三酯的种类不同，得到的脂肪酸甲酯也不同，相应柴油分子的结构也是不同的。生物柴油和乙醇一样，可以与石油、柴油混合。例如，B20 标号的柴油是指含有 20% 的生物柴油和 80% 的石油柴油。

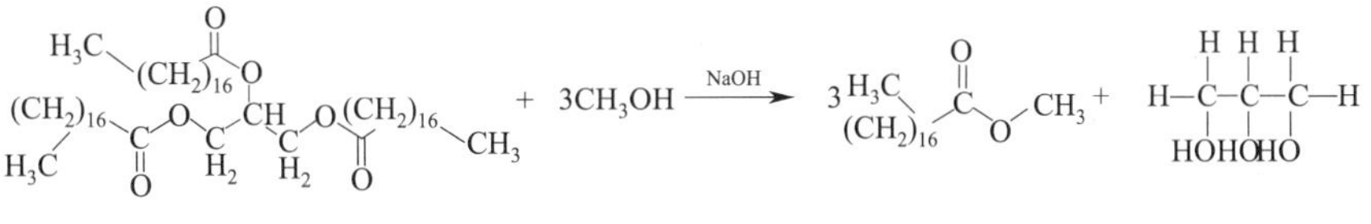

图 1-18 生物柴油的合成反应

（三）沼气

利用人类粪便、工农业的有机废物或海藻等产生沼气。沼气是生物质在厌氧条件下通过微生物分解而成的一种可燃性气体，其主要成分为甲烷（占 $55\% \sim 65\%$）和二氧化碳（占 $35\% \sim 45\%$）。沼气是一种高效廉价清洁的能源，发酵的残余物作为肥料、饲料等还可以综合利用。

除了上述几种不同类型能源的利用之外，世界上一些地理位置比较特殊的地方，还可以不同程度地利用风能、海洋能、太阳能、地热能等可再生能源，这无疑可以进一步丰富世界能源的结构。以此可以预计，未来能源的发展之路，必将是一条在稳步发展和高效利用常规能源的基础上，综合化学、材料、物理等多学科的优势，不断开发新技术、利用新能源、注重洁净能源和再生能源的可持续发展之路。

 科学家启示录

放射化学家-杨承宗

杨承宗（1911—2011 年），吴江人，我国著名的放射化学家、教育家。1911 年，杨承宗出生在江苏省吴江县八圻镇。1932 年，杨承宗以 7 门功课全是"最优"的成绩毕业于上海大同大学。经校长曹惠群推荐，到国立北平研究院物理镭学研究所工作。所长严济慈安排杨承宗跟随玛丽·居里的学生郑大章学习放射化学，由此奠定了他一生学术事业的方向。

1947 年初，杨承宗赴法国巴黎大学镭学研究所，随伊雷娜·约里奥·居里从事放射化学研究。1951 年，杨承宗顺利通过了约里奥·居里主持的论文答辩，获巴黎大学理学院科学博士学位。一周后，杨承宗收到钱三强从北京发来的电报，当即决定放弃法国优厚待遇回国。

在参与制定我国"原子能科学技术十二年发展规划"中，杨承宗确立了我国放射化学的研究和发展方向，创建了新中国第一个放射化学研究基地，培育了我国第一代放射化学中坚骨干，指导科研人员制成了中国第一台质谱计，制成了氡-铍中子源，这是国内最早得到的人工放射源。他还规划并亲自指导完成了我国矿石中铀的提取、冶炼、纯化，核纯铀的超微量杂质分析、鉴定以及诸多新工艺流程的研发，取得具有国际水平的科研成果数十项，为我国第一颗原子弹成功试爆做出了杰出贡献。

1977 年，他率先提出并争取在中国科技大学建成我国第一座同步辐射加速器。他主持创建了中国科技大学第一个化学博士点——放射化学博士点，为国家培养了一大批优秀的放射化学人才。他生前主动提出捐献自己的器官供放射化学和医学研究所用，希望为祖国的科学和医学发展做出最后一点贡献。

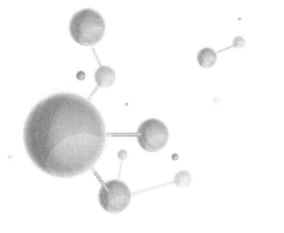

第二章

化学与电池

电能是人类社会迄今应用最广泛、使用最方便、最清洁的二次能源。随着社会生产力水平的逐步提高，工业、运输和民用电力的需求迅速增长，人们除了利用火力、水力、核能发电外，还可以利用化学反应产生电能。化学电池就是借助化学变化将化学能直接转变为电能的装置。化学电池是我们生产生活中的必需品，大到上天的神舟宇宙飞船、下海的蛟龙号潜艇，小到数码产品、遥控器、电子手表等都离不开电池。自从伏特成功制成了世界上第一个电池——伏特电池以来，经过长期的研究和探索，电池得到了迅猛的发展，人们也研制出了各种各样的电池。

第一节　化学电池概述

一、电池的发展简史

电池和一次电池

（一）从巴格达电池到伏特电池

电池的发展历史久远，世界上最早的电池被称为巴格达电池，在两千多年前就已经问世。1932 年，德国考古学家在伊拉克首都巴格达郊外的遗址中发现了陶罐电池（图 2-1）。据考证，该遗址是公元前三世纪后半期帕提亚人的遗迹。据此分析，至少在 2000 多年以前就已经有人开始使用电池，这种电池被称为巴格达电池。但在之后的很长时间内，电池的发展处于空白。

1745 年，荷兰莱顿大学的马森布罗克发明了收集电荷的莱顿瓶。因为他看到好不容易收集的电却很容易在空气中逐渐消失，想寻找一种保存电的方法。其实，莱顿瓶就是一种原始的电容器器件（图 2-2），它由被绝缘体隔开的两个金属片构成，上方的金属棒是用来储存和释放电荷的，当触碰棒上金属小球时，莱顿瓶就可以储存或者释放内部的电能，所以它只是一种蓄电装置，不能称之为电池，但是莱顿瓶的出现标志着人们对电的研究到了一个新的阶段。

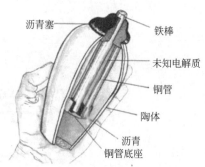

图 2-1 巴格达电池

图 2-2 莱顿瓶

意大利解剖学家伽伐尼在解剖青蛙时，两手分别拿着不同的金属器械，无意中同时碰在青蛙的大腿上，青蛙腿部的肌肉立刻抽搐了一下，伽伐尼认为，出现这种现象是因为动物躯体内部产生的一种电，他称之为生物电（图 2-3）。

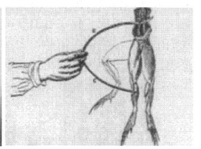

图 2-3 伽伐尼发现生物电

伽伐尼的发现引起了物理学家们的极大兴趣，竞相重复伽伐尼的实验，企图找到一种产生电流的方法。意大利物理学家伏特在多次实验后认为：伽伐尼的生物电之说并不正确，青蛙的肌肉之所以能产生电流，大概是因为肌肉中某种液体在起作用。为了论证自己的观点，伏特把两种不同的金属片浸在各种溶液中进行试验，他把一块锌板和一块锡板浸在盐水里，发现连接两块金属的导线中有电流通过。于是，他就把许多锌片与银片之间垫上浸透盐水的绒布或纸片，平叠起来。用手触摸两端时，会感到强烈的电流刺激，由此伏特成功制成了世界上第一个电池——伏特电池（图 2-4）。

（二）从伏特电池到丹尼尔电池

伏特电池只能在有限时间内维持电流，电池反应过程中产生氢气，所以离实用还有距离。1836 年，英国的丹尼尔对伏特电池进行了改良，发明了世界上第一个实用电池——丹尼尔电池（图 2-5）。该电池利用素烧瓷容器将电解液分离，正极侧采用硫酸铜溶液，负极侧采用硫酸锌溶液，可产生比伏特电池更长、更可靠的电流，也不会产生氢气，更安全，腐蚀性更小，它的工作电压约为 1.1V，丹尼尔电池很快成为电池使用的行业标准，尤其是在电报网络中。

图 2-4　伏特电池

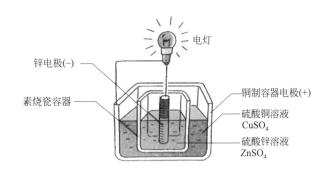

图 2-5　丹尼尔电池

（三）从丹尼尔电池到干电池

丹尼尔电池中锌板的锌离子很容易溶出，从而使硫酸锌水溶液很快达到饱和，然后反应不能进行，因此需要定期更换电解液。随着伏特电池的进一步改良，法国工程师勒克朗谢发明了锌锰电池的前身即碳锌电池。这种电池更容易制造，并且最初潮湿水性的电解液逐渐用黏浊状类似糨糊的方式取代，装在容器内时，干性的电池出现了，为湿电池到干电池的转变创造了条件。1887 年，英国人赫勒森发明了最早的干电池。相对于液体电池而言，干电池的电解液为糊状，不会溢漏，便于携带，因此得到了广泛应用。

二、电池的工作原理

凡是电池都需要四个基本要素：正极材料、负极材料、电解质和分隔膜。下面以丹尼尔电池为例介绍这四个基本要素。丹尼尔电池中正极和负极分别为铜电极与锌电极，即纯铜片与纯锌片，所以丹尼尔电池又被称为锌铜电池。电解质是硫酸铜和硫酸锌溶液。带有微孔的素烧瓷是电池分隔膜，分隔膜的作用是防止正极和负极物质直接发生反应。电池中离子依据其尺寸大小有的能透过微孔，有的不能透过，在丹尼尔电池中比微孔尺寸小的硫酸根离子能自由通过，但比微孔大的铜离子就不能通过。电池中，负极活性物质金属锌比金属铜活泼，容易失电子，发生氧化反应，称作负极，又称为阳极；铜离子得电子，发生还原反应，称作正极，又称为阴极。其在外电路中，电子由负极流出正极流入，电流方向则相反。其电极和电池反应如下：

$$负极：Zn-2e^- =\!=\!= Zn^{2+}$$
$$正极：Cu^{2+}+2e^- =\!=\!= Cu$$
$$电池反应：Zn+Cu^{2+} =\!=\!= Zn^{2+}+Cu$$

三、电池的分类

一般可将化学电池按工作性质和储存方式分为原电池、蓄电池和燃料电池三类。原电池是利用化学反应得到电流，放电完毕后不能再重复使用的电池，所以又称为一次电池。蓄电池是在放电后借助外加直流电源使电池中的化学反应逆向进行，使电池重新恢复到放电前的状态的电池。因为这类电池可以多次重复使用，又称为二次电池。燃料电池是以还原剂（如氢气、甲醇、肼、烃、煤气、天然气等）为负极反应物质，以氧化剂（如氧气、空气等）为正极反应物质的电池。与原电池和蓄电池的不同之处是，燃料电池不是把氧化剂和还原剂全部储存在电池内，而是在工作时不断地从外界输入氧化剂和还原剂，同时将电极反应产物不断排出电池，因此它的重要意义在于它属于一种发电装置，能不断地将燃料直接转化为电能。

第二节　一次电池

在一次电池中若电解质不流动（如糊状），则称为干电池。常用的一次电池有锌锰干电池、锌银扣式电池和锂一次电池等。

一、锌锰干电池

（一）酸性锌锰电池

目前，常用的酸性锌锰电池的结构如图 2-6 所示。锌外壳为负极，二氧化锰为正极，氯化铵、氯化锌的糊状混合物为电解液。电池发明后的150 年间，酸性锌锰电池发生了很大的变化。一方面是材料的进步，正极使用的二氧化锰，从以前使用天然状态的二氧化锰变成现在使用电解的二氧化锰，电池的性能得到大幅度提升。另一方面，锌最初是通过将锌板卷成圆筒，经焊接并加支持肋做成圆罐，此后使用的是由冲压、挤压锌管而制成的圆筒。

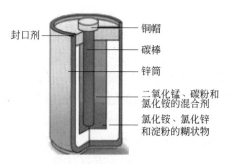

图 2-6　酸性锌锰电池的构造

在酸性锌锰电池中锌外壳作为负极，发生氧化反应，二氧化锰作为正极，发生还原反应。其中的碳棒仅起导电作用，为惰性电极。其电极和电池反应如下：

$$负极:Zn-2e^- \Longrightarrow Zn^{2+}$$
$$正极:2MnO_2+2NH_4^++2e^- \Longrightarrow Mn_2O_3+2NH_3+H_2O$$
$$电池反应:Zn+2MnO_2+2NH_4^+ \Longrightarrow Zn^{2+}+Mn_2O_3+2NH_3+H_2O$$

酸性锌锰电池的电压为 1.5V。电池正极上生成的氨会吸附在碳棒上，引起极化，导致

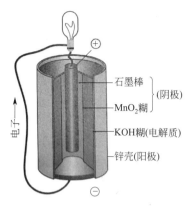

图 2-7　碱性锌锰电池

电池电动势下降，所以电池在使用较长时间后电压会明显下降，而且在放电中容易发生胀气或者漏液。另外由于金属锌是两性的，可以与水和氯化铵作用生成 $Zn(OH)_2$ 和 $Zn(NH_3)_2Cl_2$，消耗锌而自放电。

（二）碱性锌锰电池

如果用氢氧化钾代替上述酸性锌锰电池中的电解液，就形成了碱性锌锰电池，其内部构造如图 2-7 所示。

从电池反应可以看出，两种电池的正负极发生的化学反应比较类似，只是电解液由原来的酸性变成离子导电性更好的碱性，负极也由锌筒改为锌粉，反应面积成倍增长，使放电电流大幅度提高。碱性锌锰电池发生化学反应时没有气体生成、内电阻较低、电池容量比较大、寿命比较长，放电电流较普通锌锰干电池大幅提高。适用于电动玩具、剃须刀、照相机等电器，近年来被广泛使用。其电极和电池反应如下：

$$负极：Zn + 2OH^- - 2e^- === Zn(OH)_2$$

$$正极：2MnO_2 + 2H_2O + 2e^- === 2MnO(OH) + 2OH^-$$

$$电池反应：Zn + 2MnO_2 + 2H_2O === Zn(OH)_2 + 2MnO(OH)$$

无论是酸性还是碱性锌锰电池，其正负极物质是相同的，所以电池的电压也是相同的。我们在商店里经常能够看到各种型号的酸性或者碱性锌锰电池，例如 5 号电池、7 号电池以及比较大的 1 号电池，这些电池不论什么尺寸，都产生相同的电压，即 1.5V。只不过大电池可以提供更多的电子或者给出大电流，又或者能以小电流支持较长的时间。

二、锌银扣式电池

1961 年锌银扣式电池研制成功。1976 年以后，由于电子手表、计算器和自动照相机的普及，锌银扣式电池产量急剧增长，全世界最高年产量曾达到 10 亿个的水平。近年来由于白银价格的上涨，低档电子产品已逐渐用碱锰扣式电池代替锌银扣式电池。

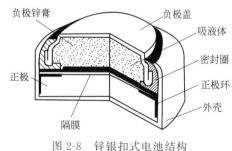

图 2-8　锌银扣式电池结构

锌银扣式电池外壳为镀镍钢壳，兼作正极集电体。壳内与之紧密接触的是正极（阴极）。正极上放有一个正极环，上面顺次放一张隔膜和一张吸收碱液的吸液体（吸液体一般采用耐碱的维纶和黏胶纤维混合的无纺布，对重负荷使用的电池用多孔性聚丙烯膜和玻璃纸的复合物）。负极盖兼作集电体，用铜、不锈钢和镍三层复合材料制成，有的在外表面还镀上一层金。盖内装有负极锌膏（阳极）。负极盖的四周用密封圈与正极钢壳绝缘，将正极钢壳卷边即成为密封的电池（见图 2-8）。

电池的正极由 Ag_2O（有的还加少量 MnO_2，占 93%～98%）和高纯石墨粉（占 2%～7%）组成，负极由粒度 30～100 目的汞齐锌粉（含汞 5%～12%）、凝胶剂（羧甲基纤维素钠或聚丙烯酸钠）和氢氧化钾（或钠）的溶液调制而成。隔膜是一种能抗氧化、能阻挡银离子迁移的聚乙烯辐射接枝膜。吸液体一般采用耐碱的维纶和黏胶纤维混合的无纺布，对重负荷使用的电池用多孔性聚丙烯膜和玻璃纸的复合物。电解液为溶有 ZnO 的 NaOH 或 KOH溶液。其电极和电池反应如下：

$$负极：Zn+2OH^- -2e^- \!=\!=\!= Zn(OH)_2 \!=\!=\!= ZnO+H_2O$$

$$正极：Ag_2O+H_2O+2e^- \!=\!=\!= 2Ag+2OH^-$$

$$电池反应：Zn+Ag_2O \!=\!=\!= ZnO+2Ag$$

锌银扣式电池的电压一般为 1.59V。放电电压平稳，直到活性物质耗尽时电压才急剧下降；使用温度范围广，在轻负荷下，$-10℃$ 时可放出 20℃ 时电荷量的 80%；贮存寿命长，一般为 2～3 年。锌银扣式电池主要用于小型日用电子器具，如电子手表、液晶显示计算器和电子游戏机、助听器、微型收音机、照相机、音乐卡片等。

三、锂一次电池

锂锰电池中的负极材料锂，原子序数为 3，位于元素周期表第一主族的第二位，在已知的金属中原子量最小（6.94），电极电位负性最大（$-3.045V$），是 1817 年由瑞典科学家阿弗韦聪在分析透锂长石矿时发现的。由于其电位负性最大，与适当的正极材料匹配构成的电池具有优越的电性能，被认为是所有负极材料中的"圣杯"。锂一次电池中，负极采用金属锂，正极采用由各种材料混合而成的物质，电解液通常采用非水系的有机溶剂和溶质。

（一）锂锰电池

锂锰电池常用在手表、摄像机、数码相机、电子温度计、计算器、汽车遥控钥匙等方面。锂锰电池，全称锂-二氧化锰电池，电池以金属锂作为负极，发生氧化反应；二氧化锰作为正极，发生还原反应。由于金属锂在水中非常活泼，因此电池的电解质是高氯酸锂（$LiClO_4$）溶于碳酸丙烯酯（PC）和 1,2-二甲氧基乙烷（DME）中形成的非水有机溶剂。从电极反应可以看出，锂-二氧化锰电池的反应机理不同于一般电池。在正极，由负极生成的锂离子通过电解质迁移进入 MnO_2 的晶格中，生成 $LiMnO_2$，Mn 由 $+4$ 价还原为 $+3$ 价。其电极和电池反应为：

$$负极：Li-e^- \!=\!=\!= Li^+$$

$$正极：MnO_2+Li^+ +e^- \!=\!=\!= LiMnO_2$$

$$电池反应：Li+MnO_2 \!=\!=\!= LiMnO_2$$

锂-二氧化锰电池电性能优良，电压高达 3V，是普通电池的两倍；电池贮存寿命长，在常温条件下电池贮存寿命超过 10 年，年容降约 1%；放电性能好，即使经过长期的放电，它仍保持稳定的工作电压，这大大地改善了用电器的可靠性，使用电器达到免维护（基本不必更换电池）的程度，是锂系列一次电池中价格最低、安全性最好的电池品种。

（二）锂铁电池

锂铁电池是另外一种负极采用金属锂的一次电池。锂铁电池的正极是二硫化亚铁

（FeS$_2$），负极是金属锂，使用卷绕方式制成电池。放电时，金属锂被氧化生成锂离子，给出电子；二硫化亚铁被还原得到电子，生成金属铁和硫离子。其电极和电池反应为：

$$负极：Li - e^- \rightleftharpoons Li^+$$
$$正极：FeS_2 + 4e^- \rightleftharpoons Fe + 2S^{2-}$$
$$电池反应：FeS_2 + 4Li \rightleftharpoons Fe + 2 Li_2S$$

锂铁电池能够兼容 1.5V 碱性电池、碳性电池；适用于大电流放电；电量充足，其实际放电容量超过市面上所有的民用一次或二次电池；温度范围比其他一次电池宽广得多，低温性能优异；体积小、重量轻。柱式或者纽扣电池重量只有同型号碳性电池的 70%，碱性电池的 50%；防漏性能明显更好，贮存性能优异，可贮存 10 年；没有使用有害材料，不污染环境。基于多种优点，锂铁电池常常被人们称为继碳性电池、碱性电池后的第三代一次电池。

第三节　二次电池

二次电池和废旧电池的回收

二次电池又称为可充电电池，是利用化学反应的可逆性而组建的一类电池。一般二次电池的充电循环次数可达数千次到上万次。目前，常用的二次电池有铅酸蓄电池、镍镉电池、镍氢电池和锂离子电池等。

一、铅酸蓄电池

（一）铅酸蓄电池的工作原理

1859 年，法国人普兰特发明了铅酸蓄电池（图 2-9），虽然已过去一百多年，但作为二次电池的原型，至今仍广泛应用。

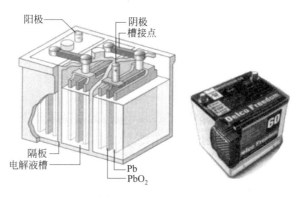

图 2-9　铅酸蓄电池

铅酸蓄电池的电极主要由铅及其氧化物制成，电解液是硫酸溶液。铅酸蓄电池在放电状态下，负极主要成分为铅，金属铅失去两个电子变成硫酸铅。正极主要成分为二氧化铅，二氧化铅得到两个电子变成硫酸铅。充电状态下，正极和负极的主要成分均为硫酸铅，分别通过得失电子变成铅和二氧化铅。从电池总反应可以看出，充放电状态的两个化学反应为可逆反应。其充放电时的电极和电池反应如下：

放电状态：

$$负极：Pb-2e^-+SO_4^{2-}\Longrightarrow PbSO_4$$

$$正极：PbO_2+2e^-+SO_4^{2-}+4H^+\Longrightarrow PbSO_4+2H_2O$$

$$电池反应：Pb+PbO_2+2H_2SO_4\Longrightarrow 2PbSO_4+2H_2O$$

充电状态：

$$负极：PbSO_4+2e^-\Longrightarrow Pb+SO_4^{2-}$$

$$正极：PbSO_4-2e^-+2H_2O\Longrightarrow PbO_2+4H^++SO_4^{2-}$$

$$电池反应：2PbSO_4+2H_2O\Longrightarrow Pb+PbO_2+2H_2SO_4$$

（二）铅酸蓄电池的优缺点

铅酸蓄电池每个单电池的输出电压为 2V，用在汽车上时，在电池箱的槽中将单电池串联可以输出 12V 或者 24V 的电压。汽车中的铅酸蓄电池，在发动机不工作时，点亮车灯、打开收音机过程中，电池在放电。但是一旦启动发动机，由发动机带动的转换器产生电流，使反应逆向进行给电池充电。并且这种充放电过程在电池中可反复进行，一个高品质的铅酸蓄电池，可用 5 年甚至更长时间。铅酸蓄电池具有价格低廉、原料易得、性能可靠、容易回收和适于大电流放电等优点，是世界上产量最大、用途最广的蓄电池。据不完全统计，我国铅酸蓄电池销售总额为 800 多亿元，已经发展为全球铅酸蓄电池的生产基地。在交通、通信、电力、军事、航海、航空等各个领域都有广泛的应用。但是铅酸蓄电池也有其缺点，首先，它的重量和体积都比较大，不适用于小型的设备；另外一个缺点是电池的化学成分，包括它的阳极金属铅、阴极二氧化铅和电解质硫酸溶液，均为具有毒性和腐蚀性的化学品。

二、镍镉电池

（一）镍镉电池的工作原理

镍镉电池是瑞典人金格在 1899 年发明的，至今已有 100 多年的历史，是一种应用广泛的二次电池。

镍镉电池在放电状态下，负极活性物质主要是金属镉，在碱性介质中失去电子变成氢氧化镉，正极活性物质是碱式氧化镍，得到电子变成氢氧化镍。充电状态下，负极和正极活性物质分别是氢氧化镉和氢氧化镍，通过得失电子生成金属镉和碱式氧化镍。其电解液为氢氧化钠或氢氧化钾溶液。充放电时的电极和电池反应如下：

放电状态：

$$负极：Cd+2OH^--2e^-\Longrightarrow Cd(OH)_2$$

$$正极：2NiOOH+2H_2O+2e^-\Longrightarrow 2Ni(OH)_2+2OH^-$$

$$电池反应：Cd+2NiOOH+2H_2O\Longrightarrow Cd(OH)_2+2Ni(OH)_2$$

充电状态：

$$负极：Cd(OH)_2+2e^-\Longrightarrow Cd+2OH^-$$

$$正极:2Ni(OH)_2-2e^-+2OH^-=\!=\!=2NiOOH+2H_2O$$
$$电池反应:Cd(OH)_2+2Ni(OH)_2\rightleftharpoons Cd+2NiOOH+2H_2O$$

（二）镍镉电池的优缺点

镍镉电池的标准电动势为 1.33V，其优点是循环寿命长，可达 2000～4000 次；电池结构紧凑、牢固、耐冲击、耐振动、自放电较小、性能稳定可靠；内阻小、可快速充电、也可大电流放电、使用温度范围宽，是一种非常理想的直流供电电池。镍镉电池最致命的缺点是在充放电过程中如果处理不当，会出现严重的"记忆效应"，使得电池寿命大大缩短。所谓"记忆效应"是指电池在充电前，电池的电量没有被完全放尽，久而久之将会引起电池容量的降低。在电池充放电的过程中（放电较为明显），会在电池极板上产生些许的小气泡，日积月累这些气泡减少了电池极板的面积，也间接影响了电池的容量；另外当充放电不完全时，电极内的金属镉会慢慢产生大晶体而使以后的化学反应受阻，也会导致电容量减小。此外，由于电池中含有的镉是毒性物质，因此不得强行拆卸，报废的旧电池需妥善处理，以免引起中毒和环境污染。

三、镍氢电池

（一）镍氢电池的应用

随着对汽油价格和可用量以及对汽油动力车排放污染物关注度的增加，更多车主考虑使用混合动力车，简称为混杂车（图 2-10）。混合动力车中常用的充电电池之一是镍氢电池。与镍氢电池相配合，汽车同时有一个汽油发动机、一个电子发动机和一个发电机。电子发动机从电池获得能量启动汽车，并在汽车低速运动时给其提供能量。凭借一个称作"反馈制动"的过程，汽车的动能传递给发电机，后者在汽车减速或者刹车时，给电池充电。正常行驶的时候，汽油发动机辅助电子发动机工作，在加速时利用电池推进，这就是混合动力汽车工作的原理。另外，镍氢电池还应用于空间领域，如许多航天器的储能系统、地球同步轨道（GEO）商业通信卫星、低地球轨道（LEO）卫星、哈勃太空望远镜等。

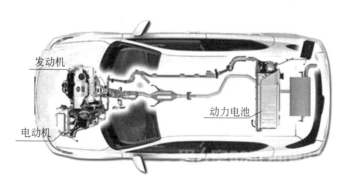

图 2-10　混合动力车

（二）镍氢电池的工作原理

镍氢电池正极活性物质为 $Ni(OH)_2$，负极活性物质为 MH 金属氢化物，也称储氢合金（电极称储氢电极），电解液为 6mol/L 氢氧化钾溶液。镍氢电池作为氢能源应用的一个重要方向越来越被人们注意。充电时正极的 $Ni(OH)_2$ 和 OH^- 反应生成 NiOOH 和 H_2O，同时释放出电子，负极的 M 和水反应，生成 MH 和 OH^-，总反应是 $Ni(OH)_2$ 和 M 生成 NiOOH 和 MH；放电时与此相反，MH 释放 H^+，H^+ 和 OH^- 生成 H_2O 和 e^-，NiOOH、H_2O 和 e^- 重新生成 $Ni(OH)_2$ 和 OH^-。其充放电时的电极和电池反应如下：

放电状态：

$$负极：MH + OH^- - e^- = M + H_2O$$

$$正极：NiOOH + H_2O + e^- = Ni(OH)_2 + OH^-$$

$$电池反应：NiOOH + MH = Ni(OH)_2 + M$$

充电状态：

$$负极：M + H_2O + e^- = MH + OH^-$$

$$正极：Ni(OH)_2 + OH^- - e^- = NiOOH + H_2O$$

$$电池反应：Ni(OH)_2 + M = NiOOH + MH$$

（三）镍氢电池的优势

镍氢电池具有许多独特的优点：①电池电压为 1.2～1.3V，与镍镉电池相当；②能量密度高，是镍镉电池的 1.5～2 倍；③可快速充放电，低温性能良好；④可密封，耐过充放电能力强；⑤无树枝状晶体生成，可防止电池内短路；⑥安全可靠对环境无污染，无记忆效应等。

四、锂离子电池

（一）锂离子电池的发展历史

锂离子电池

锂电池（lithium battery）是指电化学体系中含有锂（包括金属锂、锂合金和锂离子、锂聚合物）的电池。锂电池按照内部材料的不同可分为两类：锂金属电池和锂离子电池。锂金属电池通常是指不可充电的一次电池，例如在第二节中所讲到的锂锰电池和锂铁电池都属于这一类。锂离子电池是可充电的二次电池。

2019 年诺贝尔化学奖揭晓，美国 97 岁高龄的科学家古迪纳夫、英裔美国科学家惠廷厄姆与日本科学家吉野彰共同获得此奖，表彰他们在锂离子电池领域所做出的突出贡献。惠廷厄姆在 20 世纪 70 年代中期，发现了二硫化钛可作为电池正极，并首次完成现代锂离子电池的雏形。惠廷厄姆的电池提供了 2V 电压，但很容易自发起火。在 20 世纪 80 年代，被称为"锂电池之父"的古迪纳夫用钴酸锂代替二硫化钛，将电池电压提升到 4V，但易燃性问题仍然存在。80 年代后期，吉野彰用石油焦代替锂金属负极，在保持高电压的同时使电池更安全。三位科学家发明的锂离子电池重量轻、可再充电，而且电力强大。锂离子电池使移动电子产品、电动汽车和自行车的出现成为可能，创造了一个可充电的世界。诺贝尔奖官网表示："他们奠定了无线、无化石燃料社会的基础，极大地推动了人类社会的发展。"1898年索尼公司开发了第一款以 $LiCoO_2$ 为正极、石油焦为负极、锂盐 $LiPF_6$ 溶于碳酸乙烯酯和碳酸丙烯酯混合液为电解液的可充放电二次锂离子电池，并于1991年实现商业化生产，锂离子电池时代由此开启。

（二）锂离子电池的工作原理

锂离子电池主要由正极、负极、非水电解质和隔膜四部分组成。电极材料对锂离子电池的电化学性能有重要影响，目前已商业化的锂离子电池正极材料均是一些含有过渡金属的无机氧化物，主要包括层状结构的 $LiCoO_2$ 材料、三元材料 $LiNi_xCo_yMn_{1-x-y}O_2$、尖晶石结构的 $LiMn_2O_4$；负极材料一般是具有较高理论比容量的含碳材料，主要包括具有层状结构的石墨以及中间相炭微球等。非水电解质溶液是离子游离的通道，通常是溶解有六氟磷酸锂的碳酸酯类溶剂，聚合物电解质的则使用凝胶状电解液；隔膜用来分离正负极防止短路，是一种经特殊成型的高分子薄膜。薄膜有微孔结构，可以让锂离子自由通过，而电子不能通过，目前常用的多为具有微孔结构的柔性聚合物，如聚丙烯（PP）和聚乙烯（PE）。电动自行车中普遍使用镍钴锰酸锂电池（俗称三元聚合物锂电池）或者三元加少量锰酸锂。纯的锰酸锂和磷酸铁锂则由于体积大、性能不好和成本高而逐渐消失。特斯拉电动汽车中使用的也是三元锂电池，电池组安放在汽车前后轴之间的底盘位置，其重量可达900公斤，电池组由超过7000个松下公司生产的型号为18650的锂电池组成。

锂离子电池放电时，在负极，吸存锂离子的石墨向有机电解质放出锂离子，并向电极供给电子。充电时放出锂离子的正极，在放电时吸存锂离子和电子变成钴酸锂。锂离子电池充电时，在负极，采用石墨电极，石墨层间吸存数量为 x 的锂离子；在正极，采用 $LiCoO_2$ 电极，放出数量为 x 的锂离子进入有机电解质，并向电极供给电子。电池在充放电过程中，锂离子在正负两极间往返嵌入和脱嵌，电池就是一把摇椅，摇椅的两端为电池的两极，而锂离子就像运动员一样在两极来回奔跑，所以人们又把这种电池形象地称为摇椅电池。其充放电时电极和电池反应如下：

放电状态：

$$负极：Li_xC_6 - xe^- = 6C + xLi^+$$

$$正极：Li_{1-x}CoO_2 + xLi^+ + xe^- = LiCoO_2$$

$$电池反应：Li_{1-x}CoO_2 + Li_xC_6 = 6C + LiCoO_2$$

充电状态：

$$负极：6C + xLi^+ + xe^- = Li_xC_6$$

$$正极：LiCoO_2 - xe^- = Li_{1-x}CoO_2 + xLi^+$$

$$电池反应：6C + LiCoO_2 = Li_{1-x}CoO_2 + Li_xC_6$$

（三）锂离子电池的优势

以锂离子作为充放电载体的锂离子电池具有以下优势：①比能量高，锂离子电池的质量比能量是镍镉电池的2倍以上，是铅酸蓄电池的4倍，即同样储能条件下体积仅是镍镉电池的一半，因此便携式电子设备使用锂离子电池可以使其小型化、轻量化；②工作电压高，一般单体锂离子电池的电压约为 3.6V，有些甚至可以达到 4V 以上，是镍镉电池和镍氢电池的 3 倍，铅酸蓄电池的 2 倍；③循环寿命长，80％深度充放电可达 1200 次以上，远远高于其他电池，具有长期使用的经济性；④自放电小，一般月均放电率 10％以下，不到镍镉电池和镍氢电池的一半；⑤电池不污染环境，称为绿色电池；⑥较好的加工灵活性，可以制成各种形状的电池。

当然锂离子电池也有其自身的缺点：①不耐受过放电，过放电时（电压小于 3.0V 时放电），过量嵌入的锂离子会被固定于晶格中，无法再释放，导致寿命缩短；深度放电更可能使电池受损，所以使用至极低电量是损伤电池的行为，但只要回充至高电压数次，还有可能再度活化电池的最大蓄电量；②不耐受过充电，过充电时，电极脱嵌过多锂离子，又没有及时得到补充，长久可能导致晶格坍塌，从而不可逆地降低了储电量，因此，锂离子电池必须经常使用，避免保持满电状态和持续插上充电器接头，要定时适当地使内储的电子流动，保证电池长期的健康；③衰老怕热，与其他充电电池不同，锂离子电池会在使用循环中不可避免地自然缓慢衰退，即使储放着不使用，容量也会减少，这其实与使用次数无关（除非是过度充放的循环导致的晶格损失，这样的衰老过程称之为损耗），而与温度有关。

锂离子电池市场曾一度被日本等国家垄断，但是经过发展，中国锂离子电池技术及产业均取得巨大进步，现在世界上 70％的锂离子电池都是中国制造。锂离子电池材料体系从钴酸锂发展到磷酸铁锂、三元材料，再到高镍和富锰体系，负极从石墨到多元碳材料，再发展到含锂合金以至锂金属。同时，制造技术从作坊式生产发展到自动化和今日的智能化，产业规模不断扩大，中国已经成为全球最大的锂离子电池生产地和消费地。

第四节　燃料电池和废旧电池的回收利用

一、燃料电池

燃料电池和
光伏电池

（一）燃料电池的发展历史

在第一章化学与能源中以克为单位，比较了煤炭、碳氢化合物和其他可燃物燃烧所放出的能量。假设燃烧产物为二氧化碳和水，煤炭以及作为汽油主要成分的正辛烷的燃烧热分别是 30kJ/g 和 45kJ/g，甲烷的燃烧热是 50kJ/g。然而，从反应式可以看出氢气燃烧时放出的能量为 124.5kJ/g，差不多是甲烷的三倍。除了超高的能量输出之外，使用氢气也展现出令人期待的愿景。氢气作为燃料为机动车提供动力，产物只有水蒸气，既不产生一氧化碳，也不产生二氧化碳。

$$H_2(g) + 1/2\ O_2(g) \longrightarrow H_2O(l) + 124.5kJ/g$$

但是氢气和其他易燃的燃料如甲烷和汽油一样，当与氧气直接混合时，仅仅一个火花就可以引起爆炸。

人们设想氢气和氧气是否可以通过一种无燃烧的途径变成水，并且在发生反应的过程中，氢气和氧气无需接触，燃料电池就是可以实现这种变化的一种装置。燃料电池是一种把燃料所具有的化学能直接转换成电能的化学装置，工作过程中不涉及燃料的燃烧。燃料电池的起源可以追溯到 19 世纪初，欧洲的两位科学家 C. F. Schonbein 教授与 William R. Grove 爵士，他们分别是燃料电池原理的发现者和燃料电池的发明者。Schonbein 在 1838 年首先发现了燃料电池的电化学效应。1839 年 Grove 发明了燃料电池（fuel cell），这一发明一直被当作纯粹的空想，一直到航天时代的到来。20 世纪 60 年代初期美国国家航空航天局为了寻找适合作为载人宇宙飞船的动力源，开始资助了一系列燃料电池研究计划，制造出 Grubb-Niedrach 燃料电池，而且于 1962 年顺利应用于双子星太空任务，当时使用这些电池产生的电流用于飞船的照明、发动机和计算机。至此，燃料电池才进入公众的视野。一次电池和二次电池内通常装有可以发生化学反应、产生电能的物质，但是燃料电池是从外部不断供给化学反应物质而连续发生化学反应并产生电能的装置。燃料电池中，在化学反应前供给的反应物就是燃料，化学反应后排出生成物，有的生成物也会堆积在电池内，因此只要不断地供给燃料，就能连续地产生电能。

（二）燃料电池的工作原理

燃料电池也有阴阳两个电极，分别充满电解液，两个电极间则为具有渗透性的薄膜，氢气由阳极进入供给燃料，氧气或空气由阴极进入电池。不同于常规的电池，燃料电池需要外部提供燃料，燃料在电池中发生氧化还原反应。被氧化或被还原的化学物质在物理上是分开的，也就是说它们彼此并不直接接触。进入电池的氢气在催化剂的作用下，发生氧化半反应，阳极的氢原子变成氢离子与电子，其中氢离子进入电解液中被氧吸引到薄膜的另一边，电子经由外电路形成电流后到达阴极。在阴极催化剂作用下，发生还原半反应，氧、氢离子及电子发生反应，生成水分子（图 2-11）。电极和电池反应如下：

$$负极：H_2(g) - 2e^- \Longrightarrow 2H^+$$
$$正极：1/2O_2 + 2H^+ + 2e^- \Longrightarrow H_2O$$
$$电池反应：H_2 + 1/2O_2 \Longrightarrow H_2O$$

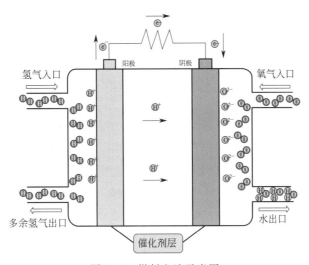

图 2-11　燃料电池示意图

（三）燃料电池的优势

燃料电池发电方式与传统热机的火力发电方式具有显著的不同。火力发电必须先利用煤炭、石油或天然气等燃料的化学能经由燃烧而变成热能，再利用热能产生高温高压的水蒸气进入中压缸，来推动涡轮机带动发电机转子旋转，使热能转换为机械能，定子线圈切割磁力线变成电能，再利用升压变压器升到系统电压与系统并网并向外输送。在一连串的能量形态变化过程中，不仅会产生噪声和污染，同时也会造成能量损失和降低发电效率。相比之下，燃料电池发电是直接将燃料和空气分别送进燃料电池，燃料的化学能转化为电能，步骤少、效率高，发电过程中没有燃烧，所以不会产生污染。现在的火力发电站由于受到卡诺循环的制约，最终的能量转化效率仅在 40％上下。与其相比，采用燃料电池，由于途中不需要热交换、机械变换，而是直接转换为电能，其理论效率可达 75％～80％。而且燃料电池在构造上不需要复杂的机械部分和启动部分，噪声小，反应生成物也只有水、二氧化碳等无害的液体或气体（图 2-12）。由此来看，燃料电池具有能量变换效率高、环境友好等鲜明的特征。

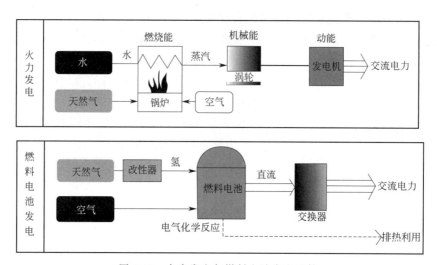

图 2-12　火力发电与燃料电池发电比较

二、废旧电池的回收利用

（一）电池中的有害物质

废弃的电池中含有许多有害物质，所以在垃圾分类中，电池属于有害垃圾。表 2-1 中列出了常用电池中所含的有害物质，其中 Hg、Cd、Ni、Pb 等对人类和大自然有极大危害。例如，一节 1 号电池如不经过处理，随意丢弃在田地里，能使 $1m^2$ 的土壤永久失去农用价值，一粒纽扣电池可使 600t 水受到污染。废弃的电池如处理不当，电池中所含的重金属元素就会渗漏出来，污染土壤和地下水，并在动植物体内蓄积，经过生物链最后被人体吸收。在人体内这些有害物质如果长期蓄积难以排出，会损害人的神经系统、造血功能、肾脏和骨骼，甚至还能致癌，危害人体健康。

表 2-1 废旧电池中的有害物质

电池种类	所含主要物质	主要有害物质
酸性锌锰电池	Zn、MnO_2、NH_4Cl、$ZnCl_2$	Hg
碱性锌锰电池	Zn、MnO_2、KOH	KOH、Hg
镍镉电池	Cd、Ni、KOH	Cd、Ni、KOH
镍氢电池	Ni、KOH	Ni、KOH
铅酸蓄电池	Pb、H_2SO_4	Pb、H_2SO_4

（二）废旧电池的回收利用价值

我国经济的快速发展带动了各行各业的发展，特别是电池生产行业。我国电池产业多年来发展迅速，其中锌锰电池的生产占据了大多数的电池产业。而在这样的电池生产大国，有很多人还不知道锌锰电池废弃后，处理不当会给我们带来怎样的影响。锌锰电池里有许多重金属物质，若是随意丢弃，其中的重金属物质将会渗透进土地与地下水体里，给人类的生命安全带来严重的危害。早在 1992 年 12 月就有相关部门立法，给电池生产厂家和责任人规定了相应的废旧电池处理责任，并且要求相关责任人建立废旧电池处理体系。而在国外也以法律或经济手段来促进废旧电池的回收利用。

锌锰电池，主要分为酸性电池及碱性电池两种。由于酸性电池的性能太差，加上其对环境有一定的影响，酸性电池正在逐步地被淘汰。但是有些厂家为了降低成本，还在继续生产这类电池。而碱性电池放电性能优异，被人们广泛地利用，是目前我国最有前景的电池产业，但是碱性电池也是我国回收处理的重点及难点。我国相较于其他国家来说，锌锰电池的碱性化率还不是很高，像欧美一些发达国家，锌锰电池的碱性化率已达到了 90%，我国却仅仅到了 20%。电池是一次性用品，锌锰电池的主要成分有：锌粉、锌皮、碳棒、铜铟合金负极集流体、铅、镉、汞、锰氧化物、沥青、铜帽、铁壳、塑料及 PVC 外包装膜。电池在经过放电之后，会产生化学作用，二氧化锰会转化为氢氧化物，因此，电池中的重金属物质是回收利用的重点。

（三）废旧电池的回收处理方法

目前废旧电池的回收处理方法主要分为三类，即人工分选法、火法和湿法。①人工分选法就是将回收的废旧干电池先进行分类，人工分选出碳棒、铜帽、锌皮及各种产品残留物，并分别采用相应的方法予以处理，这种方法简单易行，但使用劳动力多，经济效益差，存在二次污染。②火法是在高温下使电池中的金属及其化合物氧化、还原、分解和挥发、冷凝，有效地回收其中的 Hg、Cd 等易挥发物。③废旧电池的湿法处理技术是基于电池中金属及其化合物溶于酸的原理，使目标组分溶于酸液中，调节所得含目标组分的滤液的 pH 值，利用化学沉淀、电化学沉积、离子交换或萃取分离的方法使目标组分以纯金属或金属盐的形式得以回收。湿法工艺种类较多，处理后所得产品的纯度通常较高，但却具有流程长、污染重、能耗大、生产成本高的缺点。

🧑 身边的化学

燃料电池酒精测试仪

警察使用酒精测试仪来测量酒驾嫌疑人血液中的乙醇含量。酒精测试仪的工作原理是呼出气体中乙醇的含量与血液中乙醇的量成正比。燃料电池酒精测试仪由两个铂电极组成，当喝过酒的人向酒精测试仪呼气时，气体中的乙醇在阳极被氧化成乙酸，阴极的氧气被还原，总反应为乙醇氧化为乙酸和水，其工作原理与本章讲到的燃料电池原理类似。具体反应为：

阳极反应：$C_2H_5OH + 4OH^- \longrightarrow CH_3COOH + 3H_2O + 4e^-$

阴极反应：$O_2 + 2H_2O + 4e^- \longrightarrow 4OH^-$

电池总反应：$C_2H_5OH + O_2 \longrightarrow CH_3COOH + H_2O$

燃料电池产生的电流量取决于呼出气体中的酒精量。血液的酒精含量越高，电流越大。如果校准正确，燃料电池酒精测试仪可以精确测量人的血液中酒精的含量。

关注易读书坊
扫封底授权码
学习线上资源

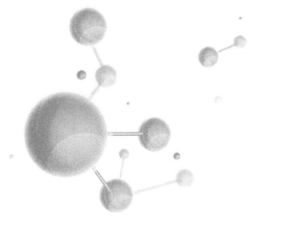

第三章

化学与材料

材料是人类赖以生存和发展的物质基础，是人类文明发展的重要支柱。人类使用材料的历史就是人类社会的发展史，每一次材料科学的重大突破，都曾引起生产技术的革命，给社会和人类生活带来巨大的变化。当代人类社会已进入一个材料技术和应用迅猛发展的崭新时代。化学是材料发展的基础，材料又为化学发展开辟了新的空间，化学与材料相互依存、相互促进。

第一节　材料的发展历史和分类

材料的发展
历史和分类

材料是指经过某种加工以后，具有一定的组成、结构和性能，适用于某种或某些用途的物质。人类对材料的认识、制造和使用，经历了从天然材料到人工合成材料，再到为特定需求设计材料的发展过程。例如，纤维材料（图 3-1）就经历了从天然纤维到合成纤维再到为某些特定要求设计的纤维材料。

天然纤维

合成纤维

符合特定要求的纤维

图 3-1　纤维材料的发展

一、材料的发展历史

在人类发展史上，历史学家很早就把人类对材料的认识和使用作为其发展阶段的标志。

一般根据代表性的材料将人类社会划分为石器时代、青铜器时代、铁器时代、聚合物时代和新材料技术时代。

（一）石器时代

距今约 250 万～1 万年前，原始人采用天然的石、木、竹、骨等材料作为狩猎工具，称为旧石器时代。整个旧石器时代都以打制石器作为标志。打制石器由简单、粗大，向规整、细小的方向发展［图 3-2(a)］。1 万年以前，人类对石器进行加工，使之成为器皿和精致的工具，从而进入了新石器时代。新石器时代后期，约公元前 6000 年，人类发明了火，掌握了钻木取火技术。火不仅可以热食、取暖、照明和驱兽，还可以利用黏土在高温下烧结的特性，用以烧制陶器［图 3-2(b)］。后期在制陶技术的基础上又发明了瓷器，实现了陶瓷材料的第一次飞跃。

(a) 旧石器时代的石器　　　　　　　(b) 新石器时代黄河流域的陶器

图 3-2　石器时代制作的物品

（二）青铜器时代

人类在寻找石器和加工的过程中认识了矿石，逐渐识别了自然铜与铜矿石，在烧陶的生产中发展了冶铜术，开创了冶金技术。例如人们发现有一种铜矿石，色彩碧绿，其断面的纹路与孔雀的羽毛相似，很是美丽，在岩石堆中极易被人发现，人们称它为孔雀石（图 3-3）。孔雀石含铜量高，其化学成分为碱式碳酸铜 $Cu_2(OH)_2CO_3$，含铜量可达 $10\% \sim 20\%$ 或更高。它是一种氧化矿，同木炭放在炼炉中加热到 1000℃ 以上一些，就能冶炼出铜。其化学过程为：

$$Cu_2(OH)_2CO_3 \longrightarrow CuO + CO_2 + H_2O$$
$$CuO + C \longrightarrow Cu + CO$$
$$CuO + CO \longrightarrow Cu + CO_2$$
$$CO_2 + C \longrightarrow CO$$

公元前 4000 年，人类进入青铜器时期，青铜是人类社会最先使用的金属材料，是铜和锡的合金。我国出土的大量古代青铜器表明，中国历史上曾有过灿烂的青铜文化。著名的青铜器有商周时期青铜器的代表作后母戊鼎、商周晚期的四羊方尊、西周时期的大克鼎和西周晚期的毛公鼎等（图 3-4）。

图 3-3　孔雀石

| 后母戊鼎 | 四羊方尊 | 大克鼎 | 毛公鼎 |

图 3-4　著名的青铜器

（三）铁器时代

公元前 1200 年，人们在冶炼青铜的基础上，逐渐掌握了冶炼铁的技术，迎来了铁器时代，铁器时代也是人类发展史中一个重要的时代。人们最早知道的铁是陨石中的铁，古代埃及人称之为神物。在很久以前人们就曾用这种天然铁制作过刀刃和饰物，地球上的天然铁是少见的，所以铁的冶炼和铁器的制造经历了一个很长的时期。铁器具有坚硬、韧性高、锋利等特点。铁在农业和军事上的广泛应用，推动了以农业为中心的科学技术的日益进步。随着技术的进步，又发展了钢的制造技术，钢是对碳质量分数介于 0.02% 和 2.11% 之间的铁碳合金的统称。18 世纪瓦特发明了蒸汽机，引发工业革命，小作坊式的手工操作被工厂的机械操作所代替，生产力得到了极大的提高。19 世纪中叶，现代平炉和转炉炼钢技术的出现使人类真正进入了钢铁时代。与此同时，铜、铅、锌也大量得到应用，铝、镁、钛等金属相继问世并得到应用。到 20 世纪中叶，金属材料在材料工业中一直占有主导地位。

（四）聚合物时代

二战后各国致力于恢复经济，发展工农业生产，对材料提出了质量轻、强度高、价格低等一系列要求。具有优良性能的工程塑料部分地替代了金属材料，人工合成高分子材料问世，并得到广泛应用。先后出现了尼龙、聚乙烯、聚丙烯、聚四氟乙烯等塑料，以及维尼纶、合成橡胶、新型工程塑料、高分子合金和功能高分子材料。合成聚合物材料的问世是材料发展中的重大突破，以金属材料、陶瓷材料和合成聚合物材料为主体，形成了完整的材料体系。

（五）新材料技术时代

进入 20 世纪 80 年代以来，世界范围内高新技术迅速发展，各国在生物技术、信息技术、空间技术、能源技术、海洋技术等高新技术领域不断发展，国际上也展开了激烈的竞争。发展高新技术的关键是材料，因此新型材料的开发也是一种高新技术，称为新材料技术。其标志技术是材料设计，即根据需要来设计特定功能的新材料。现在材料的重要性已被人们充分认识。能源、信息、材料已被世人公认为当今社会发展的三大支柱。

二、材料的分类

材料的分类方法很多，可以按物理效应分，也可以按材料的结晶状态、尺寸和物理性质分，也可以根据用途、性能及应用习惯和领域分。按照材料的化学成分和特性，材料可以分为以下几类：金属材料、无机非金属材料、有机高分子材料、复合材料等。

（一）金属材料

金属材料是指金属元素或以金属元素为主的合金形成的，具有一般金属性质的材料。金属材料又分为黑色金属材料和有色金属材料，见表 3-1。黑色金属材料通常包括铁、铬、锰以及它们的合金，是应用最广的金属结构材料。除黑色金属以外的其他各种金属及合金都称为有色金属。有色金属品种繁多，又可分为重金属、轻金属、贵金属、难熔金属、稀土金属、稀散金属和放射性金属等。

表 3-1 金属的分类

类型			所包括金属
黑色金属			Fe、Cr、Mn
有色金属	重有色金属		Cu、Co、Ni、Pb、Zn、Cd、Hg、Sn、Sb、Bi
	轻有色金属		Al、Mg、Ca、Ba、K、Na
	贵金属		Ag、Au、Ru、Rh、Pd、Os、Ir、Pt
	稀有金属	轻稀有金属	Li、Be、Rb、Cs、Sr
		难熔金属	Ti、Zr、Hf、V、Nb、Ta、Mo、W、Re
		稀土金属	Sc、Y、Ln(镧系金属)
		稀散金属	Ga、In、Tl、Ge
		放射性金属	U、Ra、Ac、Th、Pa、Po

注：轻有色金属指密度小于 $4.5g/cm^3$ 的有色金属材料，钛的密度是 $4.506g/cm^3$，所以钛不属于轻有色金属。

（二）无机非金属材料

无机非金属材料，简称无机材料又称陶瓷材料，是以某些元素的氧化物、碳化物、氮化物、卤素化合物、硼化物以及硅酸盐、铝酸盐、磷酸盐、硼酸盐等物质组成的材料，是除有机高分子材料和金属材料以外的所有材料的统称。无机非金属材料的提法是 20 世纪 40 年代以后，随着现代科学技术的发展从传统的硅酸盐材料演变而来的，它是人类最早使用的材料。我国也是历史上最早制造出瓷器的国家，陶瓷是中华民族古老文明的象征，如秦始皇陵中大批的陶兵马俑被认为是世界文化奇迹（图 3-5）；唐代的唐三彩、明清景德镇的瓷器都久负盛名。随着各种新技术的发展，在原有硅酸盐材料的基础上相继制造出许多新型无机材料。新型无机材料中已不含硅酸盐，应用范围和制造工艺也大不相同，新型无机材料的种类很多，例如光导纤维、生物陶瓷、纳米材料、超导材料等。

（三）有机高分子材料

天然有机高分子材料是生命起源和进化的基础，如蛋白质、多糖、DNA 和 RNA 都属于高分子。自古以来，人类的生产生活也都与高分子材料密切相关，几千年前，人类就懂得使用棉、麻、丝、毛等作织物材料。高分子化合物是一类十分重要的物质，目前工业和生活中所需的合成材料大都是人工合成的高分子化合物。由于这些人工合成的高分子材料具有许多优异的性能，如质轻、透明、高弹性、耐化学腐蚀、易于成型等，因而发展极为迅速。高分子化合物是分子量在 1 万以上的化合物的总称，合成纤维、工程塑料、合成橡胶都属于有

图 3-5　兵马俑

机高分子材料。

（四）复合材料

　　复合材料使用的历史可以追溯到古代。从古至今沿用的稻草增强黏土和已使用上百年的钢筋混凝土均由两种材料复合而成，都属于复合材料。复合材料是由两种或两种以上化学性质和组织结构不同的材料组合而成的。复合材料在我们的生活中也处处可见，例如玻璃纤维、金属陶瓷、橡胶轮胎等。

第二节　新型金属材料

金属材料和
无机非金属材料

　　为了得到某些具有特殊功能的材料，人们常将两种或两种以上的金属元素，或以金属为基质，添加其他非金属元素，通过合金化工艺来制备出具有金属特性的材料，这些材料称为合金。本节介绍几种具有特殊功能的新型金属合金材料。

一、形状记忆合金

（一）形状记忆合金的"记忆"原理

　　形状记忆合金（shape memory alloys，简称 SMA）是指具有一定起始形状，经形变并固定成另一种形状后，通过热、光、电等物理刺激或化学刺激处理又可以恢复初始形状的合金。形状记忆合金的"记忆"的原理是：在一定的范围内，合金内部有一项特殊的可逆性结构变化，也就是晶体结构的变化。当形状记忆合金受到很大的外力作用时，内部的金属原子可以暂时离开自己原来的位置，被迫迁移到邻近的位置上，并暂时留在那个位置，这时我们可以看到形状记忆合金改变了它们的形状，同时相应的晶体结构也发生变化。如果对变了形的合金给予一定刺激，金属原子由于获得了运动所需的足够能量，同时在原结构合力的作用下，重新回到原来的位置上，合金便恢复了原来的形状，相应地恢复到原来的晶体结构，也就是这类合金会随着温度的变化产生可逆性晶体结构变化。如果是普通金属和合金在弹性范围内形变时，载荷去除后可恢复到原来形状，无永久形变，但是当形变超过弹性范围时去除负荷，材料就不能恢复到原来形状，从而永久形变，加热等刺激不能消除永久形变。而形状记忆合金在形变超过弹性范围时，去除载荷虽然也有残留形变，但当加热到某一温度时，残留形变消失而恢复到原来形状。这也是形状记忆合金和普通金属和合金材料的差别。

（二）形状记忆合金的分类

形状记忆合金种类很多，到目前为止已有 10 多个系列，50 多个品种。钛镍合金是迄今用量最多和研究最深入的形状记忆合金，在这种合金中 Ni 和 Ti 差不多各占 50%。后来化学家又陆续发展出一系列的改良镍钛合金，如镍-钛-铜、镍-钛-铌、镍-钛-钯、镍-钛-铁等合金。目前在使用的还有铜系形状记忆合金和铁系形状记忆合金等。铜系记忆合金种类很多，主要有铜-锌-铝、铜-铝-镍等。铜系合金与钛镍合金相比，原料充足、加工容易、价格便宜，但是功能稍差。铁系合金主要是铁-锰-硅合金，可用现有的钢铁工艺进行冶炼和加工，是一种具有发展潜力的形状记忆合金。表 3-2 列出了部分形状记忆合金的组成及晶体结构的变化。

表 3-2　部分形状记忆合金的组成及晶体结构变化

合金	组成（摩尔分数）/%	晶体结构变化
Ti-Ni	Ni 49～51	简单立方→正交晶格
Cu-Zn	Zn 36～42	简单立方→六方晶格
Cu-Al-Ni	Al 14～15 Ni 3～5	面心立方→三方晶格
Fe-Mn-Si	Mn 30 Si 1	面心立方→六方晶格
Fe-Ni-Ti-Co	Ni 33 Ti 14 Co 10	面心立方→体心四方
Au-Cd	Cd 47～51	简单立方→六方晶格
In-Tl	Tl 18～23	面心立方→面心四方

（三）形状记忆合金的应用

最早的形状记忆合金的典型应用是 1970 年美国国家的航空航天局将 Ti-Ni 形状记忆合金丝制成宇宙飞船的天线。在此之前，占有空间大、形状不规则的太空天线搭载一直是困扰航天界的一大难题。可以用钛镍合金丝制成抛物线状天线，在常温下折叠成直径小于 5 厘米的球状放在飞船上。飞船进入太空后，在太阳光照射下，当温度升高到 77℃时，被折叠成球状的天线，会自动打开变成原先的形状（图 3-6）。

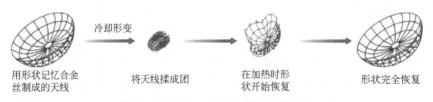

冷却形变

用形状记忆合金　　　将天线揉成团　　　在加热时形　　　形状完全恢复
丝制成的天线　　　　　　　　　　　　状开始恢复

图 3-6　形状记忆合金制成的天线

形状记忆合金广泛应用于航空航天、医疗器械、机械电器等领域（图 3-7）。例如，形状记忆合金在汽车上应用最多的是制动器。目前使用品类已达一百多种，主要用于控制引擎、传送、悬吊等，以提高安全性、可靠性及舒适性；利用形状记忆合金弹簧与其合金丝可装配成小型机器人，控制合金的收缩可操纵机器人手指的张开、闭合以及屈伸等动作。合金元件靠直接通入脉冲变频电流控制机器人的位置、动作及动作速度；拥有记忆功能的镍钛合金制成的医用支架，输入目标血管后，其感受血液温度时会发生形状恢复，对狭窄病变区起到支撑作用。另外，形状记忆合金在热引擎材料、安全报警系统、航空航天部件等方面也有着广泛的应用。

图 3-7　形状记忆合金在汽车、机器人和医用材料方面的应用

二、非晶态合金

非晶态合金又称金属玻璃（metallic glass），它兼有金属和玻璃的优点，又克服了它们各自的弊病，如玻璃易碎、没有延展性等。熔融状态的合金缓慢冷却会得到晶态合金，如果快速骤冷（冷却速度约为 10^6 K/s）得到的固体就是非晶态合金，这是因为此过程原子来不及有序化排列，使处于液体时原子的无序自由运动状态被保留下来了，通常把这种原子排列的周期性的消失称为长程无序。非晶态合金结构上的主要特点就是其内部原子的排列长程无序而短程有序。所以，非晶态合金的结构是均匀的、各向同性的，同时在热力学上是亚稳态，因此非晶态合金总有向稳定的晶态合金转化的趋势（图 3-8）。

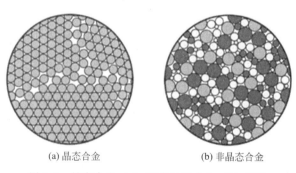

(a) 晶态合金　　　　　　　(b) 非晶态合金

图 3-8　晶态合金（a）和非晶态合金（b）结构

1960 年，美国加利福尼亚理工学院杜威兹教授等人用制造玻璃的方法，将高温金-硅合金熔体喷射到高速旋转的铜轴上，以 10^6 K/s 的冷却速度快速冷却熔体，第一次制造出了不透亮的玻璃（$Au_{75}Si_{25}$）。当时的一位物理学家看到这种刚诞生的合金材料时，曾嘲讽地说这是一种"愚蠢的合金"。这种不透亮、看起来"愚蠢"的东西，就是在材料科学领域开辟出一条新道路的"玻璃之王"——金属玻璃。

金属玻璃微观结构的不同决定了非晶态合金具有晶态合金所无法比拟的优异性能。金属玻璃的强度高于钢，硬度超过高硬工具钢，且具有一定的韧性和刚性，所以，人们赞扬金属玻璃为"敲不碎、砸不烂"的"玻璃之王"；非晶态合金还具有优异的电磁特性；由于没有晶界，不存在晶体缺陷，非晶态合金更加耐腐蚀。非晶态合金凭借其各项优异的性能，在很多领域发挥重大作用。如苹果手机上不起眼的一个部件卡针就是用非晶态合金制成的；高强度、抗盐水腐蚀的铁基非晶态合金可作为制造潜水艇的材料（图3-9）。

图 3-9　非晶态合金的用途

三、储氢合金材料

随着石油资源的日益枯竭，氢能源已成为重要的新型能源之一。氢是一种热值很高且对自然资源无污染的燃料。可是，如果没有一种方便储氢的办法，氢就不可能作为普通的常规能源得到广泛应用。目前，氢的储存方法主要有以下几种：高压储氢、液氢储氢、金属氢化物储氢及吸附储氢等。高压储氢和液氢储氢两种方法都存在能耗高、容器笨重不便、不安全等缺点，所以应用也受到限制。

1968 年，美国布鲁海文国家实验室首先发现镁镍合金具有吸氢特性，从而提出了用金属储氢的新思路；几乎同时，荷兰菲浦实验室在研究作为磁性材料 $LaNi_5$ 的性能时，偶然发现 $LaNi_5$ 能大量可逆吸放氢；1974 年日本松下电器公司发现钛锰合金具有极高的吸氢能力，之后又相继发现了 Ti-Fe、Ti-Mn、La-Ni 等合金也具有储氢功能。储氢合金就是上述能够储存氢气的合金，它所储存的氢的密度大于液态氢，因而也被称为"氢海绵"。

由于金属原子大都是紧密堆积的，内部晶体结构中存在大量四面体和八面体空隙，可以容纳半径较小的氢原子，因此合金可以与氢形成氢化物，把氢储存在金属原子的空隙中而不增加整块金属的体积或改变金属的结构。在储氢合金中，一个金属原子可以与 2～3 个甚至更多的氢原子结合，生成金属氢化物。形成氢化物的过程就是"吸收"氢气的过程，放出热量。如果将这些氢化物加热，它们又会分解，将储存在其中的氢释放出来，同时吸收热量，这是一个可逆的过程。下式中 M 表示合金，MH_x 表示金属氢化物。

$$M + \frac{x}{2}H_2 \rightleftharpoons MH_x$$

与储氢钢瓶相比，储氢合金质量轻、体积小，但是储氢量却是相同温度和压力条件下储氢钢瓶的 1000 倍。虽然大多数金属都能与氢作用生成氢化物，但是并不是所有的金属都适合储氢。目前研究较多和已投入使用的储氢材料主要有镁系合金（如 MgH_2、Mg_2Ni 等）、稀土系合金（如 $LaNi_5$ 等）、钛系合金（如 Ti-Fe、Ti-Ni 等）和锆系合金（如 ZrV_2、$ZrCr_2$ 等）。由于氢本身会使材料发生氢损伤、氢腐蚀、氢脆等变质现象，并且合金在反复吸收和释放氢的过程中会不断膨胀和收缩而破坏，所以良好的储氢合金必须具备抵抗上述各种破坏作用的能力。

第三节 无机非金属材料

无机非金属材料简称无机材料，又称为陶瓷材料，所包括范围很广，各种金属与非金属元素所形成的无机化合物和非金属单质都属于无机非金属材料。无机材料分为传统无机材料和新型无机材料，下面仅介绍几种新型的无机材料。

一、新型碳材料

碳材料与科技冬奥

碳是地球上储量最丰富的元素之一，也是组成自然界，包括人类本身最基本的元素之一。"碳"既是最硬又是最软的材料，既是绝缘体又是导电体，既是隔热材料又是导热材料，既是全吸光材料又是全透光材料（图 3-10）。

（一）富勒烯

1. 富勒烯的发现和结构

20 世纪 80 年代中期，英国的克罗托（H. W. Kroto）来到美国休斯顿莱斯大学做博士后，当时为了研究宇宙空间的有机化合物，他有一次做实验时在质谱上没有找到有机化合物，却发现 720 质量数对应的峰和每隔 12 个质量数间隔的碎片峰。质谱仪的主人斯莫利（R. E. Smalley）将这一质谱上的怪现象说给隔壁实验室的柯尔（R. F. Curl）听，柯尔说："你们可别掉以轻心，这可能是碳元素的第三种存在方式。"另两种正是我们熟悉的石墨和金刚石。一语惊醒梦中人，他们根据这一质谱结果发现了 C_{60}，又称为富勒烯或足球烯，

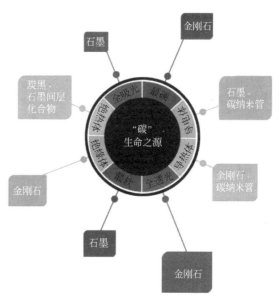

图 3-10　多元化的碳材料

三人也因为这项重大的发现获得了 1996 年诺贝尔化学奖（图 3-11）。

C_{60} 分子具有球形结构，60 个碳原子构成近似于球形的 32 面体，由 12 个五边形和 20 个六边形组成，相当于截角的正二十面体。每个碳原子以 sp^2 杂化和相邻的三个碳原子相连，剩余的 p 轨道在 C_{60} 的外围和空腔内形成大 π 键。富勒烯球形分子的直径约为 10^{-9} m，内有一个空腔，直径为 $3.6×10^{-10}$ m，理论上可以容纳其他原子。

2. 富勒烯的应用

目前，科学家已尝试用 C_{60} 包裹多种元素的原子，包括惰性气体元素、稀土元素、碱金属元素及钛、氧、氮、硫、碳等原子。例如，C_{60} 包裹碱金属形成系列超导材料。1991 年美国贝尔实验室发现，K_3C_{60} 在 18K 开始出现超导性，其临界温度超过了当时已知的有机超

| 柯尔 | 克罗托 | 斯莫利 |

图 3-11　1996 年诺贝尔化学奖获得者

导体，引起了世人的极大兴趣。其后不久，人们发现了一系列碱金属富勒烯超导体，临界温度不断刷新，由此诞生了一类新的超导家族。另外，由于 C_{60} 强的自由基捕获能力，被添加在化妆品中，被用作化妆品中抗衰老的添加成分。富勒烯材料的应用还体现在其他很多方面，如 C_{60} 在半导体材料、储氢材料、药物、催化剂和润滑剂等领域都有应用。

（二）石墨烯

1. 石墨烯的结构和制备

石墨烯（graphene）是一种由碳原子以 sp^2 杂化方式形成的蜂窝状平面薄膜，是一种只有一个原子层厚度的准二维材料，所以又叫作单原子层石墨。在发现石墨烯以前，大多数物理学家认为，热力学涨落不允许任何二维晶体在有限温度下存在。2010 年诺贝尔物理学奖颁发给英国曼彻斯特大学物理学家安德烈·盖姆和康斯坦丁·诺沃肖洛夫，表彰他们在二维空间材料石墨烯方面所做的开创性实验。实际上石墨烯本来就存在于自然界，只是难以剥离出单层结构。石墨烯一层层叠起来就是石墨，1mm 厚的石墨大约包含 300 万层石墨烯。两位科学家先是从高定向热解石墨中剥离出石墨片来，然后把它粘在胶带上，再把胶带撕开，结果把石墨片一分为二了，不停重复这样的操作，石墨片就越来越薄，最后得到了只由一层碳原子构成的石墨片，这就是石墨烯，所以石墨烯又称为科学家"撕"出来的诺贝尔奖。

石墨烯是由碳六元环组成的二维周期蜂窝状点阵结构，它可以翘曲成零维的富勒烯，卷成一维的碳纳米管或者堆垛成三维的石墨，因此石墨烯是构成其他石墨材料的基本单元（图 3-12）。其基本结构单元为有机材料中最稳定的六元环，是最理想的二维纳米材料。

2. 石墨烯材料的性质和应用

石墨烯中每个碳剩余一个 p 轨道上的电子形成大 π 键，π 电子可以自由移动，赋予石墨烯良好的导电性。常温下其电子迁移率超过 $15000cm^2/(V \cdot s)$，比碳纳米管或硅晶体高，而电阻率约为 $10^{-6}\Omega \cdot m$，比铜或银更低。石

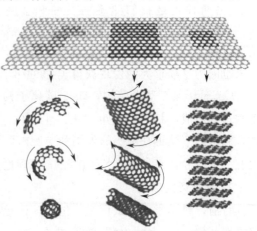

图 3-12　石墨烯形成富勒烯、碳纳米管和石墨

墨烯的结构非常稳定，碳碳键键长仅为 0.142nm。石墨烯内部的碳原子之间的连接很柔韧，当施加外力于石墨烯时，碳原子面会弯曲变形，使得碳原子不必重新排列来适应外力，从而保持结构稳定。这种稳定的晶格结构使石墨烯具有优秀的导热性，其热导率达 5300W/(m·K)，高于碳纳米管和金刚石。石墨烯具有非常优异的光学特性，在较宽波长范围内吸收率约为 2.3%，看上去几乎是透明的。但其原子排列之紧密，连具有最小气体分子结构的氦都无法穿透它。石墨烯的力学性质非常强，石墨烯是已知强度最高的材料之一，它的力学拉伸强度达到 130GPa，相当于钢铁的一百倍，同时还具有很好的韧性，且可以弯曲。例如，凭借良好的导电和导热性能，石墨烯柔性热管理材料技术在 2022 年北京冬奥会期间成功应用。利用该技术制作的石墨烯颁奖服、石墨烯加热围巾、石墨烯加热马甲、石墨烯加热手套和袜子等，让赛场工作人员即使身处料峭寒风与冰雪之中，仍能感受到融融暖意（图 3-13）。为了保证冬奥会户外工作人员的对讲机、手机、摄像机、照相机等很多工作设备在寒冷户外也能正常工作，它们也穿上了石墨烯"外套"。应用了石墨烯柔性发热织物材料的云转播背包，可以瞬间产生 50℃的温升，并配备低温电池，保证在冬奥赛场−20℃乃至更低温环境下云转播设备的正常运转和有效续航。另外作为冬奥吉祥物的冰墩墩也配备了石墨烯暖手宝内芯，让冬奥特需商品也充满科技感。另外，石墨烯的低电阻率、极快的电子运动速度，可用来发展出更薄、导电速度更快的新一代电子元件或者晶体管，生产出未来的超级计算机。石墨烯超薄高强的特性，使之可应用于制造超轻防弹衣、超轻型飞机等。另外，石墨烯凭借其高传导性、高比表面积等特点，可作为电极材料应用于新能源领域，例如超级电容器和锂离子电池等方面。

图 3-13　应用石墨烯材料的冬奥会颁奖服

（三）碳纤维

1. 碳纤维的结构

碳纤维，是由碳元素组成的纤维，含碳量高于 90%，被誉为 21 世纪的"新材料之王"。在微观上，碳纤维的结构和石墨有点相似，都是层状结构，碳纤维各层面间的间距约为 3.39～3.42Å（1Å=0.1nm），但是各平行层面间的碳原子排列不像石墨那样规整，层与层之间借助范德华力连接在一起，是乱层的人造石墨。与只有一层原子厚度、原子规则排列的石墨烯的结构有着明显的不同。它是由片状石墨微晶等有机纤维沿纤维轴向方向堆砌而成，经碳化及石墨化处理而得到的微晶石墨材料。

2. 碳纤维的性质和应用

碳纤维的密度小，是钢的 1/4，铝的 1/2，拉伸强度大，抗拉强度比钢高 4 倍多，比铝高 6～7 倍；热膨胀系数小，制成的复合材料比较稳定；导热性好，碳纤维的导热性接近于钢铁；耐腐蚀性好，对酸、碱和有机物都比较稳定；耐磨性好，耐高温和低温，在高温下不熔化，在低温下依旧柔软。碳纤维材料已在军事及民用工业的各个领域取得广泛应用，如航天、航空、汽车、电子、机械、化工、轻纺等民用工业到运动器材和休闲用品等。碳纤维增强的复合材料可以应用于飞机制造等军工领域、风力发电叶片等工业领域、电磁屏蔽除电材料等电气领域、人工韧带身体代用材料等医学领域以及用于制造火箭外壳、机动船、工业机器人、汽车板簧和驱动轴、球棒等。碳纤维是典型的高科技领域中的新型工业材料。

　　碳纤维材料凭借其优异的性能成为 2022 年北京冬奥会"科技冬奥"重要组成部分。2021 年 9 月，首批国产雪车正式交付使用，雪车的车体就使用了国产碳纤维复合材料，实现了冰雪运动装备"卡脖子"技术的突破。同时，冬奥火炬"飞扬"也是采用碳纤维复合材料，这是国际上首次以碳纤维复合材料制作奥运火炬外壳，解决了氢燃料燃烧时火炬需要耐高温的技术难题，使其具有"轻、固、美"等特点，能够在高于 800℃ 的氢气燃烧环境中正常使用，相比冰冷的金属火炬外壳，"飞扬"更加让火炬手感到温暖。另外，开幕式上的发光杆、速滑冰鞋、冰球杆、发热电缆等，也都用到了碳纤维材料（图 3-14）。

图 3-14　碳纤维材料在北京冬奥会上的应用

二、生物陶瓷

　　生物陶瓷是用于人体器官替换、修补及外科造型的陶瓷材料，泛指用作特定的生物或生理功能的一类陶瓷材料。主要包括羟基磷灰石、生物活性玻璃陶瓷等。生物陶瓷用于人体，使用的材料必须要求生物相容性好，对机体无免疫排异反应；血液相容性好，无溶血凝血反应；不会引起代谢作用异常现象，对人体无毒不会致癌；具有良好的物理、化学稳定性。

1. 羟基磷灰石

　　羟基磷灰石的分子式为 $Ca_{10}(PO_4)_6(OH)_2$，与天然磷灰石矿物相近，其化学成分、晶体结构与人体骨骼中的无机盐十分相似。其表面带有极性基团，能与细胞膜表面的多糖和糖蛋白等通过氢键作用结合，具有高度的生物相容性，不仅安全无毒，还能促进骨生长。新骨可以从羟基磷灰石植入体与原骨结合处沿着植入体表面或内部贯通性孔隙攀附生长，植入体能与组织在界面上形成化学键而结合。将经羟基磷灰石表面涂层处理的人工关节植入人体内后，周围骨组织能快速沉积在羟基磷灰石表面，并与羟基磷灰石的钙、磷离子形成化学键，结合紧密。

2. 生物玻璃

　　生物玻璃的主要成分是 $CaO\text{-}Na_2O\text{-}SiO_2\text{-}P_2O_5$，与普通玻璃相比含有较多的钙和磷，能与骨骼自然牢固地发生化学结合。在植入人体内后，生物玻璃表面会迅速发生一系列反应，最终导致含碳酸盐基磷灰石层的形成。它的生物相容性好，植入后无排斥、炎性等反应，能与骨骼形成骨性结合。目前此种材料已用于修复耳小骨，对恢复听力具有良好效果。

三、超导材料

1911 年荷兰物理学家昂内斯（Onnes）在一次实验中发现，把水银冷却到−40℃时，常温下呈液态的水银像结冰一样变成了固体，把水银拉成细丝并继续降低温度，同时测量不同温度下固体水银的电阻。当温度降到热力学温度 4K（−269℃）时，水银的电阻突然变成了零，后来科学界把这个现象称为超导现象。超导材料，是指具有在一定的低温条件下呈现出电阻等于零以及排斥磁力线性质的材料。已发现有几千种合金和化合物可以成为超导体，超导材料处于超导态时电阻为零，能够无损耗地传输电能。外磁场为零时，超导材料由正常态转变为超导态（或相反）的温度，称为临界温度，以 T_c 表示。按照临界温度划分，超导体又可分为低温超导体和高温超导体。

（一）低温超导体

元素超导体和合金超导体都属于低温超导体。目前常压下已有 28 种超导元素，其中过渡金属 18 种，如 Ti、V、Zr、Nb、Mo、Ta 等；其他元素 10 种，如 Bi、Al、Sn、Cd、Pb 等。在元素超导体中，除了 V、Nb、Ta 之外，其余都是第一类导体。由于临界温度 T_c 很低，实用价值不高（表 3-3）。但是，如果超导元素中加入某些其他元素作为合金成分，可以使超导材料的性能提高。如最先应用的铌锆合金（Nb-75Zr），其 T_c 为 10.8K。三元合金性能进一步提高，如 Nb-60Ti-4Ta 的临界温度 $T_c=9.9$K 等。

表 3-3 部分超导元素的临界温度

元素	Nb	Tc	Pb	La	Hg
T_c/K	9.24	7.80	7.00	6.06	4.15

（二）高温超导体

从 1911 年发现第一个超导体以来，人类一直在想方设法提高超导体的临界温度，但最高也只有 23.2K。20 世纪 80 年代初，德国科学家柏诺兹（Bednorz）和瑞士科学家缪勒（Müller）开始注意到某些金属氧化物具有超导电性，并于 1986 年在 La_2BaCuO 中发现了 $T_c=35$K 的超导电性，这一突破性发现带动了一系列铜氧化物超导体的发现。1987 年，中国、美国科学家各自在 YBaCuO 中发现高于液氮温区 $T_c=90$K 以上有超导性，其临界温度超过 77K，即可在液氮的温度下工作，称之为高温超导体，如后来发现的 Hg-$Ba_2Ca_2Cu_3O_{0.85}$ 的 $T_c=134$K。为之做出突出贡献的柏诺兹和缪勒也因此荣获 1987 年诺贝尔物理学奖。高温超导体主要有氧化物超导体和非氧化物超导体。目前研究最多的是 YBaCuO、BiSrCaCuO 和 TiBaCaCuO 三个氧化物超导体系。非氧化物超导体有 $(ICl)_xC_{60}$ 和 I_xC_{60} 等。

利用超导体可实现诸如无损耗输电、稳恒强磁场和高速磁悬浮车等，目前超导材料在医疗器械、国防军事、电子通信、电力能源、交通运输等众多领域取得了应用。历史上也曾有 10 人因超导材料的研究成果而获得诺贝尔物理学奖。

第四节　有机高分子化合物概述

一、高分子化合物的发展历史

高分子化合物的发展经历了三个阶段：天然高分子阶段、改性天然高分子阶段和合成高分子阶段。

从高分子化合物
到高分子材料

（一）第一阶段——天然高分子阶段

人类对天然高分子物质的利用有着悠久的历史。早在古代，人们的生活就已经和天然高分子物质息息相关。高分子物质支撑着人们的吃、穿、住各方面。作为人类食物的蛋白质和淀粉，以及用于纺织衣物的棉、毛、丝等都是天然的高分子物质。在我国古代，人们就已经学会利用蚕丝来纺织丝绸；汉代，人们利用天然高分子物质麻纤维和竹纤维，发明了对世界文明有巨大推动作用的造纸术（图 3-15）。在那时，中国人已学会利用油漆，后来传至周边国家乃至世界。可以说，古代中国在天然高分子物质的加工技术上，例如丝织业、造纸术和油漆制造，处于世界领先地位。这个阶段延续了很长时间，直到 18 世纪高分子材料的应用才开始进入人工合成阶段。

图 3-15　中国古代天然高分子的应用

（二）第二阶段——改性天然高分子阶段

1839 年，美国人古德伊尔发现了天然橡胶与硫黄共热后，性能有明显改善，从硬度较低、遇热发黏软化、遇冷断裂变成富有弹性、可塑性的新材料，这个伟大的发现得益于他在暖炉旁的一个意外发现。1832 年，法国人布拉孔诺用浓硝酸浸泡木材和棉花首次制备出了纤维素硝酸酯，也就是硝化纤维。1845 年，德国化学家舍恩拜因偶然发现纤维素与浓硫酸、浓硝酸反应，也会生成硝化纤维，并发明了混酸（浓硝酸与浓硫酸）工艺制备硝化纤维，并对其易燃易爆性进行了深入研究。1869 年，美国人海厄特把硝化纤维、樟脑和乙醇的混合物在高压下共热，制成第一种人工合成塑料"赛璐珞"，即硝化纤维塑料，旧称假象牙，并于 1970 年实现工业化生产，至今仍有广泛的应用（见图 3-16）。例如，可以用来制作台球、乒乓球等。1887 年，法国人用硝化纤维素的溶液进行纺丝，制得了第一种人造丝。

图 3-16　硝化纤维塑料的用途

（三）第三阶段——合成高分子阶段

　　1907 年，美国人贝克兰用苯酚与甲醛反应制造出第一种完全人工合成的塑料——酚醛树脂，它就是人们所熟知的"电木"或"胶木"。厂商很快发现，它不但可以制造多种电绝缘品，而且还能制造日用品，例如爱迪生（T. Edison）用其制造唱片。人们把贝克兰的发明誉为 20 世纪的"炼金术"。1920 年，德国人施陶丁格发表了关于聚合物反应的论文。文中指出高分子物质是由具有相同化学结构的单体，经过化学反应聚合，通过化学键连接在一起的大分子化合物。这一概念的提出使他获得了 1953 年的诺贝尔化学奖，成为公认的高分子科学的始祖。至此之后，高分子合成新技术不断涌现，高分子新材料层出不穷。

二、高分子化合物的合成

　　高分子化合物的分子量虽然很大，但是其化学组成一般并不复杂，它是由许多相同的、简单的结构单元通过共价键连接而成的链状或网状分子，分子量高达 $10^4 \sim 10^6$，因此高分子化合物又称为高聚物、聚合物。例如，聚氯乙烯由氯乙烯结构单元重复键接而成，其结构式为：

$$\sim CH_2CH—CH_2CH—CH_2CH—CH_2CH \sim$$
$$\quad\ Cl\qquad\ Cl\qquad\ Cl\qquad\ Cl$$

结构式中，符号～代表碳链骨架，略去了端基。也可缩写为：

$$\left[\!\!\begin{array}{c} CH_2CH \\ | \\ Cl \end{array}\!\!\right]_n$$

　　聚氯乙烯中的 $\left[\!\!\begin{array}{c} CH_2CH \\ | \\ Cl \end{array}\!\!\right]$ 是其长链结构中最简单的结构单元，又称为链节，n 为链节的数目，又称为聚合度。大部分高分子化合物，是以煤、石油、天然气等为起始原料制得的低分子有机化合物，再经聚合反应而制成的。这些低分子化合物也就是施陶丁格论文中提到的"单体"，由它们经聚合反应而生成高分子化合物。聚合物可以由一种单体，也可以由两种或多种不同的单体聚合而成。按照单体的结构不同，可将聚合反应分为加成聚合反应（简称加聚反应）和缩合聚合反应（简称缩聚反应）。这两类合成反应的单体结构、聚合机理和具体实施方法都不同。

（一）加成聚合反应

加聚反应是指由一种或两种以上具有不饱和键的单体或环状化合物，在适当条件下打开不饱和键或开环相互连接成高聚物的反应。在反应过程中没有低分子物质生成，生成的高聚物与单体具有相同的化学组成，仅仅是价键结构有所变化，其分子量为原料分子量的整数倍。例如聚乙烯就是通过加聚反应得到的（图 3-17）。

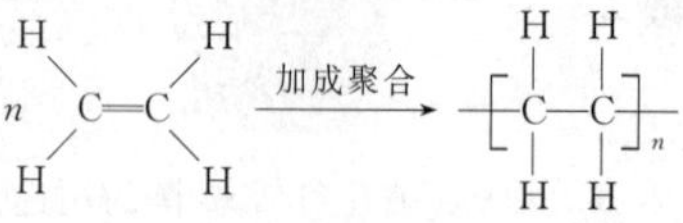

图 3-17　聚乙烯的合成

（二）缩合聚合反应

缩合聚合反应，又称为缩聚反应，是指具有两个或两个以上官能团的单体，相互缩合并产生小分子副产物（水、醇、氨、卤化氢等）而生成高分子化合物的聚合反应。由缩聚反应所获得的高分子化合物称为缩聚物。例如由己二酸和己二胺缩合得到聚酰胺的合成反应就是缩聚反应。缩聚物的重复结构单元与单体不相同。例如，由二元酸与二元胺聚合成的聚酰胺（尼龙-66）（图 3-18）。

$$n\mathrm{H_2N(CH_2)_6NH_2} + n\mathrm{HOOC(CH_2)_4COOH} \xrightarrow{\text{缩合聚合}}$$
$$\mathrm{H{-}\!\!\left[NH(CH_2)_6NHCO(CH_2)_4CO\right]_{\mathit{n}}\!\!{-}OH} + (2n-1)\mathrm{H_2O}$$

图 3-18　尼龙-66 的合成

三、高分子化合物的命名与分类

（一）高分子化合物的命名

高分子化合物的系统命名比较复杂，实际上很少使用。天然高分子习惯上用俗名，如纤维素、淀粉、棉花、麻、蛋白质、橡胶等。合成高分子则通常按制备方法及原料名称来命名，如用加聚反应制得的高聚物，往往是在原料名称前面加个“聚”字来命名。例如，乙烯的聚合物称为聚乙烯，苯乙烯的聚合物称为聚苯乙烯等。如用缩聚反应制得的高聚物，则大多数是在简化后的原料名称后面加上“树脂”二字来命名。如苯酚和甲醛的高聚物称为酚醛树脂。由于结构复杂不便采用上述两种命名法的，在商业上还常给高分子物质以商品名称。例如，聚酰胺纤维称为尼龙，聚对苯二甲酸乙二酯纤维称为涤纶，聚丙烯腈纤维称为腈纶等。

（二）高分子化合物的分类

根据其结构高分子化合物可以分为两类，一种是线形结构高分子，另一种是体形结构高分子（图 3-19）。线形结构的特征是分子中的原子以共价键互相连接成一条很长的卷曲状态的“链”。还有些高分子是带有支链的，称为支链高分子，也属于线形结构范畴。线形高分子分子间无交联，仅借助范德华力或氢键相互吸引，这类高分子聚合物常温下为高分子量固体，可反复加热软化、冷却固化，如低密度聚乙烯。体形结构的特征是分子链与分子链之间由许多共价键交联起来，形成三维空间的网络结构。体形高分子加热后不会熔化、流动，这种性质称为热固性。热固性聚合物一旦固化成型后，不能再通过加热改变其形状，也不能用溶剂溶解，如酚醛树脂和环氧树脂就是热固性高分子聚合物。

  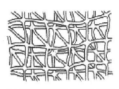

(a) 不带支链的线形结构　　(b) 带支链的线形结构　　(c) 交联的体形(网状)结构

图 3-19　线形和体形高分子

高分子聚合物根据高分子主链结构可分为：①碳链高分子，主链全由碳原子构成，大部分烯类和二烯类属于这类，常见的有聚丙烯、聚乙烯、聚氯乙烯、聚苯乙烯、聚丁二烯等；②杂链高分子，主链上除碳原子外，还有氧、氮、硫等其他元素，常见的有聚醚、聚酯、聚酰胺、聚硫橡胶等；③元素有机高分子，主链上没有碳原子，而由硅、氧、氮、铝、钛、硼、硫、磷等元素组成，侧链为有机基团（如甲基等），如硅橡胶。

第五节　重要的有机高分子材料

六大塑料与
禁塑令

有机高分子材料是由分子量较高的化合物构成的材料，如称为现代高分子三大合成材料的塑料、合成纤维和合成橡胶等。高分子材料具有许多优异的性能，如质轻、透明、绝缘、高弹性、耐化学腐蚀等，因而被广泛应用于国民经济各个领域，直接关系到人类的衣、食、住、行，特别是高科技发展领域都离不开高分子材料。

一、塑料

塑料是以合成树脂或化学改性的天然高分子为主要成分，再加入填料、增塑剂和其他添加剂，在一定温度和压力下塑制成型的合成高分子材料。塑料容器在我们的生活中随处可见，你可能注意到在塑料容器底部或者侧面通常会写一些数字，这些数字是用来识别塑料种类的循环再造标志，这些标志使得塑料品种的识别变得简单容易，回收成本得到了大幅度削减，这里重点介绍与生活密切相关的六大塑料和可降解塑料。

（一）六大塑料及其用途

表 3-4 中列出了六大塑料对应的环保再造标志、聚合物及其在日常生活中的用途。

1. 1 号塑料

1 号塑料，聚对苯二甲酸乙二醇酯，简称 PET，是聚酯中的明星分子。由于 PET 是一种透明且具有相当气密性的材料，它最常见的用途是制作饮料瓶[图 3-20(a)]，也可以被拉成纤维状和层状。例如，以迈拉（Mylar）为商品名的 PET 塑料层，可以用来制作亮闪闪的节日气球。由于聚酯的气密性，当充入氦气的时候，这些气球可以在空中飘浮数小时，最终由于小的氦原子跑出来，气球漏气而缩小[图 3-20(b)]。PET 只能耐热至 70℃，易变形，只适合装常温饮料或冷饮，装高温液体或加热则易变形，并放出对人体有害的物质。

表 3-4　六大塑料及其用途

循环再造标志	聚合物名称及简称	用途
♻1	聚对苯二甲酸乙二醇酯（PET）	软饮瓶、透明食品容器、塑料杯、抓绒织物、地毯纱线、纤维填充的保暖外套等
♻2	高密度聚乙烯（HDPE）	牛奶、果汁、洗涤剂及洗发水的容器瓶，塑料桶，塑料箱等
♻3	聚氯乙烯（PVC）	坚硬的：水管、房屋侧壁、信用卡、房卡等　柔软的：橡胶水管、防水靴、浴帘等
♻4	低密度聚乙烯（LDPE）	塑料袋、塑料膜、塑料片、玩具、电绝缘层等
♻5	聚丙烯（PP）	瓶盖、酸奶容器、地毯、日常家具、行李箱等
♻6	聚苯乙烯（PS）	食品保鲜膜、透明水杯等　"膨胀"状态：泡沫塑料杯、绝缘容器等

(a)　　　　　　　　　　(b)

图 3-20　PET 制作的饮料瓶（a）和节日气球（b）

2. 2 号和 4 号塑料

2 号和 4 号塑料，分别是指高密度和低密度聚乙烯，简称 HDPE 和 LDPE。人们日常生活中使用的食品袋和塑料瓶很多都是聚乙烯制品，但两者使用的聚乙烯原料却是不同的。食品袋的原料就是低密度聚乙烯，即乙烯单体在微量氧的存在下通过高温高压聚合而成的。通过这种工艺得到的低密度聚乙烯，可拉伸、透明，并且不是很结实，每个聚合物分子中含有 500 个单体，主链上有很多支链，就像从树干中央发散出去的树枝一样。低密度聚乙烯是第一种工业化的聚乙烯，20 世纪 50 年代，德国化学家卡尔·齐格勒和意大利化学家居里奥·

纳塔合成了齐格勒-纳塔催化剂[Al(C$_2$H$_5$)$_3$-TiCl$_4$]，并将其用于聚乙烯的生产，得到了支链很少的高密度聚乙烯。1963年，卡尔·齐格勒和居里奥·纳塔因此共同获得了诺贝尔化学奖。HDPE由于支链很少，与LDPE中的不规则排列不同，其高分子链能够平行排列，分子结构的规整性更高（图3-21）。相比于LDPE，HDPE具有更高的密度，更强的刚性以及更高的熔点。

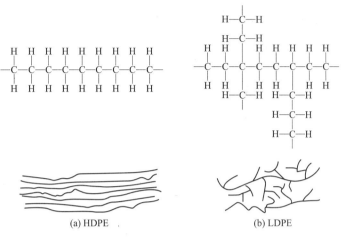

图 3-21 HDPE（a）与 LDPE（b）的结构

LDPE常用于食品包装袋、保鲜膜、塑料膜等。LDPE耐热性不强，通常合格的PE保鲜膜在温度超过110℃会出现热熔现象，会在食品上留下一些人体无法分解的塑料制剂。并且，用保鲜膜包裹食物加热，食物中的油脂也很容易将保鲜膜中的有害物质溶解出来，因此食物放入微波炉加热前要先取下保鲜膜。HDPE主要用于清洁用品、沐浴产品的包装，此类容器可在小心清洁后重复使用，但这些容器通常不好清洗，易变成细菌的温床，最好不要重复使用，不要用作容器来储存其他物品。

3. 3号塑料

3号塑料，聚氯乙烯，简称PVC。PVC是最大的塑料品种之一，其突出优点是耐化学腐蚀、具有不燃性、成本低、加工容易等。常用于制作雨衣、建材、塑料膜、塑料盒等。

4. 5号塑料

5号塑料，聚丙烯，简称PP，常用于制成微波炉餐盒、豆浆瓶、果汁饮料瓶，熔点可达167℃，是唯一可以安全放进微波炉的塑料盒，可在仔细清洁后重复使用。使用时需要注意的是有些微波炉餐盒的盒体以5号塑料PP制造，但盒盖却以1号PET制造。由于PET不能耐受高温，所以不能与盒体一起放进微波炉，所以此类餐盒放入微波炉时要把盖子取下。

5. 6号塑料

6号塑料，聚苯乙烯，简称PS。聚苯乙烯是一种柔韧性较差的硬质塑料。透明的DVD盒和派对上用的透明塑料杯子和盘子都是由聚苯乙烯制成的。另外，我们熟悉的泡沫塑料热饮杯、装蛋纸壳、花生型泡沫填料，也是由聚苯乙烯制成的（图3-22）。这类聚苯乙烯也被称作可发泡型聚苯乙烯。它们是从可发泡的聚苯乙烯树脂制备来的。这些树脂包含了4％～7％的发泡剂，通常是气体或者能够产生气体的物质。对聚苯乙烯来说，发泡剂一般是低沸点的液体如戊烷。当树脂被放置在模具中时，如果用蒸汽或热空气加热，戊烷就会蒸发。紧接着气体膨胀带动了聚合物的膨胀，膨胀后的聚苯乙烯颗粒融合在一起，并由模具的形状定型。由于存在很多气泡，所以这种发泡塑料不仅质轻还是优质的隔热材料。

图 3-22　聚苯乙烯制品

（二）可降解塑料——聚乳酸

多数聚合物包括塑料大多通过不可再生资源石油来合成，但是也有一些聚合物可以通过一些可再生资源，比如通过木材、棉花、稻草、淀粉和糖等。因为它们是由可再生资源生产的，所以被认为是生态友好的。例如聚乳酸（PLA）是一种新型的生物降解材料，它是由可再生的植物资源（如玉米）所提供的淀粉原料制成。淀粉原料经由糖化得到葡萄糖，再由葡萄糖及一定的菌种发酵制成高纯度的乳酸，再通过化学方法合成一定分子量的聚乳酸。其具有良好的生物可降解性，使用后能被自然界中微生物完全降解，最终生成二氧化碳和水，不污染环境，是公认的环境友好材料。普通塑料的处理方法通常是焚烧，造成大量温室气体排入空气中，而聚乳酸塑料则是掩埋在土壤里降解，产生的二氧化碳直接进入土壤有机质或被植物吸收，不会排入空气中，也不会造成温室效应。

作为一种聚酯，PLA 和 PET 有同样的触感和外观，它被用于制作一些和 PET 一样的物品，比如透明的瓶子、透明的食品包装袋、服装纤维和其他塑料制品。PLA 也可以用作纸杯和碟子的外部防水涂层（图 3-23）。与 PET 相同，PLA 在 60℃ 左右会软化。所以除非掺杂其他树脂来提高它的热稳定性，否则 PLA 只能在较低的温度下使用。

图 3-23　聚乳酸餐盒

（三）禁塑令

塑料是人类发明的重要基础材料，给人们的生产和生活带来了极大的便利。从 20 世纪 50 年代开始，全球塑料年增长率平均保持在 8.5%。到 2016 年，全球塑料产量达到了 3.35 亿吨。我国是世界塑料生产和使用大国，其中多种塑料产品，如聚氯乙烯（PVC）、氨基模塑料等产量已经位于全球首位，且呈现进一步增长的趋势。这些塑料使用之后，一部分由于没有得到及时有效的收集处理而进入环

境，并在环境中发生破碎、腐化，给地表水、土壤和海洋等带来严重的污染（图 3-24）。近

年来，国际上对塑料垃圾和微塑料环境危害的关注日益增多。现已在全球 233 种海洋生物消化道内发现微塑料颗粒的存在，由此造成了大量海洋生物的死亡。2015 年，包括我国在内的多个国家的食用盐、海产品、啤酒、蜂蜜等产品中均检出了不同材质、不同数量、不同形状的微塑料颗粒。微塑料对人体的影响主要体现在它含有的污染物上。如在塑料的加工过程中，为增强产品的弹性、透明度、耐用性，都会添加一类高分子材料助剂。这类物质就是通常所

图 3-24　塑料污染

说的塑化剂，以使用最为广泛的邻苯二甲酸酯类塑化剂（DEHP）为例，它可在啮齿类动物体内诱导产生肝肿瘤。国际癌症研究署（IARC）、美国环保署（EPA）将 DEHP 列为人类可能的促癌剂或致癌物质。此外，它与人类多种慢性病（如儿童哮喘、糖尿病等）的患病率增加有一定的相关性。

　　2020 年 1 月 16 日，国家发展和改革委员会、生态环境部联合印发了《关于进一步加强塑料污染治理的意见》，明确规定到 2020 年底，各直辖市、省会城市、计划单列市、城市及城区的商场、超市、药店、书店等场所以及餐饮打包、外卖服装和各类展会活动，禁止使用不可降解的塑料制品，集贸市场规范和限制使用不可降解的塑料袋，"限塑令"正式升级为"禁塑令"。

合成纤维与
合成橡胶

二、合成橡胶

　　橡胶具有高弹性、绝缘性、不透水、抗冲击、吸震及阻尼性等性能，有些特种橡胶还具有耐化学腐蚀、耐高温、耐低温、耐油等特点，所以橡胶制品在工业、农业、国防和科技现代化中起着重要作用。橡胶按照来源分为天然橡胶和合成橡胶。天然橡胶是从橡胶树和橡胶草等植物中提取胶质后加工而成的，基本化学成分为顺聚异戊二烯。天然橡胶最主要的用途是生产日用品，平时人们常用的暖水袋、松紧带、雨鞋等物品就是由天然橡胶加工而成的，它们的耐磨性、防水性以及抗腐蚀性都特别出色。最近几年比较流行的乳胶枕也是由天然橡胶制成。乳胶枕是由橡胶树的汁液做成的，一般无法做到 100% 纯乳胶，市面上乳胶枕的乳胶含量只有 80%～93%，最高可以达到 96%。因为纯乳胶无法达到凝固和蓬松效果，需要人工添加安全材料发酵而成。天然橡胶在医疗卫生行业中的用途也有很多，如医生用的外科专用手套、手术手套以及输血管等用品，也是由天然橡胶生产加工而成的，它们具有超强的柔韧性、亲和性以及密封性。全世界的天然橡胶产量在 300 万吨左右。橡胶树只能种植在南方，树苗种下去后要 7～8 年才能产胶。每生产 1000 吨天然橡胶需要橡胶树 300 万棵，每年需要 5500 个人工。另外，天然橡胶的分子量约 30 万，它的分子链极为柔软，有一定弹性，但显示弹性的温度范围不宽，温度较高会变黏，低温会变脆，影响使用效果，为了改善天然橡胶的性能，后来慢慢发展起来了合成橡胶。

（一）合成橡胶的发展历史

1820年到1860年，法拉第等人将天然橡胶分子破坏，分离出了 C_5H_8 成分，1880年证明此成分是异戊二烯。用异戊二烯合成的异戊橡胶的结构和性能与天然橡胶相同。但是由于异戊二烯原料来源受到限制，而丁二烯来源丰富，因此后续开发出一系列以丁二烯为基础的合成橡胶。到1955年，人们利用齐格勒-纳塔催化剂，终于合成了结构与天然橡胶几乎相同的顺异戊二烯橡胶。随后各种优质合成橡胶不断被开发出来。

（二）合成橡胶及用途

合成橡胶在性能和数量上已经超过天然橡胶。合成橡胶的品种有丁苯橡胶、氯丁橡胶、硅橡胶、丁腈橡胶和氟橡胶等。表3-5列出了这些合成橡胶的结构、性能及用途。

表3-5 几种橡胶的结构、性能和用途

名称	结构	性能	用途
丁苯橡胶	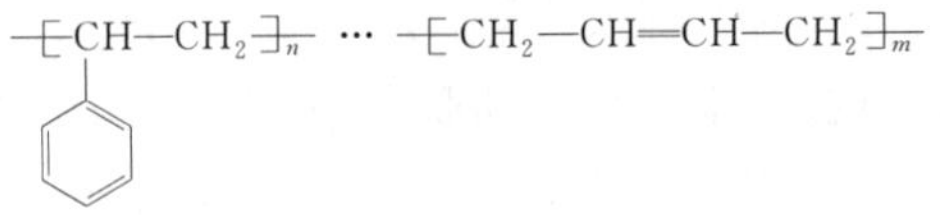 $-\!\!\left[CH\!-\!CH_2\right]_n\cdots\left[CH_2\!-\!CH\!=\!CH\!-\!CH_2\right]_m$（苯环）	耐热、耐磨、电绝缘性比天然橡胶好，但弹性、拉伸强度和黏着力不如天然橡胶	制造轮胎、传送带、密封配件、电绝缘材料、胶管等
氯丁橡胶	$-\!\!\left[CH_2\!-\!C\!=\!CH\!-\!CH_2\right]_n$，支链Cl	耐油、耐候、耐臭氧的性能好，力学性能与天然橡胶相似，但弹性、耐寒性较差	制造耐油制品、化工设备防腐衬里、海底电缆等
丁腈橡胶	$-\!\!\left[CH_2\!-\!CH\!=\!CH\!-\!CH_2\!-\!CH_2\!-\!CH\right]_n$，支链CN	耐油、耐磨、耐热、耐酸、耐碱性、气密性好，弹性、耐寒性、电绝缘性较差	制造特殊耐油制品、汽车轮胎、工业垫圈、运输带及热橡胶制品
硅橡胶	$-\!\!\left[Si\!-\!O\right]_m\left[Si\!-\!O\right]_n$，支链$CH_3$、$CH_3$、$CH\!=\!CH_2$、$CH_3$	优良的电绝缘性和很高的耐热性、耐寒性和耐氧化性，但力学强度低	制造电绝缘材料及衬垫密封，耐高温、低温和耐臭氧制品
氟橡胶	分子结构中含有氟原子的橡胶的总称	具有高度的热稳定性和化学稳定性，使用范围宽，耐高真空，但耐寒性差，加工性能不好	制造飞机零件，高真空设备中的橡胶部件等

1. 丁苯橡胶

丁苯橡胶是合成橡胶的最大品种，占合成橡胶总产量的 $60\%\sim70\%$。它是丁二烯与苯乙烯的共聚物，反应如图3-25所示。

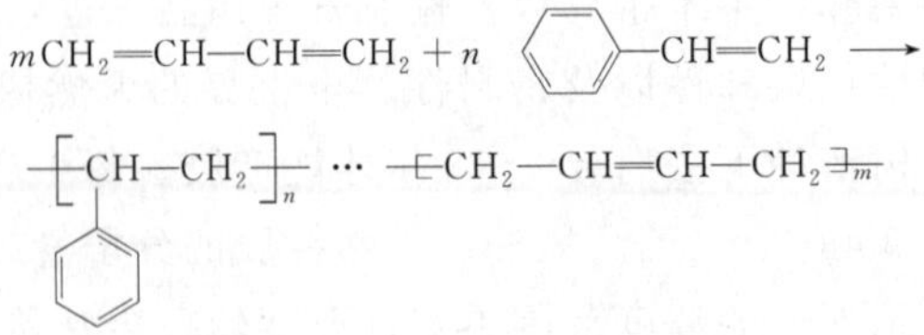

$$mCH_2\!=\!CH\!-\!CH\!=\!CH_2 + n\ \text{（苯环）}\!-\!CH\!=\!CH_2 \longrightarrow$$

$$\left[CH\!-\!CH_2\right]_n\cdots\left[CH_2\!-\!CH\!=\!CH\!-\!CH_2\right]_m$$

图3-25 丁苯橡胶的合成

丁苯橡胶是应用最广、产量最大的合成橡胶，其性能与天然橡胶接近。丁苯橡胶中苯乙烯的相对含量对橡胶性能有很大影响。当苯乙烯含量为 10% 时，可以制得弹性良好的耐寒橡胶；当苯乙烯占 25% 时，橡胶的弹性、物理力学性能以及加工性能均较好，是丁苯橡胶中最通用的品种，适合做汽车外胎；当苯乙烯含量达 50% 时，橡胶力学强度高，但弹性低，只可供胶鞋工业用。由于丁苯橡胶耐水、耐老化、耐臭氧，特别是耐磨性和气密性比天然橡胶好，因此被大量用于制造汽车轮胎。

2. 氯丁橡胶

氯丁橡胶又称为"万能橡胶"，是由氯丁二烯为主要原料聚合而成的，被广泛应用于抗风化产品、黏胶鞋底、涂料等。

3. 硅橡胶

硅橡胶是 1944 年开始生产的一种特殊橡胶。硅橡胶是一种兼具无机和有机性质的高分子弹性材料，其分子很特别，主链没有碳原子，其分子主链由硅原子和氧原子交替组成（—Si—O—Si—），侧链是与硅原子相连的碳氢或取代碳氢的有机基团，这种基团可以是甲基、不饱和乙烯基或其他有机基团。由于 Si—O 键能（453kJ/mol）大，并且 Si—O 键旋转的自由度大，因此它既耐低温又耐高温，能在 $-65 \sim 250℃$ 之间保持弹性，耐油、防水、电绝缘性能也很好。因此硅橡胶可以用来制作高温、高压设备的衬垫，油管衬里和各种高温电线、电缆的绝缘层。硅橡胶无毒、无味、柔软、光滑、生理惰性及血液相溶性优良，因此常用作医用高分子材料，如人工器官、人工关节等。

（三）橡胶的硫化

天然橡胶和合成橡胶在未硫化以前称为生橡胶。生橡胶具有可塑性差、强度低、回弹性差、容易产生永久形变的特点，这是因为生橡胶分子只是线形结构。1839 年，美国人古德伊尔意外地发现将硫掺入天然橡胶后加热，橡胶的性能改善了许多，英国人首先将这种方法应用于工业生产。生橡胶分子都具有双键，以供硫化，生橡胶硫化后，其结构由线形分子变为体形网络结构，增加了橡胶的强度和弹性，其硫化反应如图 3-26 所示。

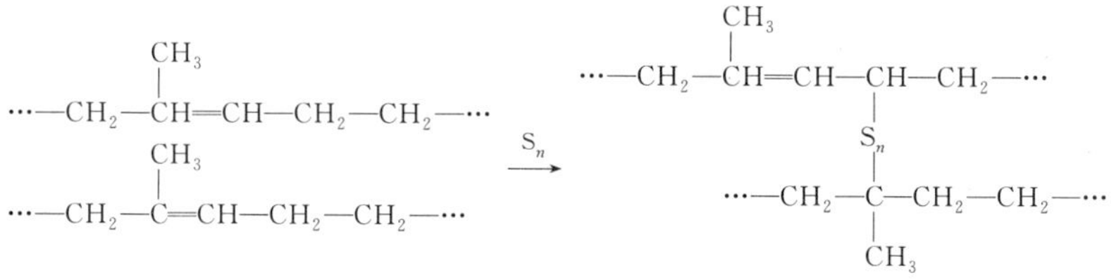

图 3-26　橡胶的硫化

三、合成纤维

纤维材料分为天然纤维和合成纤维。天然纤维又分为植物纤维，如棉、麻等；动物纤维，如羊毛、蚕丝等；矿物纤维，如石棉等。天然纤维与合成纤维相比，具有吸湿性好、抗静电性好、健康环保等优点，但是也存在其纤维长度和粗细不均匀、伸长能力小、易皱等缺点。为了改善天然纤维的上述缺点，合成纤维应运而生。合成纤维内部结构的最大特点是线形结构，支链少，链的排列也较整齐，分子中都含有极性基团，这有利于定向排列构成局部结晶区。在结晶区内分子间的作用力较大，保证了纤维的强度。分子排列不整齐的部分则构成了局部无定形区，在无定形区内，分子链仍可自由旋转，使纤维柔软而富有弹性。合成纤维的品种很多，分子结构各不相同，具有各自独特的性能。

（一）聚酰胺纤维

1. 尼龙-66

由己二酸和己二胺聚合而成的聚酰胺纤维尼龙-66，是第一种合成纤维，是最早的仿生材料之一，它的合成仿照了天然蛋白质丝的产生。尼龙-66 合成后，美国杜邦公司认为这种新聚合物很有前途，尤其是科学家掌握了尼龙抽成细丝的工艺后。这些细丝牢固且平滑，非常像蚕丝，因而尼龙首先作为丝绸的替代品被推向世界。1940 年 5 月 15 日尼龙长筒袜（图 3-27）在全美首次销售，尽管每人限购一双，500 万双还是当天售罄。后来这些新聚合物从袜类转用到了降落伞、绳索、服装以及其他数百种战时用品上。1945 年第二次世界大战结束时，尼龙一再证明了它的强度、稳定性和耐腐蚀等方面优于丝制品。如今这种合成纤维在经过各种改进之后用于衣料、运动服装、露营设备、厨房和实验室等各个方面。

图 3-27　由尼龙-66 制成的长筒袜

2. 凯夫拉

凯夫拉也是美国杜邦公司研制的聚酰胺纤维，它是由对苯二胺与对苯二甲酰氯聚合而成（图 3-28）。材料原名叫"聚对苯二甲酰对苯二胺"，俗称防火纤维。它由重复单位彼此连接形成链状结构，这些链状结构之间又通过氢键相连形成网。凯夫拉的分子结构决定了其具有很强的耐热性和阻燃性，熔点高达 371℃，此外其分子重量很轻，并且存在氢键、酰胺键以及亚胺键的紧密结合。凯夫拉由于分子中这些化学键的紧密结合具有超高的强度、良好的韧性和抗张性，因此在受到子弹冲击时，凯夫拉纤维会因为弹丸的拉伸和剪切而产生弹性形变，在此过程中子弹的能量被迫向冲击点以外的区域扩散，动能的损耗导致子弹的速度大大降低，最终被纤维网所拦截。凯夫拉在防弹领域的应用极大地提高了各种防弹产品的防护性能，同时很大程度上降低了防弹装备的重量，是防弹领域上的一大进步。

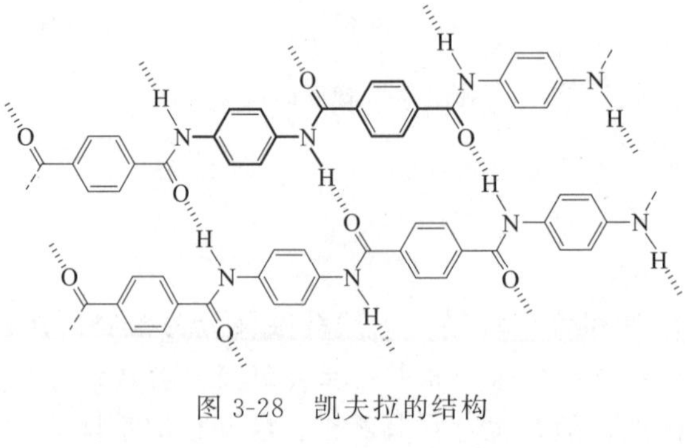

图 3-28　凯夫拉的结构

（二）聚酯纤维

聚酯纤维，俗称"涤纶"，是由有机二元酸和二元醇缩聚而成的，于 1941 年发明，是当前合成纤维的第一大品种。聚酯纤维由于分子排列规整、紧密，结晶度较高、不易形变，亦可作为塑料和涂料的原料。聚酯纤维最大的优点是抗皱性和保形性很好，具有较高的强度与弹性恢复能力。其坚牢耐用、抗皱免烫、不粘毛。其中具有代表性的是工业生产中产量最大的聚对苯二甲酸乙二醇酯，商品名叫"的确良"，是由对苯二甲酸和乙二醇聚合得到的合成纤维。聚合反应方程式如图 3-29 所示。

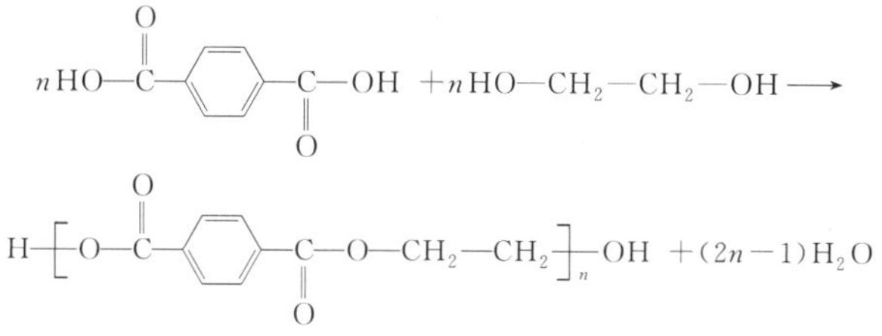

图 3-29　聚对苯二甲酸乙二醇酯的合成

另外，还有常见的一些合成纤维，如腈纶、维纶、丙纶和氯纶等，其单体、重要性质及其用途列于表 3-6 中。

表 3-6　常见合成纤维的性质与用途

名称	单体	重要性质	主要用途
涤纶（又名的确良或聚酯纤维）	对苯二甲酸、乙二醇	强度大、电绝缘性强、成型后形状稳定、不皱、耐酸、耐光，但吸水率低、染色性差	做电绝缘材料、耐酸滤布、高空降落伞等
腈纶（又名人造羊毛或聚丙烯腈纤维）	丙烯腈	质轻、强度大、保暖性好、耐光、耐热、耐湿、耐化学药品、不怕虫蛀，但耐磨性差、易吸灰尘	做幕布、帐篷、军用帆布、炮衣、滤布、防酸布，与毛混纺做衣料、毛线毛毯等
维纶（又名维尼纶或聚乙烯醇纤维）	乙烯醇醋酸酯	吸湿性好、强度大、耐酸、耐碱、耐光、易洗、易干、不会霉蛀，但不如涤纶挺括	做工业滤布、工作服、轮胎帘子线、渔网，代替棉花做衣料
锦纶-66（又名尼龙-66或聚酰胺纤维）	己二酸、己二胺	强度大、质轻软、耐磨、有弹性、不会霉蛀、耐油、耐海水，但不耐酸、不耐光、透气性差	做轮胎帘子线、传动带、绳索、渔网、降落伞、潜水衣以及织物、袜子等
丙纶（又名聚丙烯）	丙烯	强度大、耐磨性仅次于锦纶、耐腐蚀性好，但耐光性和染色性差	做缆绳、滤布、渔网、工作服等
氯纶（又名聚氯乙烯）	氯乙烯	耐化学腐蚀性好、保暖性强、难燃、耐晒、耐磨，但耐热性差、难染色	做滤布、工作服、地毯、衣料等

身边的化学

邻苯二甲酸酯类增塑剂的危害

邻苯二甲酸酯类物质具有无色无味、电性能好、挥发性低和耐低温等特点，是塑料制品和橡胶制品生产过程中的重要增塑剂，可有效增加产品可塑性、柔韧性和膨胀性。一直以来，邻苯二甲酸酯类增塑剂广泛应用于玩具及儿童用品、食品接触材料、化妆品和纺织品等各类产品中。产品中最常见的邻苯二甲酸酯类增塑剂有邻苯二甲酸二（2-乙基）己酯（DE-

HP)、邻苯二甲酸二异壬酯（DINP）、邻苯二甲酸二异癸酯（DIDP）、邻苯二甲酸二正辛酯（DNOP）、邻苯二甲酸丁苄酯（BBP）、邻苯二甲酸二丁酯（DBP）等。

产品中广泛使用邻苯二甲酸酯类增塑剂的同时，这类物质的毒性也愈来愈引起世界各国的关注。科学研究发现，邻苯二甲酸酯是一类环境雌激素物质，具有生殖和发育毒性，一些邻苯二甲酸酯类物质甚至具有致癌性。尽管目前科学界对于邻苯二甲酸酯类增塑剂的危害性尚未达成完全统一的结论，但许多国家已经纷纷预先制定了相关产品中邻苯二甲酸酯类物质的限制和检测方法、法规或标准，以尽可能地降低物质暴露风险，避免引发健康危害。2011年6月1日，我国卫生部公布第6批食品中可能违法添加的非食用物质和易滥用的食品添加剂名单（卫生部2011年第16号公告），名单中全部为邻苯二甲酸酯类物质，总计17种。可能添加的食品品种为乳化剂类食品添加剂、使用乳化剂的其他类食品添加剂或食品等。

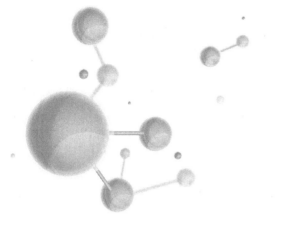

第四章

化学与大气

人类要生存，食物、水和空气缺一不可，但三者中需要最多的是空气。一个成年人每天约吸入空气 13.6 千克（约 1 万多升），而只需摄入 1 千克食物和 2 千克水。如果没有空气，生命只能维持几分钟。但是，随着现代工业和交通运输的发展，向大气持续排放的物质数量越来越多，种类越来越复杂，这些都会引起大气成分的急剧变化。当大气正常成分之外的物质对人类健康、动植物生长及气象气候产生危害时，就说明大气受到了污染。

第一节　大气概况

大气圈和我们
呼吸的空气

一、大气的组成和作用

（一）大气的组成

有科学家认为，地球最初是由星际间的物质凝聚而成的。在地心引力的作用下，空气围绕在地球四周形成了大气层，这层包围在地球表面的空气就是大气，也称作大气圈。大气的总质量约为 5.1×10^7 亿吨，相当于地球质量的百万分之一。大气是一种混合气体，其组成可分为恒定的、可变的和不定的三类组分。恒定的组分有（按体积计）：氮气 78.09%、氧气 20.94%、氩气 0.93%，再加上微量的氖、氦、氪、氙等稀有气体。大气中的水汽含量随着空间位置和季节的变化而改变，一般为 1%～3%，热带地区可达 4%，南北极则不到 0.1%。大气中的二氧化碳正常含量在 0.033% 左右。表 4-1 列出了正常干燥空气中各组分的浓度。

（二）大气的作用

大气不仅能为人类呼吸提供氧气，还能为生命体提供所需的营养，如植物进行光合作用所需的二氧化碳等。此外，大气能够吸收地球的红外辐射，使地球表面温度维持在一个适宜人类生存的范围内。相比之下，月球或其他星球由于没有大气的热稳定作用，温度变化差异大，生命体难以存活。所以，大气是地球表面温度的"调节器"。

表 4-1　正常干燥空气的组成

气体	浓度/(cm³/m³)	气体	浓度/(cm³/m³)
氮	780900	氪	1.0
氧	209400	一氧化氮	0.5
氩	9300	氢	0.5
二氧化碳	315	氙	0.08
氖	18	二氧化氮	0.02
氦	5.2	臭氧	0.01～0.04
甲烷	1.0～1.2		

　　太阳每时每刻都在蒸发着大量的海水和地表水，使其变为水蒸气，而大气可以将水蒸气输送到各地上空，在冷凝后变成雨雪降落下来。正是由于大气的这种作用，形成了宝贵的水循环，才维持了生态平衡，并在漫长的时间里不断地塑造着地球表面的形态。所以，大气是地球水体的"传送带"。

　　从太空飞来的小天体和陨石被大气所阻隔，从而避免给地球上的人类造成巨大的伤害；来自外层空间的宇宙射线和大部分高能电子辐射，在穿过大气层时，大部分被大气吸收，显著降低了紫外线和其他辐射对生命的破坏。所以，也称大气是地球的"保护罩"。

二、大气圈的结构

　　古代诗人屈原在其诗篇《天问》中，面对苍穹，写下了："圜则九重，孰营度之？"他认为天空是由九层巨大的圆环组成。而现代科学家认为由于受地心引力的作用，大气在垂直方向上的温度、组成与物理性质是不均匀的，根据大气温度垂直分布的特点，从结构上将大气圈分为 5 个层，它们分别是对流层、平流层、中间层、暖层和散逸层（图 4-1）。

（一）对流层

　　对流层处于大气圈的最下一层，其下界为地面，上界平均高度为 12 公里。温度为 −53～37℃。大气质量的 75％和水汽的 90％以上都在这一层。大气中二氧化碳、水汽等气体，能吸收地球表面长波辐射，使该层气体温度随高度上升而降低。气温的垂直递减率为 6.5℃/km。由于上冷下热，大气形成大规模的强烈对流运动，从而产生风、霜、雨、雪、雾、雷、电等各种复杂的天气（图 4-2）。对流层对人类和生物的影响最大，大气污染主要发生在这一层。特别在贴近地球表面 1～2 公里范围内更容易造成污染。

（二）平流层

　　对流层上面是平流层，可伸展到 50 公里处，温度为 −53～−3℃。在 12～30 公里内，气温基本不变，称同温层。再往上气温随高度升高而上升，即上热下凉，所以平流层中很少会发生对流运动，只有平流运动。在 15～35 公里内，臭氧浓度较高，形成臭氧层，其中 27 公里上下臭氧层浓度最高。在 30 公里以上，臭氧能强烈吸收紫外线，使平流层气温随高度升高而上升，也像一道屏障保护着地球上的生物，免受太阳紫外线及高能粒子的袭击。平流

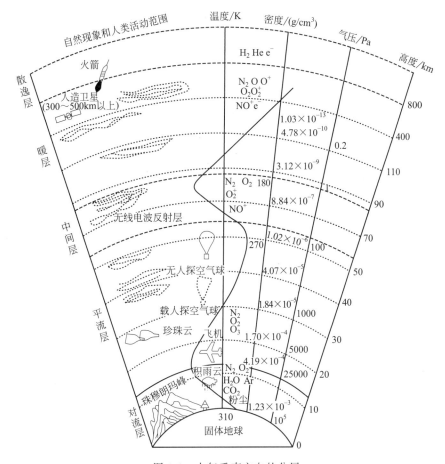

图 4-1　大气垂直方向的分层

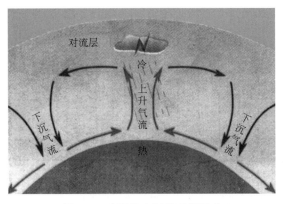

图 4-2　对流层大气的对流运动

层中气体清洁干燥，透明度高，几乎没有水汽和尘埃，也不存在云、雨、风暴等各种天气现象，是现代超声速飞机飞行的理想场所（图 4-3）。

（三）中间层

　　平流层上至 85 公里的范围称为中间层，温度为 $-93 \sim -53℃$。由于该层大气稀薄，气

图 4-3　适合飞机飞行的平流层

体温度随高度上升而下降，即上冷下热，气体可以产生对流运动，所以又称为高空对流层。

（四）暖层

暖层又称为热层，距离地面85～800公里。因为气体在太阳和宇宙射线作用下处于高度电离状态，所以又称为电离层。它能反射无线电波，美丽的极光也是出现在电离层。波长小于175nm的太阳辐射被该层气体吸收，如氧原子能强烈地吸收太阳紫外线，使气温随高度上升而增加，即上热下冷。在250公里左右，温度可达2000K。

中国空间站就处于离地面约400公里左右的暖层（图4-4）。我们通常所说的太空和大气层实际上并没有明显的分界线，完全是依靠人为规定的。国际航空联合会把100公里的高度定义为大气层和太空的分界线，这个分界线也叫作卡门线。高于卡门线就属于太空，而低于卡门线就是大气层。那为什么不把空间站放在100公里的高度呢？这其实和建设空间站的目的有关。航天员和科学家要在空间站做太空实验，而100公里的高度并不完全接近真空状态。除此之外，100公里的高度也不能让望远镜的观测优势显现出来，同时也不符合无重力的实验条件，高度达到400公里左右就可以满足这些条件。不仅如此，选择400公里的高度还和空间站、航天员的安全有关。因为太阳有很强的辐射，由于地球有大气层，大气层中有臭氧，隔绝了大部分辐射中有害的紫外线。同时太阳还会不断向外界辐射带电粒子，这些带电粒子危害巨大，如果撞上空间站，就有可能损坏设备，同时这些带电粒子对人体也有危害。

图 4-4　处于暖层的中国空间站

（五）散逸层

散逸层是距离地面 800 公里以上的大气层，实际上是大气层向太空的过渡。空气十分稀薄，受地球引力作用微弱，温度随高度的上升而升高，高速运动的粒子可以挣脱地球引力而散逸到太空，所以称散逸层。

三、我们呼吸的空气

氮是空气中最丰富的元素，占我们所呼吸空气的 78%。氮气无色、无臭，不易发生化学反应，可以出入我们肺部而不发生任何变化。尽管氮是生命必需的元素，而且是生物的组成部分，但是大多数动植物从其他来源摄取氮，而不是直接从大气中获得。尽管在大气中氧气不如氮气多，但是在我们的星球上，氧气仍然发挥着举足轻重的作用。我们体内的血液通过肺部吸收氧气，然后氧气与我们摄入的食物进行反应释放能量，进而驱动体内的各种化学过程。氧气也是其他化学过程所必需的，包括燃烧和腐蚀过程。氧是人体内按质量计算含量最高的元素。氧也广泛存在于岩石和矿物中，是地壳中含量最高的元素。每次呼吸，人体都会向大气排出二氧化碳，吸入的干燥空气与呼出的空气成分之间发生了一些明显的变化，消耗了部分的氧气，释放出二氧化碳和水。

四、大气中的污染物

空气中除了上面讲到的氮气、氧气、二氧化碳、水蒸气、氩，还含有一些其他低浓度的物质，这些低浓度的物质大部分是一些空气污染物。下面重点介绍集中于地表的空气污染气体，分别是一氧化碳、二氧化硫、氮氧化物、碳氢化合物、氧化剂、颗粒物等。

（一）一氧化碳

全世界每年排入大气的一氧化碳总量为 $3 \times 10^8 \sim 4 \times 10^8$ 吨，是全球人为排放量最大的气体污染物。一氧化碳主要来源于煤和汽油的不完全燃烧。一氧化碳素以"沉默杀手"闻名，因为它无色无臭，一旦吸入它会进入血液影响血红蛋白的载氧能力。吸入一氧化碳，人首先会感到头晕、恶心和头痛，这些症状很容易被误以为是其他疾病。若连续吸入大剂量 CO，会造成中枢神经系统功能损伤、心肺功能衰竭、昏迷、呼吸困难甚至死亡。

（二）二氧化硫

二氧化硫主要来源于矿物燃料的燃烧和硫化矿物的冶炼。目前排入大气的 SO_2 高达 1.5 亿吨，仅次于 CO，但其危害性超过 CO。SO_2 具有强烈的令人不愉快的气味，人的嗅觉感官可探测 $3cm^3/m^3$ 以上的 SO_2，当浓度达 $8cm^3/m^3$ 时，可对人造成伤害，达到 $400cm^3/m^3$ 时，人立即死亡。如果吸入，它会溶解在肺部潮湿的组织中，形成酸。老年人、青少年和患有肺气肿、哮喘的人群最容易受到二氧化硫的毒害。例如 1952 年那场造成超过 1 万人死亡的伦敦烟雾，部分起因于煤炉废气的排放，死亡原因包括急性呼吸衰竭、心脏病和窒息，一些幸存者遭受到永久性的肺损伤。SO_2 在空气中停留的时间大约一周左右，随雨雪降到地面。在高空中 SO_2 被氧化为 SO_3，遇水而生成硫酸烟雾，长期停留在大气中。所以，SO_2 是形成酸雨的"罪魁祸首"。

（三）氮氧化物

大气中氮氧化物有 N_2O、NO、NO_2 等，下层大气中 N_2O 是细菌活动的产物，在对流层上部被氧化。NO 和 NO_2 为含氮有机物燃烧时所释放，毒性均较大，比 CO 的毒性还大 5 倍。NO_2 具有特征的红棕色，与 SO_2 一样，NO_2 也与潮湿的肺部组织结合生成酸。大气中的 NO 是一种无色气体污染物，可被氧化生成 NO_2。氮氧化物也是光化学烟雾的引发原因之一。

（四）碳氢化合物

大气中烃类污染物的定义并不严格，它是指各种烃类及其衍生物，一般是碳氢化合物。大气中碳氢化合物大量来自于天然的 CH_4，第二个重要来源为植物排出的萜烯类化合物，其他来源有汽油的燃烧、溶剂蒸发、石油蒸发等。碳氢化合物也是导致光化学烟雾的物质之一。

（五）氧化剂

氧化剂是指空气中氧化性能高的物质，主要为臭氧，也包括过氧化物、过氧硝酸盐等，其中以过氧乙酰硝酸酯（PAN）最为普遍。臭氧有强烈的气味，在电极或焊接设备附近可以闻到。即使浓度很低，臭氧也会降低肺功能。吸入臭氧的症状，包括胸痛、咳嗽、打喷嚏和肺水肿。臭氧还可使谷物的叶子长斑以及使松针变黄。在地表附近臭氧肯定是有害物质，但是它在平流层中在屏蔽紫外线方面发挥着重要的作用。

（六）颗粒物

颗粒物是由微小固体颗粒以及液滴组成的复杂的混合物。颗粒物是根据大小而不是组成分类，因为颗粒的大小决定了它们对人体健康的影响。PM_{10} 包括平均直径为 $10\mu m$ 或更小的颗粒，$PM_{2.5}$ 是 PM_{10} 的一部分，包括平均直径小于 $2.5\mu m$ 的颗粒。颗粒物的来源很多，包括汽车发动机、烧煤的电厂、野火以及浮尘。有时颗粒物是可见的，如煤烟或烟雾，然而受到更多关注的是那些小到无法看见的颗粒，例如 PM_{10} 和 $PM_{2.5}$，一旦吸入，这些颗粒物将深入肺部，刺激肺部组织。最小的颗粒，可以通过肺部进入血液引发心脏病。它们还可能和 SO_2、NO_2 等产生协同作用，损害黏膜、肺细胞，引起支气管和肺部炎症。

五、空气质量综合指数

空气质量综合指数，亦可称为环境空气质量综合指数，是描述城市环境空气质量综合状况的无量纲指数。综合考虑了《环境空气质量指数（AQI）技术规定（试行）》(HJ 633—2012) 中规定的 SO_2、NO_2、PM_{10}、$PM_{2.5}$、CO、O_3 等六种污染物污染程度，空气质量综合指数值越大表明综合污染程度越重。表 4-2 列出了 AQI 值以及对应的六种空气污染物的浓度。

表 4-2 空气质量综合指数（AQI）

AQI	SO_2（日均值）/$(\mu g/m^3)$	NO_2（日均值）/$(\mu g/m^3)$	PM_{10}（日均值）/$(\mu g/m^3)$	$PM_{2.5}$（日均值）/$(\mu g/m^3)$	CO（小时均值）/(mg/m^3)	O_3（小时均值）/$(\mu g/m^3)$
			污染物项目浓度限值			
50	50	40	50	35	5	160
100	150	80	150	75	10	200
150	475	180	250	115	35	300
200	800	280	350	150	60	400
300	1600	565	420	250	90	800
400	2100	750	500	350	120	1000
500	2620	940	600	500	150	1200

AQI 的值在 0～50 表示当日空气质量状况为一级（优），51～100 为二级（良），101～150 为三级（轻度污染），151～200 为四级（中度污染），201～300 为五级（重度污染），300 以上为六级（严重污染）(表 4-3)。上述 6 个级别对应不同的空气质量评估、颜色及建议。AQI 的数值越大、级别和类别越高、表征颜色越深，说明空气污染状况越严重，对人体的健康危害也就越大。我们看 AQI 时，不需要记住 AQI 的具体数值和级别，只需要注意优（绿色）、良（黄色）、轻度污染（橙色）、中度污染（红色）、重度污染（紫色）、严重污染（褐红色）等六种评价类别和表征颜色。当类别为优或良、颜色为绿色或黄色时，一般人群都可以正常活动；当类别为轻度污染以上，颜色为橙色、红色、紫色或褐红色时，各类人群就需要关注建议采取的措施，在安排自己的生活与出行时作为参考。

表 4-3 空气质量综合指数（AQI）分级相关信息

AQI 数值	AQI 级别	AQI 类别及表示颜色		对健康影响情况	建议采取的措施
0～50	一级	优	绿色	空气质量令人满意,基本无空气污染	各类人群可正常活动
51～100	二级	良	黄色	空气质量可接受,但某些污染物可能对极少数异常敏感人群健康有较弱影响	极少数异常敏感人群应减少户外活动
101～150	三级	轻度污染	橙色	易感人群症状有所加剧,健康人群出现刺激症状	儿童、老年人及心脏病、呼吸系统疾病患者避免长时间、高强度的户外锻炼
151～200	四级	中度污染	红色	进一步加剧易感人群症状,可能对健康人群心脏、呼吸系统有影响	儿童、老年人及心脏病、呼吸系统疾病患者避免长时间、高强度的户外锻炼,一般人群适量减少户外运动
201～300	五级	重度污染	紫色	心脏病和癫痫病患者症状显著加剧,运动耐受力降低,健康人群普遍出现症状	儿童、老年人及心脏病、肺病患者应停留在室内,停止户外运动,一般人群减少户外运动
＞300	六级	严重污染	褐红色	健康人运动耐受力降低,有明显强烈症状,提前出现某些疾病	儿童、老年人和病人应当停留在室内,避免体力消耗,一般人群避免户外活动

第二节　粉尘污染和光化学烟雾

大气污染，又称为空气污染，按照国际标准化组织（ISO）的定义，大气污染通常是指由于人类活动或自然过程引起某些物质进入大气中，呈现出足够的浓度，达到足够的时间，并因此危害了人类的舒适、健康和福利或环境的现象。总的来说，大气污染的呈现形式包括粉尘污染和光化学烟雾，以及全球性的大气环境问题如温室效应、臭氧层空洞和酸雨等。本节重点介绍粉尘污染和光化学烟雾。

雾霾和光
化学烟雾

一、粉尘污染

（一）粉尘的分类

粉尘（dust）是指悬浮在空气中的固体微粒。国际标准化组织规定，粒径小于 $75\mu m$ 的固体悬浮物为粉尘。粉尘有许多名称，如灰尘、尘埃、烟尘、矿尘、沙尘、粉末等，这些名词没有明显的界限。在大气污染控制中，根据大气中粉尘微粒的大小可分为两类：第一类是飘尘，系指大气中粒径小于 $10\mu m$ 的固体微粒，它能较长期地在大气中飘浮，有时也称为浮游粉尘，此类微粒可以通过呼吸道进入人体，所以也被称为可吸入颗粒物，例如我们常说的 PM_{10} 和 $PM_{2.5}$；第二类是降尘，系指大气中粒径大于 $10\mu m$ 的固体微粒，在重力作用下，它可在较短的时间内沉降到地面。

（二）粉尘的危害

1. 粉尘爆炸

粉尘爆炸指可燃粉尘在受限空间内与空气混合形成的粉尘云，在点火源作用下，形成粉尘空气混合物快速燃烧，并引起温度压力急骤升高的化学反应。粉尘颗粒小，比表面积大，所以化学反应活性高，如果粉尘颗粒中含有一些还原性物质，例如碳、氢、氮、硫或者金属元素等，与空气中的氧气接触就容易发生化学反应，从而发生粉尘爆炸。粉尘爆炸多在铝粉、锌粉、铝材加工研磨粉、各种塑料粉末、有机合成药品的中间体、小麦粉、糖、木屑、染料、胶木灰、奶粉、茶叶粉末、烟草粉末、煤尘、植物纤维尘等的生产加工场所发生。

粉尘爆炸的危害包括以下几个方面：①具有极强的破坏性，粉尘爆炸涉及的范围很广，煤炭、化工、医药加工、木材加工、粮食和饲料加工等部门都时有发生；②容易产生二次爆炸，在粉尘爆炸事故中，由于粉尘化学活性高，与氧气反应非常快，同时反应放出的热量和产生的气流变化还会引发后续反应，从而发生二次爆炸，很难控制和终止；③产生有毒气体，产生的有毒气体是一氧化碳和爆炸物（如塑料）自身分解的毒性气体，毒气的产生往往造成爆炸过后大量人畜中毒伤亡，必须充分重视。

2. 雾霾的出现

粉尘污染对人体的危害以可吸入颗粒物为主，当颗粒物尺寸不同的时候，对人体产生的影响也不一样。颗粒的粒径不同，通过呼吸能够到达人体的部位也不同，大于 $10\mu m$ 的颗粒能够被鼻腔阻挡，颗粒粒径小于 $10\mu m$ 时，也就是 PM_{10} 可以进入上呼吸道，对于 PM_5 和 $PM_{2.5}$ 则可以进入呼吸道的深部甚至是肺泡（图 4-5）。这一类颗粒物对人体伤害很大，因为它的比表面积大，可以富集各种重金属离子和有机污染物，而这些物质大部分是致癌或者能诱发其他疾病的物质，所以 $PM_{2.5}$ 已经成为空气质量评价的重要指标之一。

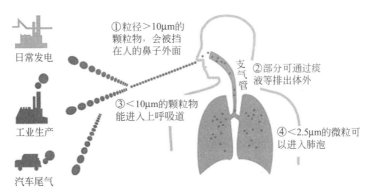

图 4-5　不同尺寸颗粒物进入人体的不同部位

雾霾天气是粉尘污染的另外一种表现，雾霾是雾和霾的组合词，但是雾和霾的区别很大。空气中的灰尘、硫酸、硝酸等颗粒物组成的气溶胶系统造成的视觉障碍叫霾。雾是由大量悬浮在近地面空气中的微小水滴或冰晶组成的气溶胶系统。雾霾天气是一种大气污染状态，雾霾是对大气中各种悬浮颗粒物含量超标的笼统表述，尤其是 $PM_{2.5}$（空气动力学当量直径小于等于 $2.5\mu m$ 的颗粒物）被认为是造成雾霾天气的"元凶"。随着空气质量的恶化，阴霾天气逐渐增多，危害加重。中国不少地区把阴霾天气现象并入雾一起作为灾害性天气预警预报，统称为"雾霾天气"（图 4-6）。雾霾让天瞬间变得灰蒙蒙，视野模糊并导致能见度大大降低。雾霾里含有多种对人体有害的颗粒、有毒物质，包括酸、碱、盐、胺、酚，以

图 4-6　雾霾天气

及灰尘、花粉、螨虫、流感病毒、结核杆菌、肺炎球菌等。同时，雾霾天气时，气压降低、空气中可吸入颗粒物骤增、空气流动性差，有害细菌和病毒向周围扩散的速度变慢，导致空气中病毒浓度增高，疾病传播的风险很高。

二、光化学烟雾

（一）光化学烟雾的出现

光化学烟雾是以汽油作动力燃料之后出现的一种新型的大气污染现象。从 1940 年初开始，洛杉矶每年从夏季至早秋，只要是晴朗的日子，城市上空就会出现一种弥漫的浅蓝色烟雾，使整座城市上空变得浑浊不清。这种烟雾使人眼睛发红、咽喉肿痛、呼吸憋闷、头晕头痛。1943 年以后，烟雾更加肆虐，以致远离城市 100km 以外，高山上的大批松林也因此枯

死。仅 1950 年到 1951 年，美国大气污染造成的损失就达 15 亿美元。1955 年，因呼吸系统衰竭死亡的 65 岁以上的老人达 400 多人。1970 年，约 75% 以上的市民患上了红眼病。这是最早出现的光化学烟雾污染事件，又称为洛杉矶型烟雾。洛杉矶位于美国西海岸，一面临海，三面环山，气候温和，沐浴阳光，但容易出现逆温（高空气温比地面高，不利于空气对流）。该城市工厂不多，但汽车不少，在低风速的逆温条件下，大量的汽车尾气在阳光照射下容易形成光化学烟雾。

（二）光化学烟雾形成的机理

光化学烟雾的形成机理，由美国加利福尼亚大学有机化学教授史密特于 1953 年首先提出，他认为洛杉矶烟雾是由南加利福尼亚的强阳光照射，引发了存在于空气中的烯烃类碳氢化合物和氮氧化物，产生一系列的光化学反应而形成的。同时还指出大气中碳氢化合物和氮氧化物的主要来源是汽车尾气。光化学烟雾的形成往往需要比较复杂的条件。首先产生光化学烟雾的大气必须稳定，整个大气没有强烈的对流，也没有风的扰动；其次大气中必须具有相对高浓度的氮氧化物；最后必须有强烈的光照。光化学烟雾的链反应机理可概括为如下几个反应：

① 链引发反应

NO_2 被阳光中紫外线（290～400nm）照射后发生光化学反应而产生氧自由基，生成的原子态氧，具有极强反应活性，能和空气中的 O_2 反应生成强氧化剂 O_3。

$$NO_2 + h\nu \longrightarrow NO + O \cdot$$

② 支链反应

大气中的烃类（尤其是烯烃）和 O·、O_3、O_2 反应，氧化生成一系列自由基中间产物，同时自由基数目增加。

$$C_xH_{2x} + O \cdot \longrightarrow R \cdot + RCOO \cdot （生成烃自由基和酰基自由基）$$
$$C_xH_{2x} + O_3 \longrightarrow RCO \cdot + RO \cdot + RCHO（生成烃类含氧自由基和醛）$$
$$R \cdot + O_2 \longrightarrow ROO \cdot （生成烃类过氧自由基）$$

③ 链传递反应

$$RCO \cdot + O_2 \longrightarrow ROCOO \cdot （生成过氧酰基自由基）$$
$$ROO \cdot + NO \longrightarrow NO_2 + RO \cdot$$

④ 链终止反应

$$ROCOO \cdot + NO_2 \longrightarrow ROCOONO_2 （生成过氧酰基硝酸酯类，即 PAN）$$

（三）光化学烟雾的危害

1. 对人体健康的危害

研究表明光化学烟雾中的过氧酰基硝酸酯类是一种极强的催泪剂，其催泪作用是甲醛的 200 倍。光化学烟雾对鼻、咽喉和肺等呼吸器官也有明显的刺激作用，使呼吸道疾病恶化。

2. 对植物的危害

植物受害程度是判断光化学烟雾污染程度最敏感的指标之一。植物受害是人体健康受到影响的前兆，光化学烟雾对植物的损害是十分严重的，主要表现是大片树木枯死、农作物严重减产。对光化学烟雾敏感的植物包括许多农作物，如棉花、烟草、甜菜等。

3. 降低大气的能见度

光化学烟雾的另一个重要特征是使大气的能见度降低，视程缩短，这主要是由污染物在大气中形成的光化学烟雾气溶胶所引起的。这种气溶胶颗粒大多在 $0.3\sim1.0\mu m$ 范围内，不易因重力作用而沉降，能较长时间悬浮于空气中长距离迁移。它们与人视觉能力的光波波长相一致，且能散射太阳光，从而明显降低大气的能见度，妨碍汽车与飞机等交通工具的安全运行。

4. 对材料、建筑物等的危害

臭氧和 PAN 等强氧化剂还能造成橡胶制品的老化、脆裂、寿命缩短，使染料、绘画褪色并损害油漆涂料、纺织纤维和塑料制品等。另外光化学烟雾还会造成酸雨，使建筑物和机器设备受到腐蚀。

第三节　全球性大气环境问题

"双碳"目标与温室效应

一、温室效应

（一）双碳目标和碳循环

双碳目标是指我国在 2030 年前实现碳达峰，2060 年前实现碳中和这个重大战略目标。"碳达峰"是指温室气体（我国专指二氧化碳）排放量在一段时间内达到历史最高值，之后进入平台期并可能在一定范围内波动，然后进入持续缓慢或快速下降阶段，是温室气体排放量由增转降的拐点。"碳中和"则是指在一定时间内，企业、团体或个人直接或间接产生的二氧化碳排放量，通过植树造林、节能减排等形式，抵消自身产生的二氧化碳排放量，实现二氧化碳"零排放"。

要理解双碳目标，就要首先介绍自然界的碳循环。碳循环是指碳元素在地球上的生物圈、岩石圈、水圈及大气圈中交换，并随地球的运动循环不止的现象。具体过程是：植物利用光合作用，将空气中的二氧化碳转变为有机物，储存在植物体中，动物通过摄食，将植物体内有机物转变为动物体内的有机物，动植物的呼吸作用消耗体内有机物，并释放出二氧化碳。动植物的残骸可被微生物降解，将其中有机物转变为二氧化碳，释放到空气中。动植物残骸在一定条件下，还可转变为煤、石油等化石燃料供人类利用，化石燃料的燃烧会产生二氧化碳，进入大气中。所以双碳目标中的实现二氧化碳"零排放"，不是说不排放二氧化碳，而是指排放到大气中的二氧化碳量与从大气中移除的二氧化碳量相互平衡（图4-7）。

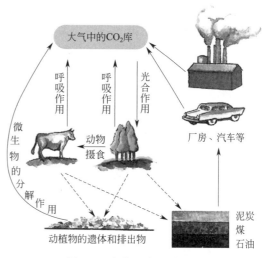

图 4-7　自然界中的碳循环

（二）温室效应的机理

21世纪以来，由于化石燃料的大量使用、森林破坏和改变土地用途等原因，全球碳排放量迅速增长，碳循环被破坏。全球出现气候变暖、冰川融化、海平面上升等一系列现象。温室效应带来的全球变暖等气候变化，正影响着人类的未来生存。

温室效应，又称为"花房效应"，是指透射阳光的密闭空间由于与外界缺乏热对流而形成的保温效应。宇宙中任何物体都会辐射电磁波，物体温度越高，辐射的波长越短。太阳表面温度约6000K，它发射的电磁波波长很短，称为太阳短波辐射，其中包括紫外线、可见光和红外线辐射的形式。地面在接受这些太阳短波辐射而增温的同时，也时刻向外辐射电磁波而使自身冷却。地球发射的电磁波波长因为自身温度较低而较长，称为地面长波辐射，一般是红外线辐射。短波辐射和长波辐射在经过地球大气时的遭遇是不同的。大气对太阳短波辐射几乎是透明的，却强烈吸收地面长波辐射。大气在吸收地面长波辐射的同时，它自己也向外辐射波长更长的长波辐射（因为大气的温度比地面更低）。其中向下到达地面的部分称为逆辐射。地面接受逆辐射后就会升温，或者说大气对地面起到了保温作用，这就是大气温室效应的原理（图4-8）。

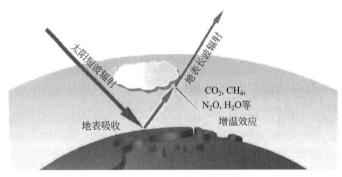

图 4-8 温室效应

根据地球到太阳的距离以及太阳的辐射量计算，如果没有温室效应，地球的平均温度应在$-18℃$，而不是现在的$15℃$，这称为自然温室效应。但是随着大气中二氧化碳等温室气体含量的增加，逆辐射增大，这称为增强温室效应，最终导致了全球变暖。

大气中的温室气体除了二氧化碳还包括水蒸气（H_2O）、臭氧（O_3）、甲烷（CH_4）、氧化亚氮（N_2O）、全氟碳化物（PFCs）、含氢氟碳化物（HFCs）、含氢氯氟烃（HCFCs）及六氟化硫（SF_6）等（图4-9）。其中水蒸气及臭氧的时空分布变化较大，因此在进行减量措施规划时，一般都不将这两种气体纳入考虑。其中后三类气体造成温室效应的能力最强，但从对全球升温的贡献来说，二氧化碳由于含量较多，所占的比例也最大。

工业革命以来，大气中二氧化碳浓度急剧上升，2013年突破了$400cm^3/m^3$，2019年5月，二氧化碳浓度又创新高，达到$415cm^3/m^3$，为有史以来的最大值，这也引起了社会各界的广泛关注。人类主导的二氧化碳浓度上升，比大自然主导的二氧化碳浓度下降快5万倍，这才有了今天的温室效应，以及由此导致的全球变暖。

（三）温室效应加剧及其对环境的影响

当温室效应过于强大时，它就反过来造成伤害。全球气候变暖的趋势已经得到越来越多

图 4-9　温室气体

的证实。近百年来，全球的气温呈上升趋势，特别是近 20 年以来，气温上升明显。

温室效应加剧，导致气候变暖，使两极冰川融化，海平面上升（图 4-10）。1998 年 1 月，科学家考察南极冰层融化情况，发现了大面积解冻。南极冰层 1600 米，总水量 2.38×10^8 亿 m^3。若全部融化，世界海平面将上升 $10 \sim 15m$。据统计，近百年来随着全球气温增大 $0.8℃$，全球海平面大约上升了 $10 \sim 15cm$。预计如果全球增暖 $3℃$，海平面可能上升 $80cm$。其结果首先是数十个岛国将面临"灭顶之灾"，沿海城市也岌岌可危。例如，太平洋岛国图瓦卢将是因海平面上升而举国搬迁的第一个国家。

图 4-10　全球变暖引起海平面上升

气候变暖，还会导致气候异常，海面增温，会使飓风更加频繁，厄尔尼诺现象也与海水增温有关。气候变暖会使自然环境和生态系统遭到破坏，台风、海啸、酷热、旱涝等灾害频频发生，对农、林、牧、渔生产和人类生活带来不可估量的损失。例如，20 世纪 60 年代末，非洲撒哈拉地区曾发生持续 6 年的干旱。由于缺少粮食和牧草，牲畜被宰杀，饥饿致死者超过 150 万人。另外，鸟类学家认为全球变暖将影响候鸟的迁徙时间、迁徙路线、群落分布和组成。

二、臭氧层空洞

保护臭氧层

（一）臭氧层的保护作用

臭氧（O_3）是氧的同素异形体，呈 V 字形结构，键角为 $116.8°$，键能为 $101.2kJ/mol$（图 4-11）。臭氧只是大气层中的一种痕量成分，极其稀薄，在空气中的占比不到百万分之一。其平均密度为 $9 \times 10^{-9} g/cm^3$，总质量约 30 亿吨。臭氧层主要存在于平流层中，其浓度随海拔而异。在离地面 $15 \sim 35km$ 内，臭氧浓度较高，形成臭氧层，其中 27km 上下臭氧层浓度最高。

紫外线（UV）的波长短于可见光。紫外区按照波长可以分为三个波段，其中 UV-A 波长范围 320～400nm，能量最低，抵达地球表面的量最多，造成的伤害比较小；UV-B 波长范围 280～320nm，能量中等，多数被臭氧层吸收；UV-C 波长范围 200～280nm，能量最高，但是由于完全被平流层的氧和臭氧吸收，因此不会对地球造成伤害。由此来看，能够吸收大部分紫外辐射的臭氧层对地球来说有多么重要。能量高的 UV-C 基本上全部被臭氧层吸收，是因为只有

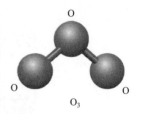

图 4-11　臭氧的结构

波长等于或小于 242nm 的光子，才有足够的能量来打开 O_2 分子中的化学键，同时生成 O_3。如果氧气是大气中唯一吸收紫外线的物质，那么地球和地球生物仍然会受到 240～320nm 区域间的紫外辐射的伤害，这里 O_3 就起到了关键的保护作用。臭氧分子比氧气更容易被破坏，因为氧气分子中的两个原子是由一个牢固的双键连接在一起的，而臭氧无论按照键长还是键能都介于单键和双键之间，从而使得臭氧中的化学键在能量上弱于氧气中的双键，因此降低能量的光子足以引起臭氧的分解。当辐射波长等于或短于 320nm 时，就会发生臭氧分解成氧气的反应。其中发生的化学反应为：

$$3O_2 \xrightarrow{\text{UV 光子 } \lambda \leqslant 242nm} 2O_3$$

$$2O_3 \xrightarrow{\text{UV 光子 } \lambda \leqslant 320nm} 3O_2$$

所以，大气中的臭氧可以吸收掉太阳辐射中绝大部分对人类、动物和植物有害的紫外线辐射，为地球提供一个防止紫外线辐射有害效应的屏障，从而使地球上一切生命免受过量紫外线辐射的伤害而得以正常生存和繁衍。应该说，地球上的一切生命就像离不开水和氧气一样离不开大气臭氧层，臭氧层是地球上一切生灵的保护伞。

(二)查普曼循环

每天都有 3 亿吨的臭氧在平流层形成和分解。与其他化学变化相同，该过程中物质既不会产生，也不会消失，而只是改变了它们的化学或物理性质。这个自然循环中，臭氧的整体浓度维持恒定不变。1929 年物理学家查普曼首次提出了该循环（查普曼循环），解释了臭氧浓度在这个过程中基本保持不变的原因。

臭氧产生和破坏的过程，开始于分子氧的光解：一个氧分子被较高频率的紫外线（UV-B、UV-C 或更高的紫外线）分裂（光解）成两个氧原子。

$$O_2 + h\nu \longrightarrow 2O \cdot$$

然后氧原子与另一个氧分子反应形成臭氧，其中"M"表示带走反应多余能量的第三体。

$$O \cdot + O_2 + M \longrightarrow O_3 + M$$

然后臭氧分子可以吸收 UV-C 光子并解离：

$$O_3 + O \cdot \longrightarrow 2O_2 + 动能$$

当氧原子和氧分子飞散并与其他分子碰撞

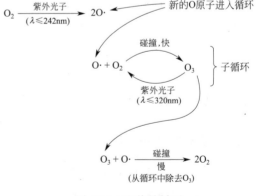

图 4-12　查普曼循环

时，多余的动能会加热平流层。紫外线到动能的这种转化使平流层变暖。臭氧的光解过程中产生氧原子然后与其他氧分子发生反应，就像之前的步骤一样，形成更多的臭氧（图 4-12）。所以，

在自然状态下，大气层中的臭氧是处于动态平衡的，即臭氧的形成和分解速率几乎是相同的。

(三)臭氧层破坏的机理

如果上述循环被破坏，臭氧层就相应地被破坏。1995 年诺贝尔化学奖颁发给克拉兹、莫林和罗兰，表彰他们在平流层臭氧化学研究领域所做出的贡献，特别是提出了平流层臭氧受人类活动的影响问题，并进行了深入研究，指出引起臭氧层被破坏的原因之一是氯氟烃 (CFCs) 化合物。氯氟烃 (CFCs) 是含有氯、氟和碳，但不含氢的化合物。例如，三氯氟甲烷和二氯二氟甲烷，这两种化合物的名称基于甲烷，前缀"二"和"三"指取代氢原子卤素原子的个数，其商品名称分别为氟利昂-11 和氟利昂-12。

自然界本身并没有 CFCs，此类化合物都是人工合成的。氟利昂-12 是在 20 世纪 30 年代开始被用作制冷剂的，它取代了氨和二氧化硫这两种有毒有腐蚀性的制冷剂。氟利昂-12 曾经是一个理想的制冷剂替代产品。它无毒、无色、无味、不燃烧、化学性质稳定。但是，CFCs 中的 C—Cl 键和 C—F 键都很强，因此这些分子在长时间内都可以保持稳定。例如氟利昂-12 分子在大气中被分解前，平均可以保持 120 年。许多 CFCs 分子只需 5 年就可以到达平流层。到达平流层后就会在太阳的紫外辐射下发生光化学反应，释放出活性很高的氯自由基 Cl·，Cl·从 O_3 分子拉出一个氧原子，形成一氧化氯自由基·ClO，放出 O_2 分子。·ClO 和氧原子反应重新生成 Cl·，进而启动另外一个臭氧分子被破坏的反应，以及参与导致臭氧损耗的一系列化学反应。这样的反应不断循环，每个 Cl· 可以破坏约 10 万个臭氧分子，这就是氯氟烃破坏臭氧层的原因（图 4-13）。反应机理表示如下：

$$CCl_2F_2 + h\nu \longrightarrow \cdot CClF_2 + \cdot Cl$$
$$\cdot Cl + O_3 \longrightarrow \cdot ClO + O_2$$
$$\cdot ClO + O \longrightarrow O_2 + \cdot Cl$$

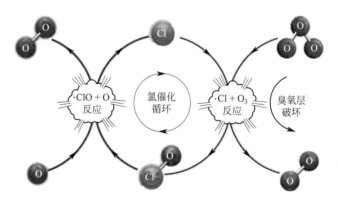

图 4-13 臭氧层被破坏的机理

20 世纪 50 年代末到 70 年代科学家就开始发现臭氧浓度有减少的趋势。1985 年英国科学家乔·弗曼等人首次报道 1980—1984 年间，南极上空每年春季（即 10 月）臭氧含量与同年 3 月相比大幅度下降，出现了臭氧层空洞（图 4-14）。所谓的臭氧层空洞是指南极地区上空大气臭氧总含量季节性大幅度下降的一种现象，并非臭氧完全消失出现了真正的洞，南极臭氧空洞通常于每年 8 月中旬开始逐渐形成，10 月中上旬达到最大面积，并于 11 月底或 12 月初消失。臭氧层空洞对人类的生存构成了威胁，从而引起了世界各国和人民大众的普遍关注，并成了当今人类面临的重大环境问题之一。美、日、英、俄等国联合观测发现，北极上空臭氧层在 2011 年也减少了 20%，减少的面积最大时相当于 5 个德国。在青藏高原，中国大气物理及气象学者通过观测也发现，青藏高原上空的臭氧正在以每 10 年 2.7% 的速度减少，已经成为大气层中的第 3 个臭氧空洞。

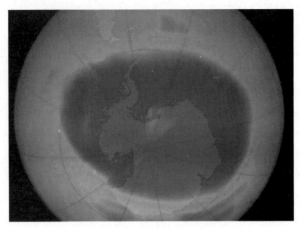

图 4-14 南极臭氧层空洞

（四）臭氧层破坏的影响

紫外线可以杀菌消毒，且有利于人体对维生素 D 的吸收，防止佝偻病。但是，由于臭氧层被破坏，照射地面的 UV-B 增强，过量的紫外线将产生严重的负面影响。

1. 对人体健康的影响

UV-B 辐射损坏人的免疫系统，使患呼吸道系统等流行性疾病增多。过多的辐射还会刺激损害眼睛角膜及皮肤。研究表明，平流层中臭氧浓度减少 1%，紫外线辐射将增大 2%，皮肤癌和白内障的发病率分别增加 3% 和 0.2%～1.6%。

2. 对植物的影响

紫外线辐射使植物叶片变小，因而减少俘获阳光进行光合作用的有效面积，种子的质量也受到影响。各种植物对紫外线辐射的反应不同，其中豌豆等豆类、南瓜等瓜类以及白菜科等农作物对紫外线比较敏感。

3. 对水生系统的影响

紫外线的辐射增加会直接导致浮游植物、浮游动物、幼体鱼类以及其他水生食物链中的重要生物遭到破坏。例如，平流层臭氧减少 10%，变异幼体鳗群会增加 18%。研究人员已发现臭氧空洞与南极洲浮游植物繁殖速度下降 12% 有直接关系，而美国能源与环境研究所的报告表明，臭氧层厚度减少 25% 导致水面附近的初级生物产量降低 35%，光亮带（生产力最高的海洋带）减少 10%。

4. 对其他方面的影响

紫外辐射增加会使一些市区的烟雾加剧。实验发现，在同温层臭氧减少 30%，温度升高 4℃。在紫外线的照射下，空气中的污染物会发生光化学反应，衍生出二次污染物，产生光化学烟雾。

（五）臭氧层的保护

臭氧层空洞的出现引起了世人的关注，联合国环境规划署从 1977 年开始多次召开国际会议，制定了全球性的保护公约和合作行动计划。1977 年通过了《臭氧层世界行动计划》，1985 年通过了《保护臭氧层维也纳公约》，1987 年签订了《关于消耗臭氧层物质的蒙特利尔协定书》，对 CFCs 和哈龙两类中的 8 种物质进行了限控，后面进行了多次修订。从 1995 年起，规定每年的 9 月 16 日为"国际保护臭氧层日"，以增强世界人民保护臭氧层的意识，提高参与保护臭氧层行动的积极性。

氮循环与酸雨

三、酸雨

（一）酸雨的定义

酸雨泛指酸性物质以湿沉降（雨和雪）或干沉降（酸性颗粒物）的形式从大气转移到地面上的现象（表 4-4）。但是大多数场合，酸雨是指酸性降水，即通过降水将大气中的酸性物质迁移到地面的现象，又称为酸沉降。大气中的 O_2、CO_2 在环境化学过程中起着支配作用，其中 CO_2 的分压在一定的大气压下与自然状态下水的 pH 有关。由于与 $10^5\,Pa$ 下 CO_2 分压平衡的自然水系统 pH 约为 5.6，所以正常雨水的 pH 等于 5.6，小于 5.6 的降水认为是酸雨。

表 4-4　大气中的酸沉降形式

类型	相态	沉降的形式或成分
干沉降	气态	气体：SO_2、NO_x、HCl
	固态	气溶胶、飘尘
湿沉降	液态	雨、雾
	固态	雪、霜、雹

英国化学家史密斯是农业化学创始人李比希的学生。他在分析降雨化学时发现工业化城市曼彻斯特上空的烟尘污染与雨水的酸性有一定的关系，并于 1972 年在其专著《大气和雨——化学气象学的开端》中首次使用"酸雨"这一术语，并指出酸雨是燃烧燃料所产生的，并可远距离输送。最初酸雨主要出现在工厂附近，后来扩大到局部地区。20 世纪 60 年代末，酸雨导致湖水酸化，酸雨的危害已经很明显。20 世纪 70~80 年代，酸雨由北欧扩大到中欧，同时北美也形成了大面积的酸雨区。20 世纪 80 年代以后，中国也逐渐形成了大面积的酸雨区。

（二）酸雨的形成原因

酸雨的形成是一个复杂的大气化学和物理过程，主要是由废气中的二氧化硫（SO_2）和氮氧化物（NO_x）造成的。SO_2 氧化的基本机理包括气相光化学氧化和液相溶解氧化。在气相光化学氧化中若有碳氢化合物存在，则其反应速率增快很多，在 SO_2 的氧化反应中，以自由基参与作用者（如 O·、HO· 等）贡献最大。液相氧化机理包括催化与非催化反应，前者的反应速率超过后者，而最有效的催化剂（M）为 Mn^{2+}、Fe^{3+}、Cu^{2+} 等微量金属离子。SO_2 氧化为 SO_4^{2-} 的反应方程式如下：

$$SO_2 + O_2 \longrightarrow SO_3$$
$$SO_2 + O \cdot + M \longrightarrow SO_3 + M$$
$$SO_2 + HO \cdot + M \longrightarrow SO_3 + H_2O + M$$
$$SO_3 + H_2O \longrightarrow H_2SO_4$$
$$SO_2 + O_2 + H_2O \longrightarrow SO_4^{2-} + H^+$$

NO_x 氧化成硝酸盐可经由 NO 和 NO_2 的氧化达成。NO 可与空气中的氧气及金属催化剂发生化学反应，形成 NO_2、无机硝酸盐等物质。NO_2 可被微粒表面吸收，转变为无机硝酸盐或硝酸，硝酸再与氨（NH_3）反应生成硝酸铵（NH_4NO_3），或经由水滴直接吸收，溶解并转变为硝酸，其反应式可以表示如下：

$$NO + O_2 \longrightarrow NO_2$$
$$NO + O_3 \longrightarrow NO_2 + O_2$$
$$NO_2 + O_3 \longrightarrow NO_3 + O_2$$
$$NO_3 + NO_2 + H_2O \longrightarrow HNO_3$$
$$NO_2 + O_2 + H_2O \longrightarrow HNO_3$$
$$HNO_3 + NH_3 \longrightarrow NH_4NO_3$$
$$NO_2 + H_2O + M \longrightarrow H^+ + NO_3^- + M$$

(三)酸雨的危害和防治对策

酸雨会损害农作物和森林（图 4-15），检测结果表明：酸雨对粮食作物、蔬菜也有伤害。酸雨使湖泊酸化，使对酸性比较敏感的鱼卵和鱼苗等死亡，或造成微生物和以微生物为食的鱼虾大量死亡。酸雨渗入地下，使地下水不能利用。据统计，欧洲中部有 100 万公顷的森林由于酸雨的危害而枯萎死亡，加拿大有 8500 个湖泊被酸化，美国至少有 1200 个湖泊被酸化成为死湖泊。

图 4-15 酸雨危害森林

酸雨会腐蚀建筑物、桥梁、铁路和文化古迹等。例如法国巴黎纪念碑近 30 年腐蚀量相当于过去 500 年的腐蚀量。各地的文物建筑风化严重，原因也是酸雨。另外，酸雨，尤其是酸雾，可侵入肺的深层组织，引起肺水肿、肺硬化甚至肺癌变。

控制酸雨的根本途径是减少或消除酸性沉淀的污染源，即控制 SO_2 和 NO_x 的排放。为了控制大气污染，降低和减少酸雨的危害，在新修订的《中华人民共和国大气污染防治法》中规定了在全国划分酸雨控制区和 SO_2 污染控制区，以强化对 SO_2 的污染控制。两控区域面积为 109 万平方公里，占国土面积的 11.4％。禁止在控制区内新建煤层含硫量大于 3％ 的矿井。硫含量大于 1％ 的燃煤电厂必须建脱硫装置。控制和消除 SO_2 的排放是我国目前环境保护中的当务之急。

第四节　室内空气污染及防治

室内空气污染及防治

当今，人类正面临"煤烟污染""光化学烟雾污染"之后以"室内空气污染"为主的第三次环境污染。室内主要是指居室内，广义上也指各种建筑物内，如办公室、会议厅、医院、教室、旅馆等各种室内公共场所和公众事务场所。室内空气污染是指在住宅和公共建筑物内，化学、物理和生物等因素引起人体不舒适或对人体健康产生急性、慢性或潜在伤害的现象。室内空气污染已成为危害人类健康的"隐形杀手"，也成为全世界各国共同关注的问题。研究表明，室内空气的污染程度要比室外空气严重 2～5 倍，在特殊情况下可达到 100 倍。

一、室内空气污染物

室内主要空气污染物可分为无机气体污染物、总挥发性有机物、可吸入颗粒物、生物性污染物及放射性气体污染物。

（一）无机气体污染物

无机气体污染物包括 CO、CO_2、NO_2、NH_3、O_3 等，它们主要来自煤、城市管道煤气、天然气等生活燃料的燃烧，以及室外空气通过扩散进入室内。大部分气体对人类的影响已经在前面讲过，下面介绍其中的一种无机气体污染物——氨气。

氨气是一种无色却具有强烈刺激性臭味的气体，比空气轻，主要对动物和人体的上呼吸道有刺激和腐蚀作用，减弱人体对疾病的抵抗力。据统计，部分人长期接触氨可能会出现皮肤色素沉积，或手指溃疡等症状。短期内吸入大量氨后，可能会出现流泪、咽痛、声音嘶哑、呼吸困难等症状，可伴有头晕、疼痛、乏力等症状，严重者可发生肺水肿、成人呼吸窘迫综合征，同时可能发生呼吸道刺激症状。室内氨污染主要来自三个方面。第一，水泥里加了含尿素的混凝土防冻剂，里面含有大量氨类物质，随着温度、湿度等环境因素的变化，被还原成氨从墙体中慢慢释放出来。第二，室内装修材料中的添加剂和增白剂。第三，厕所臭气也是氨的重要来源，也往往是我们忽视的地方。

（二）总挥发性有机物

总挥发性有机物，简称 TVOCs，包括脂肪烃类、酯类、醛类、酮类，以及苯等芳香烃类。总挥发性有机物的沸点为 50～250℃，在常温下能以蒸气的形式存在于空气中，它的毒性、刺激性、致癌性和特殊的气味，会影响皮肤和黏膜，对人体产生急性危害，在居室内普遍存在。它们的主要来源是室内建筑和装修装饰材料，如涂料、墙纸、化纤地毯、窗帘、复合地板，以及各种人造板材（如胶合板、纤维板、刨花板）制作成的家具、橱柜等。另外，还有室内空调中制冷剂的泄漏，气雾杀虫剂、空气清新剂、熏香剂、化妆品等化学药品的使用，以及厨房油烟等。目前认为，总挥发性有机物能引起机体免疫水平失调、影响中枢神经系统功能，出现头晕、疼痛、嗜睡等症状，还可能影响消化系统，出现食欲不振、恶心等，严重时可损伤肝脏、造血系统（图 4-16）。

1. 甲醛

甲醛是近年来国内消费者及媒体最为关注的室内空气污染物。空气中游离的甲醛是无色、具有刺激性且溶于水、醇、醚的气体。其 40% 的水溶液被称为福尔马林，是一种防腐剂。正是由于它的防腐、防虫作用，甲醛被广泛应用于各种建筑装饰材料之中。当室内空气中的甲醛含量超过 $0.06mg/m^3$ 时，就有异味和不适感，造成刺眼流泪、喉咙不适或疼痛，达到 $30mg/m^3$ 会立即致人死亡。除了空气污染外，甲

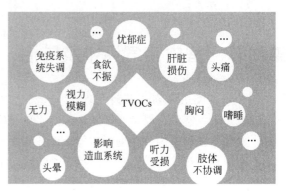

图 4-16　总挥发性有机物的危害

醛还可通过饮食或皮肤接触等过程进入人体。在人体内的甲醛被富集在骨髓造血组织，在此通过去甲基作用及葡萄糖醛酸反应而将其转化、解毒。对一些因先天或后天因素造成此项解毒能力不足者，就可能诱使白血病、淋巴瘤和骨髓增生异常综合征的发生。

室内甲醛来源大致可以分为三类。①装修材料。用作室内装饰的胶合板、细木工板等人造板材在生产中使用胶黏剂，这些胶黏剂以脲醛树脂或酚醛树脂为主，板材中残留的未参与反应的甲醛，会逐渐向周围环境释放。建筑装修材料中，甲醛的释放期一般长达 3～15 年，容易产生慢性中毒。②食品。含甲醛的化工原料吊白粉（甲醛次硫酸氢钠），在工业上常用作还原剂，某些不法商贩为牟取高利润而使用吊白粉来加工海鲜、米粉、面条等食品，以使食品外观洁白或肉质结实，这些掺入甲醛和二硫化物的食品，严重危害人类健康。③服装。生产服装面料时，为了达到防皱、防缩、阻燃等作用或为了保持印染色的耐久性，或为了改善手感，往往是在助剂中添加甲醛。甲醛比较容易溶解于水，为了防止甲醛污染了新衣服，特别是童装和内衣，最好用清水充分漂洗后再穿。

2. 苯系物

苯系物（BTEX）是苯（benzene）、甲苯（toluene）、乙苯（ethylbenzene）、二甲苯（xylene）的统称，指在人类生产生活环境中有一定分布并对人体造成危害的含苯环化合物。多数苯系物（如苯、甲苯等）具有较强的挥发性，在常温条件下很容易挥发到空气中形成挥发性有机气体，造成室内气体污染。

许多苯系物对生物体具有毒性，对人类健康产生直接危害。经研究，BTEX 具有神经毒性（如引起神经衰弱、头痛、失眠、眩晕、下肢疲惫等症状）和遗传毒性（破坏 DNA），长期接触可以导致人体患上贫血症和白血病。世界卫生组织 2002 年公布，空气中苯的浓度为

$7\mu g/m^3$、$1.7\mu g/m^3$ 和 $0.17\mu g/m^3$ 时，人一生患白血病的单位额外危险估计值分别为 100×10^{-6}、10×10^{-6} 和 1×10^{-6}。有学者还提出，人体若每天暴露于 $1\sim5\mu g/m^3$ 浓度的苯中 8 小时，40 年后，患白血病的风险提高 3 倍。但对于苯的健康阈值，至今仍没有定论。苯已被国际癌症研究中心确认为高毒致癌物质，对皮肤和黏膜有局部刺激作用，吸入或经皮肤吸入可引起中毒，严重者可发生再生障碍性贫血或白血病。甲苯对皮肤和黏膜刺激性大，对神经系统作用比苯强，长期接触有引起膀胱癌的可能。二甲苯存在三种异构体，沸点较高，毒性与苯和甲苯相比较小，皮肤接触二甲苯会产生干燥、皲裂和红肿，神经系统会受到损害，还会使肾和肝受到暂时性损伤。

苯系物的典型来源按污染源性质和类别可分为工业生产、汽车尾气、装修装饰材料（如油漆、板材、装饰材料等）、办公设备（如复印机、打印机、传真机、电脑等）、人为活动（如吸烟、烹饪、燃香等）。按其产生机理可分为挥发源（如油漆、胶黏剂等）、燃烧源（如蚊香、熏香、烟草烟雾等）和复合源（如烹调油烟、汽车尾气、打印机废气等）。

3. 苯并芘

苯并芘是一种多环芳烃类化合物，根据苯环的稠合位置不同，苯并芘有多种异构体，常见的有两种，一种是一种苯并 $[e]$ 芘[图 4-17(a)]，另外一种是苯并 $[a]$ 芘[图 4-17(b)]。据测定，在生炉取火的居室中，空气中苯并芘的浓度为 $11.4ng/m^3$，比室外高 5 倍。在一个经常有人抽烟的室内，含量达 $28.2\sim144ng/m^3$，为一般城市空气平均量的 50 倍。苯并芘对人类和动物来说是一种很强的致癌物质，最初发现其可导致皮肤癌，后经深入研究发现对人体各脏器如肺、肝、食道、胃、肠等均可致癌。

苯并芘在环境中广泛存在，来源主要有两个方面：一是工业生产和生活过程中煤炭、石油和天然气等燃料不完全产生的废气，包括汽车尾气、橡胶生产以及吸烟产生的烟气等，通过对水源、大气和土壤的污染，可以进入蔬菜、水果、粮食、水产品和肉类等人类赖以生存的食物中；二是食物在熏制、烘烤和煎炸过程中，脂肪、胆固醇、蛋白质和碳水化合物等在高温条件下会发生热裂解反应，再经过环化和聚合反应就能够形成包括苯并芘在内的多环芳烃类物质，尤其是当食品在烟熏和烘烤过程中发生焦糊现象时，苯并芘的生成量将会比普通食物增加 $10\sim20$ 倍。

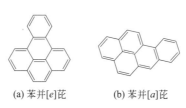

(a) 苯并[e]芘   (b) 苯并[a]芘

图 4-17　苯并芘类化合物

（三）放射性空气污染物

氡（Rn）是世界卫生组织（WHO）公布的 19 种主要致癌物质之一。据世界卫生组织公布的数据，全世界每年有 10 多万人死于室内 Rn 污染。由于 Rn 普遍存在于人类生活空间中，故室内 Rn 水平对人体健康的影响至关重要。Rn 也是我国规范控制的，对人体健康影响较大的 5 种室内污染物之一，是目前仅次于香烟引起人类肺癌的第二大元凶。氡进入人体后会破坏血液循环系统导致白血病，还会影响人的神经系统、生殖系统和消化系统。人体吸入氡后，衰变产生的氡子体呈微粒状，会吸入呼吸道系统，堆积在肺部到一定程度后，这些微粒会损坏肺泡，进而导致肺癌。

室内氡的来源主要分为四类（图 4-18）：①房基土壤或岩石中析出的氡，通过泥土地面、墙体裂缝、建筑材料缝隙渗透进入房间；②来自于地下水中的氡，研究表明，水中氡浓度达到 104 贝可每立方米时，便是室内的重要氡源；③建筑材料如水泥、石材、沥青等，这些材料本身还含有微量放射性元素，源源不断地释放出氡；④户外空气中进入室内的氡及天然气使用释放的氡等。

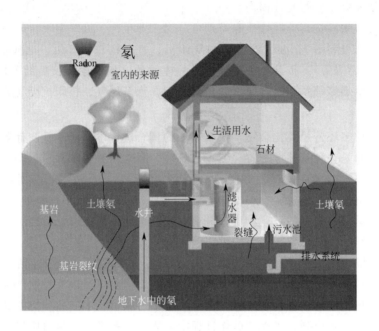

图 4-18　室内氡的来源

（四）生物性污染物

室内生物性污染是指室内空气中所带有的细菌和病毒。室内空气环境中的空气微生物污染主要由室外空气带来和人类在室内的生活活动产生。室内环境中，由于人类的频繁活动和聚集，不仅有大量的呼出气，还有不少人体上的脱落物，为微生物的生长和繁殖提供了有利条件，使空气中含有各种微生物和病原微生物，其中主要的病原微生物有结核杆菌、白喉棒状杆菌、溶血性链球菌、流感病毒、麻疹病毒等。常见的生物性污染物还有军团菌、真菌、尘螨与其他菌落。日常生活中，如果室内经常通风换气，就可以减少生物性病原体和传染性疾病的传播。表 4-5 列出了一些病原体在室内空气中的存活时间。

表 4-5　病原体在室内空气中的生存时间

病原体	生存时间/天	生存条件
溶血性链球菌	70～240	室内悬浮颗粒物
白喉棒状杆菌	120～150	室内悬浮颗粒物
肺炎球菌	120～150	室内悬浮颗粒物
金黄色葡萄球菌	3	室内悬浮颗粒物
流感病毒	0.2	室内悬浮颗粒物

二、室内空气质量标准及室内空气污染防治

我国《室内空气质量标准》(GB/T 18883—2022)，对于上述污染物的浓度都做了严格的要求。例如室内甲醛含量必须≤0.08mg/m³，苯并芘≤1.0ng/m³，总挥发性有机物≤0.6mg/m³，对于苯系物等其他空气污染物的含量也做了严格的规定。

室内空气污染的防治可以从房屋的选址、建造、装修、使用、清洁、美化、个人习惯等多方面进行。①选用符合国家标准的建筑材料进行室内装修。市场上有些大众化的产品廉价但不够环保，例如107胶曾被认为是一种价廉物美的黏合剂，但因其会释放甲醛等有害物质，国家有关条例已经明令禁止在家庭装修中使用。目前已有多种环保装饰材料，例如，生物乳胶漆作为环保涂料；草墙纸、麻墙纸、纱绸墙布等环保墙饰品等。②选择合适的入住时间。新装修的房子不能马上入住，坚持打开门窗换气，使挥发出的有害气体不滞留在室内，三个月后再入住。在室内摆放有吸附作用的植物，如芦荟、吊兰、常青藤等，还可选用空气净化装置。③保持良好的生活习惯。保持室内整洁、干燥，加强居室通风换气。合理使用室内空气净化设施，如使用空气净化器、厨房排油烟机、卫生间除臭消毒器等进行空气的净化。减少室内气雾剂、空气清新剂、熏香剂等化学物品的使用。④活性炭或纳米材料吸附。足够量的活性炭，分布在居室的各部分，可以降低室内空气污染，活性炭吸附甲醛的能力很强。纳米活矿石比活性炭吸附能力强，能优先吸附甲醛和苯等有害气体。⑤采用化学净化和生物净化技术。利用离子交换和光催化技术，让有害气体分解，采用特种酶让有害气体进行生物氧化。

 身边的化学

塞罕坝精神

塞罕坝位于河北省承德市围场县北部。早年，这里曾是清王朝木兰围场的一部分，同治年间开围放垦，致使千里松林被砍伐殆尽。到新中国成立之初，百年间塞罕坝由"美丽高岭"变为茫茫荒原。

20世纪50年代中期，毛泽东同志发出了"绿化祖国"的伟大号召。1961年，林业部决定在河北北部建立大型机械林场，并选址塞罕坝。1962年，塞罕坝机械林场正式组建，来自全国18个省市的127名大中专毕业生，与当地干部职工一起组成了一支369人的创业队伍，拉开了塞罕坝造林绿化的历史帷幕。"天当床，地当房，草滩窝子做工房。"一代代塞罕坝人薪火相传，用半个多世纪的接力传承，以青春、汗水甚至血肉之躯，筑起为京津阻沙涵水的"绿色长城"，从茫茫荒原到百万亩人工林海，建造起一道守卫京津的重要生态屏障。

2017年底，距离北京北部约200千米的塞罕坝112万亩世界上最大的人工林，荣获联合国地球卫士奖。人工林在50多年生长过程中，在阳光照射下，不断吸收二氧化碳和水，通过叶绿素进行化学反应转变为纤维素。纤维素的分子式为$(C_6H_{10}O_5)_n$，分子量为$162n$，分子中的碳原子，主要来自于CO_2，每个纤维素分子需要$6n$个CO_2，相应的分子量之和为：$6n \times 44 = 264n$，由此计算可见，树木生长成1吨纤维素，需吸收1.6吨CO_2。50多年

来，每亩每年生长的树木，包括根、茎、叶、树皮，近似地按 1 吨纤维素计算，塞罕坝林场累计为大气减少 CO_2 约 1 亿吨，对改善环境作出重大贡献。另据报道，现在塞罕坝每年向京、津、翼提供净水 1.37 亿立方米，释放氧气 55 万吨，并以它的植被阻止风沙向南侵袭。

2017 年 8 月，习近平总书记对塞罕坝林场建设者感人事迹作出重要指示：55 年来，河北塞罕坝林场的建设者们听从党的召唤，在"黄沙遮天日，飞鸟无栖树"的荒漠沙地上艰苦奋斗、甘于奉献，创造了荒原变林海的人间奇迹，用实际行动诠释了绿水青山就是金山银山的理念，铸就了牢记使命、艰苦创业、绿色发展的塞罕坝精神。

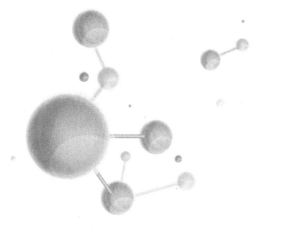

第五章

化学与水

水是生命的源泉，是工农业生产的血液，是城市的命脉，是重要的环境因素之一，也是地球上极为宝贵的自然资源。2020 年，全国水资源总量 31605.2 亿立方米。全世界的淡水资源仅占总水量的 2.5%，其中 70% 以上被冻结在南极和北极的冰盖中，加上难以利用的高山冰川和永冻积雪，有 86% 的淡水资源没有利用。人类真正能够利用的淡水资源是江河湖泊和地下水中的一部分，仅占地球总水量的 0.26%。但是，社会经济的快速发展，带来了水资源严重污染问题。工业、农业污水排放量逐年增加，很多污水都是未经处理而直接排放。此外，由于人们对自然环境的保护意识不足，水力资源开发不合理，减少了湿地、天然湖泊面积，导致极端恶劣天气增加。科技的发展和社会的进步使我们了解了许多关于水与化学方面的知识。水溶液的广泛应用体现了化学的许多基本原理，此外，水资源、水污染这些与我们的生活息息相关的问题也从来没有像今天这样受到关注。解决这些问题都需要化学学科的参与。

第一节　水的结构和性质

一、水分子的结构

水和水溶液（上）

（一）水分子的极性

水分子是由一个氧原子通过共价键和两个氢原子连接构成的一个非线性分子，键角为 104.5°（图 5-1）。氧原子的外层电子排布是 $1s^2 2s^2 2p^4$，价电子层有 6 个电子，其中两个电子与两个氢原子形成共价键，还剩余两对孤对电子。同时由于氧原子的吸电子作用，与氢共用的电子对强烈地偏向氧，氧端带有部分负电，氢端带有部分正电，所以水分子是一个极性分子。水分子的偶极矩很大，为 1.84D（$1D = 3.33564 \times 10^{-30} C \cdot m$）。

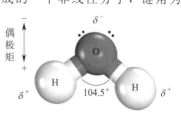

图 5-1　水分子的极性

（二）水分子间氢键

水分子的极性使得一个分子中的氧原子和另一个分子的氢原子之间会有一定的静电吸引力，形成了分子间的氢键作用力。氢键的键能为 25.9kJ/mol，键长为 266pm，这个键长指的是从水分子上的氢到氢键连接的相邻水分子上的氧之间的距离，键能介于范德华力与共价键之间。因为每个水分子在正极一方有 2 个氢核，可与另外 2 个水分子的氧形成氢键，在负极一方有氧的两对孤对电子，可与另外 2 个水分子的氢形成氢键。所以，每个水分子可以通过氢键连接四个水分子，并且氢键是具有方向性和饱和性的（图 5-2）。

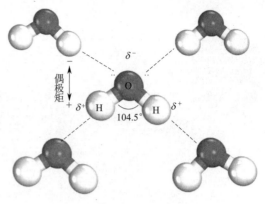

图 5-2　水分子间的氢键

二、水的性质

（一）水的物理性质

由于水分子具有强的极性和分子间氢键，分子间作用力较强，其内聚力很大，因此使水具有熔沸点高，比热容大，汽化热高，表面张力大等性质（表 5-1）。

表 5-1　水的物理性质

性质	熔点 (1atm)/℃	沸点 (1atm)/℃	蒸发热(1atm) /(kJ/mol)	比热容(20℃) /[J/(g·K)]	密度(20℃) /(g/cm³)	蒸气压(20℃) /kPa
数值	0	100	40.67	4.20	1.00	2.34

注：1atm＝101325Pa。

1. 熔沸点高

图 5-3 是第六主族元素氢化物的熔点和沸点变化趋势。通过此图可以看出，除了水以外，硫化氢、硒化氢、碲化氢、钋化氢随着分子量的增加，熔点和沸点是逐渐增加的。如果给这条线做个延长线，理论上来说水的熔沸点，应该介于 -100℃到 -120℃之间。实际上它的熔点和沸点明显高于它的理论熔沸点，这主要因为氢键的存在。在 1atm 下，水的沸点为 100℃。如果没有这样高的沸点，常温下水是一种气体，那么地球上就不可能有海洋、湖泊、河流以及植物和动物，也就不存在生命体了。

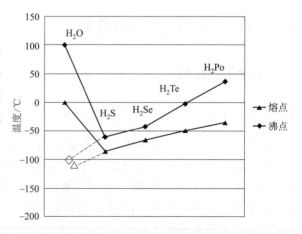

图 5-3　第六主族元素氢化物的熔沸点

2. 蒸发热大

水的蒸发热，指的是水从液态变到气态，发生相变所需要的能量，一个大气压下水的蒸发热为 40.67kJ/mol，显著高于其他相同分子量的化合物。这也是由水分子间的氢键作用力造成的，因为破坏水分子之间的氢键作用力需要能量。由于水的蒸发热大，相对于其他动物，人体有发达的排汗系统，在高温天气或剧烈运动时，人体可以通过出汗、汗液蒸发散发大量的热，维持体温不变，从而使得人类具有长途奔跑的能力。同时水在工业中被视作一种良好的热交换媒介。在我们的地球系统中，水通过汽化成为蒸汽，而蒸汽又凝结成为液态水，从而吸收能量或者放出能量，使地球的温度在一定的范围内浮动。

3. 比热容高

水的比热容也明显高于其他相似分子量的化合物。水的比热容表示一定量的水每升高单位温度所需要的能量，或者说每降低单位温度所放出的能量。因为水分子间存在氢键，当加热水时，一部分热量用于消耗缔合分子的解离后，才使水温升高。例如，常温下二氧化硅是地壳中最为常见的一种化合物，其比热容为 $9.66 \times 10^{2}J/(kg \cdot K)$，而水的比热容为 $4.20 \times 10^{3}J/(kg \cdot K)$，所以同样质量的二氧化硅或者水升高单位温度，水所需要的热量是二氧化硅的 4.3 倍。这也解释了为什么海滨城市早晚温差比较小，而内陆城市相对温差比较大。另外，水的比热容高才不至于引起气温大幅度的变化，从而保护了生物体。工业生产中，水作为传热、散热的介质也是利用了其高比热容。

4. 密度反常

一般情况下，如果外界压力不变，物体的密度一般随温度的升高而降低。但是水的密度与温度的关系是反常的。在常压下，0~4℃范围内水的体积随温度的变化是热缩冷胀，4℃时密度最大。另外，水是非常罕见的固态体积大于液态体积的物质，结冰时体积增大约 11%。冰的密度比水低，可以浮在水面上，常见的冰的密度为 $0.92g/cm^3$。冰的晶体结构有很多种，图 5-4 是冰的一种常见的晶体结构。由于氢键的方向性和饱和性，其可以有序地把水分子排列成低密度的刚性结构，每个水分子周围只有四个水分子，水分子在冰的晶体里空间占有率比较低，空隙较大，因此冰的密度小于液体水，可以浮在水面。以冬天的湖泊为例，如起初全部湖

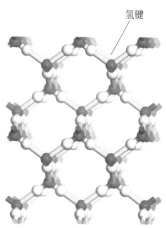

图 5-4　冰的一种晶体结构

水处于 10℃，湖面上空气的温度为 -10℃，于是湖表面的水就会变冷，其密度就会比下面水的密度大而发生下沉，所留空间由下面 10℃ 的水上升取代，此过程一直持续到湖泊中的水全部变成 4℃ 为止。但是湖泊表面的水还要继续冷却降温，表面的水温度进一步降低，这部分水的体积不但不缩小反而膨胀，即表面水的密度比下面的小，因而就浮在水面上不再下沉。对流和混合都停止了，表面下的水只有热传导一种热量传递途径。因为水是热的不良导体，所以在 4℃ 时冷却速度大大降低，结果湖泊表面的水先结冰。此后，因为冰的密度比 0℃ 的水还小，所以一直浮在水面上，下面的水仍保持在 4℃ 左右，只可能因为向上的热传导而冻结。因为水的导热系数极小，冬天的时间也是有限的，所以只要湖泊不是太浅，一般不会全部冻结，动植物可以在冰层下面的 4℃ 水中安然过冬。表 5-2 列出了水的性质及其作用和意义。

表 5-2　水的重要性质及其作用和意义

性质	作用和意义
优良的溶剂	水中营养物质和排泄物使水介质中的生物学过程成为可能
介电常数比任何一种纯液体高	离子型物质具有高溶解性,在溶液里这些物质易电离
表面张力比任何其他液体都高(汞除外)	生理学上的控制因素,控制水的滴落和表面现象
无色、能透过可见光和紫外光的长波部分	使光合作用要求的光能达到水体相当深度
在 4℃时密度最大	冰浮于水,使垂直循环只在限定的分层水体中进行
蒸发热比任何其他物质都高	决定大气和水体之间热和水分子的转移
比热容比任何其他液体(除液氮外)都高	对生物的体温和地理区域的气温起稳定作用

(二)水的化学性质

1. 水的化学稳定性

在常温常压下水是化学稳定的,即水很难分解成氧气和氢气。例如,即使在 2400K 的高温下,水的解离度也只有 2.94%。

2. 水合作用

水分子的强极性使它能与带电荷的离子以及极性分子发生相互结合作用。水合作用是任何物质溶于水时必然要发生的过程,只是不同物质,水作用方式和结果不同。例如,$CuSO_4 \cdot 5H_2O$ 结晶中,每一个 Cu^{2+} 与 4 个 H_2O 分子配位结合,另一个水在外界,为晶格水。

3. 水的电离

对于 $H_2O \rightleftharpoons H^+ + OH^-$,离子积约为 10^{-14}（25℃）,所以水是很难电离的。水的微弱电离是生物赖以生存的基本条件之一。水的电离程度增大或减小都会打乱现有的生命过程。

4. 水解

无机盐的水解,无论是金属离子的水解还是阴离子的水解,若从水的角度看,都可看成水解离之后与之作用的结果。例如,弱碱金属离子与氧结合,水电离出一个 H^+ 把金属离子变成羟基配位的金属氢氧化物。而弱酸根阴离子与氢结合,水电离出一个 OH^- 把酸根离子变成其共轭酸。

第二节　水溶液

一、物质在水中的溶解

水和水溶液（下）

水可溶解的物质种类繁多,其中有些物质如盐、糖、乙醇和空气污染物 SO_2 等,都是在水中易溶解的物质。比较起来,石灰岩、氧和二氧化碳在水中只是微溶。造成这种现象的原因是水是极性分子,对于中强极性的物质,如离子型化合物和部分极性分子化合物,都具有良好的溶解性,这种性质我们称为相似相溶原理。

图 5-5 是电解质氯化钠在水中的溶解过程。氯化钠进入水中后,由于钠离子带正电荷,

水分子中带有负电荷的氧端靠近它，从而把钠离子一个一个搬运到水中。而氯离子带有负电荷，水分子氢这端带有正电荷，很多水分子从氢这端靠近氯离子，将氯离子从氯化钠晶体上搬运到水中。这就是水分子搬运离子的过程，宏观上表现为氯化钠慢慢地溶解于水中。

图 5-5　氯化钠在水中的溶解过程

　　属于非电解质的葡萄糖在水中溶解的过程与上述过程不同（图 5-6）。葡萄糖为五羟基醛结构，其结构中含有很多羟基。水分子通过氧对着氢、氢对着氧的这种方式，把葡萄糖分子包裹起来，从而将葡萄糖分子搬运至水中。通过这种方式，固体的葡萄糖就被转移到水分子的空隙中。正是由于各种物质在水中可以溶解，所以水是生命代谢的媒介，是细胞中各种化学反应的介质，协助营养物质的运送和代谢废物的排泄，使生命体中的新陈代谢和生理化学反应得以顺利地进行。

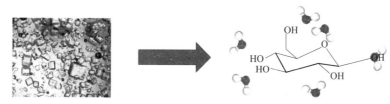

图 5-6　葡萄糖在水中的溶解过程

二、稀溶液的依数性

　　物质在水中溶解形成溶液。不同的溶液往往有不同的性质，例如不同溶液的颜色、密度、导电性等各不相同。但是所有溶液又都具有一些共同的性质，例如稀溶液的蒸气压下降、沸点上升、凝固点下降和渗透压等，这些性质与溶液中的粒子数有关，而与溶质的本性无关。溶液的这些共同性质称为依数性。

（一）溶液的蒸气压下降

　　在一定温度下，将纯液体置于真空容器中，当蒸发速度与凝聚速度相等时，液体上方的蒸气所具有的压力称为该温度下液体的饱和蒸气压，简称蒸气压。任何纯液体在一定温度下都有确定的蒸气压，且随温度的升高而增大。当纯溶剂溶解一定量的难挥发溶质时，在同一温度下，此溶液的蒸气压总是低于纯溶剂的蒸气压（$p < p^0$）。溶液蒸气压下降的原因可以从以下两个方面来解释，如图 5-7 所示：一方面，溶质分子占据着一部分溶剂分子的表面，在单位时间内逸出液面的溶剂分子数目相对减少；另一方面，在溶剂中加入了难挥发的非电解质后，每个溶质分子与若干个溶剂分子相结合，形成了溶剂化分子，溶剂化分子束缚了一些能量较高的溶剂分子。因此，达到平衡时，溶液的蒸气压必定低于纯溶液的蒸气压，且浓度越大，蒸气压下降越多。

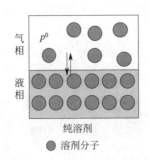
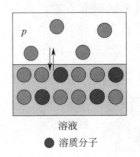

| 纯溶剂 | 溶液 |

● 溶剂分子　　　● 溶质分子

图 5-7　溶液的蒸气压下降

利用溶液蒸气压下降的性质，能说明某些吸潮物质，如 $CaCl_2$、P_2O_5 等作干燥剂的原因。当这些物质在空气中吸收水蒸气后，形成了溶液，其溶液的蒸气压比空气中水蒸气的分压低，结果空气中的水蒸气不断凝聚，进入溶液，使空气变得干燥。

（二）溶液的沸点升高

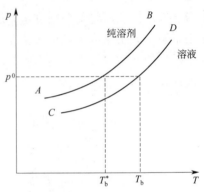

当液体的蒸气压等于外界大气压时，液体沸腾，此时的温度称为沸点，如图 5-8 中的 T_b^*，例如水的沸点是 100℃（373.15K）。图中 AB 线和 CD 线分别表示纯水和溶液的蒸气压随温度变化的曲线，由于溶液的蒸气压比水的低，所以 100℃ 时，溶液不能沸腾。欲使溶液沸腾，必须升高温度，直到溶液的蒸气压正好等于外界大气压时，才能沸腾。因此溶液的沸点总是高于纯溶剂

图 5-8　溶液的沸点升高

的沸点，也就是图中 T_b 对应的温度。溶液浓度越大，蒸气压越低，沸点升高越多。例如，钢铁工件进行氧化热处理就是应用沸点升高原理，用每升含 550～650g NaOH 和 100～150g $NaNO_2$ 的处理液，其沸点高达 410～420K。

（三）溶液的凝固点下降

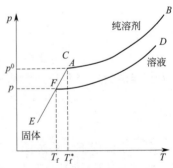

一定外界压力下，物质的液相蒸气压和固相蒸气压相等，两相平衡共存时的温度称为该物质的凝固点，即图 5-9 中的 T_f^*。如水的凝固点是 0℃（273.15K）。图中 EFC 这条线是固态纯水的蒸气压曲线，AB 和 FD 分别是纯水和溶液的蒸气压曲线，在平衡时固相与液相蒸气压相等，即 C 点对应的温度为水的凝固点（T_f^*），而 F 点对应的温度为溶液的凝固点（T_f）。由于溶液的蒸气压下降，在 0℃ 时，

图 5-9　溶液的凝固点下降

溶液的蒸气压小于冰的蒸气压，溶液和冰不能共存。欲使溶液的蒸气压等于冰的蒸气压，溶液和冰共存一体，必须降低温度，此时的温度为溶液的凝固点。溶液浓度越大，溶液的蒸气压下降越多，凝固点下降越大。例如，在寒冷的冬季，在汽车的水箱中加入适量的甘油或乙二醇，从而降低水的凝固点，保证汽车在严寒的气温下正常运行。又如，海水的冰点低于 0℃，通常海流冰只有在高纬度寒冷海域才能观测到；撒盐可以使道路的积雪融化；而牛奶

是否掺水也可以通过测定凝固点进行判断。

（四）溶液的渗透压

如图 5-10 所示，半透膜具有选择性地允许水或某些小分子透过，而不允许其他溶质分子透过的性质称为渗透压。稀溶液在半透膜表面扩散速率大，浓溶液因为单位体积内溶剂分子数相应减少，溶剂分子在其表面扩散速率小，结果是稀溶液中的水向浓溶液中渗透，使得浓溶液体积增大。当渗透作用达到平衡时，即半透膜两边溶液浓度相等时，半透膜两边的静压力差称为渗透压。一定温度时，溶液浓度越大，产生的渗透压也越大。

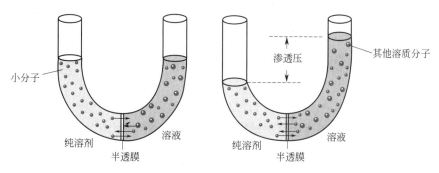

图 5-10　溶液的渗透压

大树靠渗透压可将根系吸收的水分输送到数十米的树梢。血液的渗透压为 780kPa，病人做静脉输液的各种溶液的渗透压必须与血液的相等，称为等渗溶液。例如大家熟悉的生理盐水、葡萄糖注射液就是为了维持人体血管里红细胞与周围血浆正常的渗透压，而特别配制成 0.9％和 5％的等渗溶液。比等渗溶液渗透压高的溶液称作高渗溶液，低的称作低渗溶液。有时为了处理一些因大面积烧伤而严重脱水或因失钠过多而血浆水分增多的特殊病人，也会相应使用低渗溶液或高渗溶液。渗透作用对生物的生命现象也有着十分重要的作用。

第三节　水污染与水处理

一、水循环

水污染与防治

在太阳能和地球表面热能的作用下，地球上的水不断被蒸发成为水蒸气，进入大气。水蒸气遇冷又凝结成水，在重力作用下，以降水的形式落到地面，这个周而复始的过程称为水的循环（图 5-11）。从水的循环可看到水圈与岩石圈（土地）、大气圈、生物圈有着密切的联系，水是地球各圈和各种水体的"纽带"，是"调节器"，它调节了地球各圈层之间的能量，对冷暖气候变化起到了重要作用。水循环是"雕塑家"，它通过侵蚀、搬运和堆积，塑造了丰富多彩的地表形象。水循环还是"传输带"，它是地表物质迁移的强大动力和主要载体。

人类活动不断地改变着自然环境，越来越强烈地影响水循环的过程。例如，当人们将森林、草地转变为农田或过度耕种而使植被减少，这时通过植物蒸发的水分减少了，进而影响

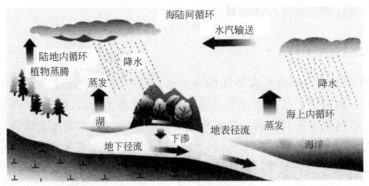

图 5-11　水循环示意图

微气候。同时，增加了水的地表径流，使水土流失加重和水体中淤泥的积累增多，也可能造成水体中营养物质增多，这将影响水体的化学和生物学特性。

环境中许多物质的交换和运动依靠水循环来实现。例如，矿物质燃烧产生并排入大气的二氧化硫和氮氧化物进入水循环形成酸雨，从而把大气污染转变为地面水和土壤的污染。大气中的颗粒物也可通过降水等过程返回地面。

二、水污染

水与人类的生活息息相关。人类各种活动所排放的污染物进入河流、湖泊、海洋或者地下水等水体，导致水体的物理和化学性质发生变化，降低水体的使用价值，这种现象称为水体污染，简称水污染。水体污染会严重危害人类的健康，根据世界卫生组织的统计，世界上约 80％的疾病，如伤寒、霍乱、胃炎、痢疾、传染性肝炎等疾病的发生和传播都与直接饮用受污染的水有关。

按照污染物的来源不同，水污染可以分为自然污染和人为污染两种类型。自然污染是由自然原因造成的，如特殊的地质条件使某些元素大量富集，地表水渗漏或地下水流动将地层中的物质溶解，造成的水中微量元素、有害金属或放射性物质超标，如某些地区常见的水源中氟超标，火山附近的温泉水中砷超标等。天然植物腐烂过程中产生某些有害物质，以及降雨淋洗大气和地面后携带各种物质流入水体，都会造成水污染。人为污染指人类的社会活动所导致的水污染，可以进一步分为工业废水、农业废水和生活污水（图 5-12）。水污染主要是由人为污染造成的，包括矿山污染、工业污染、农业污染和生活污染等。下面介绍几种主要污染物及其危害。

（一）重金属污染物

1. 汞污染

汞最常见的应用是制造工业用化学药物以及在电子或电器产品中。汞还用于温度计，尤其是测量高温的温度计，越来越多的气态汞用于制造日光灯。汞可以在生物体内积累，很容易被皮肤以及呼吸道和消化道吸收。最典型的毒害事件是 1953～1960 年日本水俣病（图 5-13）事件，其汞的来源是一个化工厂排入水俣湾的废水。在 100 多例由于食用了汞污染的海产品而汞中毒的病人中有 43 人死亡，后来发现是甲基汞所致。无机汞在还原细菌的作用下转化

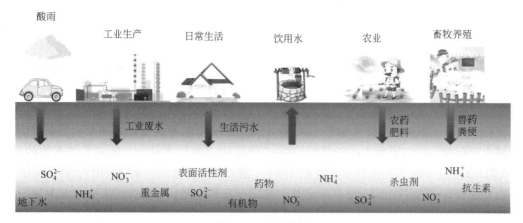

图 5-12 人为污染

为溶于水的 CH_3Hg^+，继而在水中鱼的组织中出现更高浓度的汞。汞中毒的主要症状是神经系统受损，表现为急躁、疯癫、失明等。

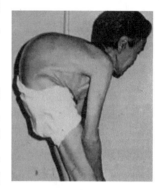

2. 铅污染

铅可用于建筑、铅酸蓄电池、弹头、焊接物等。由于铅在环境中长期持久地存在，又对许多生命组织有较强的潜在毒性，所以铅一直被列为强污染物。铅对人体健康的危害表现为，影响大脑和神经系统，还会影响酶和细胞的代谢。科学研究发现，城市儿童血样即使铅的浓度保持可接受水平，但仍然明显影响到儿童智力发育和表现行为。无铅汽油的推广应用为降低环境中的铅起了重要作用，特别是降低了大气颗粒物中的铅。

图 5-13 水俣病患者

（二）藻类营养物质与水体富营养化

水体富营养化是指湖泊或水库中藻类过度生长最终导致水质恶化的现象，一般表现为出现水华。对水体而言，氮、磷等营养物质大量进入湖泊、水库、河流等水体，导致水中的营养物质过剩，水生植物和藻类大量繁殖，致使水体透明度下降、溶解氧降低、水质变化、鱼类及其他生物大量死亡（图 5-14）。大量使用合成洗涤剂，农作物施肥后的流失，生活污水和工业造纸、食品加工等废水增加均是大量氮、磷的来源。

图 5-14 水体富营养化

（三）农药

大量农药通过直接、间接的途径进入水体。引起人们普遍关注的是 DDT（滴滴涕，双对氯苯基三氯乙烷）、六六六、狄氏剂等有机氯农药，它们都属于有毒的难降解有机物，一旦进入水体后，便长期存在于水体，并被水体带往各处。它们被各种水生生物吸收后，又能长期留在生物体内不被排泄出去，形成积累中毒。因此，常通过食物链逐步浓缩而造成危害。现在，有机氯农药对环境的污染，已是全球性的问题。不仅在人类生活的地区，就是在极地也可以发现它们的踪迹。有机氯农药的毒性表现在它对神经的毒害，可以引起肝、肾功能障碍，诱发癌症。

例如，有机氯农药 DDT［图 5-15(a)］是由欧特马·勤德勒于 1874 年首次合成的，但是这种化合物具有杀虫剂效果的特性却是 1939 年才被瑞士化学家米勒发现，该产品几乎对所有的昆虫都非常有效。第二次世界大战期间，DDT 的使用范围迅速扩大，带来了农作物的增产，而且在阻止疟疾、痢疾等疾病传播方面大显身手，挽救了很多生命，米勒也因为发现 DDT 及其衍生物对昆虫有剧烈毒性而获 1948 年诺贝尔生理学或医学奖。但是，后来有研究发现，DDT 化学性质较为稳定，基本上无法被自然界消解，反而在通过食物链向上递增的过程中还会富集。图 5-15(b) 是美国长岛河口生物对 DDT 的富集，水中的 DDT 浓度约为 0.000003mg/kg，水中的浮游生物体内的 DDT 浓度为 0.04mg/kg，富集了 1.3 万倍，浮游生物为小鱼所食，小鱼为大鱼所食，大鱼为鱼鹰所食用，鱼鹰体内的 DDT 浓度为 25mg/kg，相对水中的 DDT 浓度，富集了约为 883 万倍。由此可见，虽然它的毒性并不高，但是却极易在自然界富集，慢慢地干扰生物的繁殖，降低生物的寿命。从 1972 年开始，DDT 在世界各国相继被禁用。

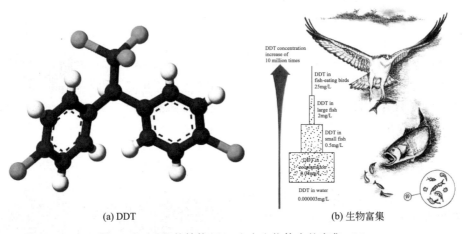

(a) DDT　　　　　　　(b) 生物富集

图 5-15　DDT 的结构（a）和在生物体内的富集（b）

（四）石油类

石油类物质的污染，主要来源于船舶废水、工业废水、海上石油开采及大气石油烃沉降。它会阻止氧进入水中，妨碍水生植物的光合作用，同时石油还会黏附在鱼鳃上，使之呼吸困难，直至死亡，还会抑制其排卵和孵化。食用在含有石油的水中生长的鱼类等水产品也会危及人体的健康。

（五）病原微生物

生活污水或医院废水中常含有各种病原体，如病毒、病菌、寄生虫等。病原微生物污染会导致以水为媒介的传染病的发生，常引起细菌性肠道传染病和某些寄生虫病，如伤寒、痢疾、肠炎、霍乱、血吸虫病等，对人类的健康有着极大的威胁。

三、各种水体水污染的特点

（一）河流和湖泊水污染

水污染在各种水体中有着不同的特点。河流是主要的饮水水源，水流交换速度快导致水污染扩散快，使污染的范围不限于污染发生区域。上游的污染很快影响到下游或整个河道，污染程度随径流量变化。在排污量相同的情况下，河流径流量越大，污染程度越低。径流量的季节性变化带来污染程度在时间上的差异。河水是主要的饮用灌溉用水，污染物不仅可以通过饮用水进入人体，也可通过食物链或灌溉农田在植物或动物中富集。

湖泊往往是多条河流的汇入点，湖泊水面宽广，流速缓慢，水流交换缓慢，目前湖泊污染最直接、最常见的表现是水体的富营养化。湖泊水污染物来源广泛，不仅仅有入湖河道携带的工业废水、生活污水，雨水冲刷携带的垃圾浸出液，以及周边农田排水，还包括船舶排水、养殖废水，成分复杂。污染物进入湖泊后不易迅速被湖水稀释，常会出现湖泊水质分布不均匀以及污染物向湖底沉降的现象，尤其是大容量深水湖泊更为显著。湖泊是天然孕育水生动植物的有利场所，湖中生物对多种污染物具有降解的作用，如在藻类、细菌和低级动物的作用下，有机物会分解成二氧化碳和水，有利于湖泊的净化，但是湖中的生物对持久性污染物质具有积累作用，并在食物链中不断进行转移和富集。

（二）地下水污染

地下水的污染途径多种多样，有未经处理而直接排入深坑、深井、溶洞、裂隙的工业废水及生活污水、工业废弃物和生活垃圾等，在无适当的防渗措施条件下，经过雨水的淋洗，有毒有害物质会随着垃圾浸出液缓慢渗入地下水。用不符合灌溉水质标准的污水灌溉农田，污染物也会进入地下水。地下水污染具有污染来源广、隐蔽性强、过程缓慢、不易发现的特点。地下水污染难以治理，在无光和缺氧的条件下，生物作用微弱、水质动态变化小、化学成分稳定，但如果受到污染，则难以再恢复其原来的状态。即使彻底消除地下水的污染源，一般也需要十几年甚至几十年才能使水质得到完全净化。

（三）海洋污染

海洋污染通常是指人类改变了海洋原来的状态，使海洋生态系统遭到破坏。由于海洋的特殊性，海洋污染的特点是污染源多、持续性强、扩散范围广、难以控制。人类在海洋的活动会污染海洋，而且人类在陆地和其他方面活动所产生的污染物也将通过江河径流、大气扩散和雨水等形式汇入海洋。海洋污染只能预防而无法治理。持久性污染物在海洋中往往通过生物富集和食物链传递对人类造成潜在的威胁。由于海洋是一个相互连通的整体，一个海域出现的污染，往往会扩散到周边的海域，甚至扩大到邻近的大洋，有的后期效应还会波及全球，其扩散范围非常广。

四、水污染的处理

水污染不但对人类健康造成威胁，同时也严重损害工农业生产的经济效益。因此，建立完善的污水处理系统，控制污水的排放，是防治水污染的有效措施。

《中华人民共和国水污染防治法》指出：水污染防治应当坚持预防为主、防治结合、综合治理的原则，优先保护饮用水水源，严格控制工业污染、城镇生活污染，防治农业面源污染，积极推进生态治理工程建设，预防、控制和减少水环境污染和生态破坏。

（一）水处理分级

废水处理的方法很多。一般根据废水的性质、数量以及要求的排放标准，有针对性地选用处理方法或采用多种方法综合处理。按照水质情况及处理后出水的去向可以确定废水处理的程度，一般可以分为一级处理、二级处理和三级处理。

1. 一级处理

一级处理主要是除去粒径较大的固体悬浮物、胶体颗粒和悬浮油类，初步调节 pH 值，减轻废水的腐化程度。一级处理工艺过程一般由筛选、隔油、沉降和浮选等物理过程串联组成，处理的原理在于通过物理方法实现固液分离，将污染物从污水中分离，是二级处理的预处理。

2. 二级处理

二级处理是大幅度去除水中的悬浮物、有机污染物和部分金属污染物，主要采用一些物理化学方法，如萃取、中和、氧化还原，并采用好氧和厌氧生物处理法，分离、氧化及生物降解有机物和部分胶体污染物。二级处理是废水处理的主体部分。

3. 三级处理

三级处理属于深度处理，将经过二级处理的水进行脱氮、除磷处理，用活性炭吸附法或反渗透法等去除水中的生物污染物，并用臭氧或氯消毒杀灭细菌或病毒。常采用的方法有化学沉淀法、反渗透法、离子交换法等。这里我们重点介绍工业水处理中用的较多的反渗透法。反渗透顾名思义就是水分子由浓溶液向稀溶液扩散的过程。其最早是由美国科学家 S. Sourirajan 在 1950 年发现的，他无意中发现海鸥在海上飞行时从海面啜起

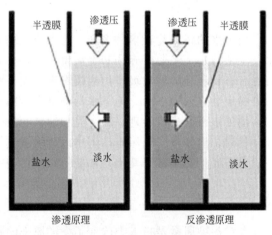

图 5-16　渗透和反渗透原理

一大口海水，隔了几秒再吐出一小口海水。考虑到陆地上靠肺呼吸的动物绝对无法饮用高盐分的海水，Sourirajan 对海鸥饮用海水产生了疑问。他把海鸥带回实验室，经过解剖发现在海鸥嗉嗉位置有一层薄膜，该薄膜构造非常精密。海鸥正是利用了这层薄膜把海水过滤为可饮用的淡水，而含杂质及高浓缩盐分的海水则吐出嘴外。海鸥就是利用了我们前面讲到的稀溶液的依数性中渗透压的原理（图 5-16）。1981 年美国将用反渗透法制造的纯水作为航天员的循环饮用水，因此用反渗透法处理的纯水又称太空水。反渗透法也是目前海水淡化中最有效、最节能的技术。

由于三级处理的基建费用和运行费用较为昂贵，因此其发展和推广应用受到一定的限制，目前仅适用于严重缺水的地区。

（二）水处理方法

水处理技术主要分为物理法、物理化学法、化学法和生物处理法四大类。

1. 物理法

物理法是指通过过滤、隔油、沉降和浮选等处理过程，除去水中的固体悬浮物、胶体颗粒和悬浮油类，从而使废水得到初步净化。物理法多用于污水的预处理，以减轻后续其他处理过程的负担。

2. 物理化学法

物理化学法是利用各种物理化学手段将有机物分离或降解的方法，主要包括汽提法、吸附法、萃取法、膜分离法、超声波法、水解法、氧化法等。

3. 化学法

化学法是通过化学反应和传质作用来分离、去除废水中呈溶解、胶体状态的污染物，或将其转化为无害物质的废水处理方法。常采用的方法有中和、混凝、氧化还原、萃取、吸附、离子交换、电渗透等。化学法处理污水效果较好、成本也较低，并且可以用来处理大量污水。

4. 生物处理法

生物处理法是利用微生物的代谢作用将有机物同化或分解的方法，主要分为好氧生物降解和厌氧生物降解。好氧生物降解是微生物在氧的存在下，通过代谢作用将有机物分解的过程，完全降解的产物为二氧化碳和水。厌氧生物降解是微生物在缺氧的条件下降解有机物的过程，其产物主要是甲烷。

第四节　水质评价指标与水的净化

水处理与
饮用水安全

一、水质评价指标

水质反映水源的情况，水质是指水与水中存在的其他物质共同表现的综合特征，评价水质优劣和受污染的程度的参数称为水质指标。水质指标通常可分为物理性指标、化学性指标和生物性指标。物理性指标有：温度、色度、浑浊度、臭、味、电导率、肉眼可见物；化学指标有 pH 值、硬度、生化需氧量（biochemical oxygen demand，BOD）、化学需氧量（chemical oxygen demand，COD）、总有机碳（total organic carbon，TOC）、溶解氧（dissolved oxygen，DO）、铁、锰、挥发酚及阴离子表面活性剂；生物性指标又分为细菌学指标和毒理学指标。下面选择一些进行介绍。

（一）水质指标

1. 浑浊度

水的浑浊是由于胶体和悬浮物存在产生了折射和散射。浑浊度是反映天然水及饮用水的物理性状的一项指标。浑浊度的单位用度来表示，1L 水中含有 1mg SiO_2 所产生的浑浊程度为 1 度。浑浊度是一种光学效应量度，是光线透过水层时受到阻碍的程度，表示水层对于光线散射和吸收的能力。它不仅与悬浮物的含量有关，而且还与水中杂质的成分、颗粒大小、形状及其表面的反射性能有关。控制浑浊度是工业水处理的一个重要内容，也是一项重要的水质指标。根据水的不同用途，对浑浊度有不同的要求，生活饮用水的浑浊度不得超过 1 度；循环冷却水处理的补充水浑浊度在 2～5 度；制造人造纤维要求水的浑浊度低于 0.3 度等。造成浑浊的悬浮物及胶体微粒一般是稳定的，并大都带有负电荷，所以不进行化学处理就不会沉降。在工业水处理中，主要是采用混凝、澄清和过滤的方法来降低水的浑浊度。

2. 电导率

电导率是物体传导电流的能力，单位是西门子/米（S/m）。水的电导率可以反映水中溶解性盐类（或称矿物质）的总量，通常用来表示水的纯净度。几种常见水的电导率为：天然水 $0.5 \times 10^{-2} \sim 5 \times 10^{-2}$ S/m，蒸馏水 10^{-3} S/m，去离子水 10^{-4} S/m，纯水 5.5×10^{-6} S/m。

3. pH 值

pH 值是最重要的水质参数之一，水的酸碱度均用 pH 值表示。一般天然水源的 pH 值为 6.5～8.5。酸性物质（包括大部分的有机污染物）或酸雨的影响会使水的 pH 值降低到 5 左右。根据我国的生活饮用水国家标准，饮用水的 pH 值应在 6.5～8.5，最佳值为 7.5。

4. 总硬度

总硬度（total hardness，TH）是指水中所含钙、镁离子的总量。硬度的表示方法尚未统一，我国使用较多的表示方法是把所测得的钙、镁的量折算成 $CaCO_3$ 的质量，即用每升水中含有 $CaCO_3$ 的质量（mg）表示，单位为 mg/L。硬度包括碳酸盐硬度（即通过加热能以碳酸盐形式沉淀下来的钙、镁离子，故又叫暂时硬度）和非碳酸盐硬度（即加热后不能沉淀下来的那部分钙、镁离子，又称永久硬度）。各种天然水的硬度，因地质条件不同而差异很大。一般而言，地下水的硬度高于地面水，但当地面水受硬度高的工矿废水污染时，或排入水中的有机污染物分解释放出 CO_2，使地面水的溶解力增大时，水的硬度会增高。根据总硬度可将水分为极软水、软水、中硬水、硬水、高硬水、超高硬水和特硬水七级（表 5-3）。

表 5-3　以碳酸钙浓度表示的水的硬度　　　　　　　　　　　　　　　单位：mg/L

级别	极软水	软水	中硬水	硬水	高硬水	超高硬水	特硬水
碳酸钙浓度	0～75	75～150	150～300	300～450	450～700	700～1000	>1000

5. 耗氧量

根据测定方法不同，耗氧量可分为生化需氧量和化学需氧量。

水体污染物中存在一类耗氧有机物，它们本身没有毒性，因在分解时需消耗水中的溶解氧，因此被称为耗氧有机物。耗氧有机物一般来自城市生活污水及工业废水中的大量烃类化合物、蛋白质、脂肪、纤维素等有机物质。耗氧有机物对水体的污染程度，可以用生化需氧量（BOD）来表示。BOD 是指单位体积水中耗氧有机物生化分解过程所消耗的氧量。耗氧有机物的含量与水体污染的关系通常以水温 25℃时，5 天的生化需氧量 BOD_5 作为指标来反映。BOD_5 的高低可以表明溶解氧消耗的多少以及水质的好坏。通常情况下，BOD_5 低于 2mg/L 时，说明水质较好；达到 7.5mg/L 时，说明水质不好；大于 10mg/L 时，说明水质很差，鱼类无法生存。

化学需氧量（COD），单位为 mg/L，是指在一定条件下，利用化学氧化剂（如高锰酸钾）将水中可氧化物质（如有机物、亚硝酸盐、亚铁盐、硫化物等）氧化分解，然后根据残留氧化剂的量计算出氧的消耗量。COD 数值越大，则水体污染越严重。一般洁净饮用水的 COD 值为几至十几毫克每升。

（二）我国水质分类

根据地表水水域环境功能和保护目标，综合考虑各种水质指标，2002 年颁布的《地表水环境质量标准》（GB 3838—2002）中将中国水质按功能高低依次分为五类。Ⅰ类：主要适用于源头水、国家自然保护区。Ⅱ类：主要适用于集中式生活饮用水地表水源地一级保护区、珍惜水生物栖息地、鱼虾类产卵地、幼鱼的索饵场等。Ⅲ类：主要适用于集中式生活饮用水地表水源地二级保护区、鱼虾类越冬场、洄游通道、水产养殖等渔业水域及游泳区。Ⅳ类：主要适用于一般工业用水区及人体非直接接触的娱乐用水区。Ⅴ类：主要适用于农业用水区及一般景观要求水域。

其中Ⅰ类水质良好，地下水只需消毒处理，地表水简易净化处理、消毒后即可供生活饮用。表 5-4 列出了 GB 5749—2022 中规定的生活饮用水的一般化学指标。此标准还对饮用水中的微生物学指标、毒理指标、感官性状、放射性指标和消毒剂等指标的限值做了相应的规定。

表 5-4　生活饮用水一般化学指标及限值（GB 5749—2022）

一般化学指标	限值
pH	不小于 6.5 且不大于 8.5
铝/(mg/L)	0.2
铁/(mg/L)	0.3
锰/(mg/L)	0.1
铜/(mg/L)	1.0
锌/(mg/L)	1.0
氯化物/(mg/L)	250
硫酸盐/(mg/L)	250
溶解性总固体/(mg/L)	1000
总硬度(以 $CaCO_3$ 计)/(mg/L)	450
耗氧量(COD_{Mn},以 O_2 计)/(mg/L)	水源限制,原水耗氧量＞6mg/L 时为 5
挥发酚类(以苯酚计)/(mg/L)	0.002
阴离子合成洗涤剂/(mg/L)	0.3

二、水的净化

（一）水净化的发展历史

天然水中含有较多杂质，必须经过净化才能达到生活饮用水的标准。饮用水的净化技术和工程设施是饮用水卫生和安全的重要保障，它们是人类在与水源污染及由此引起的疾病所做的长期斗争中产生的。对水质净化的研究，古往今来从没有停止过。古代、近代、现代，从土方法到科学净化，水处理技术日益成熟。

古人云："饮水洁净，不得瘟病"。《调疾饮食辨》中记载："春夏大雨，山水暴涨，有毒。山居别无他水可汲者，宜捣蒜或白矾少许，投入水缸中，以使水沉淀净化。"古人常用的水净化方法有过滤净化法和沉淀净化法。过滤净化法就是让水通过砂石等过滤物料，滤去水中混悬物，使之澄清。例如，在木桶底板凿洞，桶内装以稻草、石块等过滤饮水的方法。沉淀净化法则是在水中加入一定的药物，使水中的混悬物沉淀。古人常用钟乳石、磁石、榆树皮、木芙蓉、杏仁、桃仁等物品净化饮用水。炭洗法是利用干土、木炭具有的吸附能力，吸附水中尘土等脏东西，净水作用十分明显，此方法可以说是现代净水技术的前身。1982年，在浙江嘉善新港，发现一口四百多年前的水井，井底垫有一层 10 厘米厚的河蚬壳，河蚬壳层上竖立木质井筒。这是我国最早用来过滤、净化井水的净水装置。20 世纪初（1902年），比利时人发现用氯可以去除水中的生物污染以制止瘟疫的流行，于是经混凝、沉淀、过滤、消毒技术制作自来水的方法开始流行。由此人类开始用自来水取代天然水，进行了第一次饮用水革命。目前，城市的自来水大致是通过以下程序处理得到的（图 5-17）。

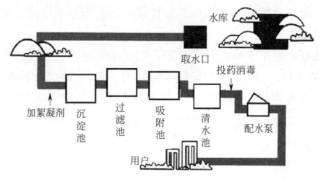

图 5-17　自来水厂净水过程示意图

（二）饮用水的净化过程

1. 澄清

澄清是除去水中悬浮物质和胶体物质的过程。水中大体积的杂质，如杂草、树枝、饮料瓶等，通过过滤的方式可除掉。如果水中悬浮物比较多，可使用化学沉降剂，以中和胶体微粒表面的电荷，破坏胶体稳定性，使细小悬浮物质及胶体微粒相互悬浮结合成较大的颗粒，凝聚沉淀。化学沉降剂主要有铝盐和铁盐，铝盐有明矾、硫酸铝、碱式氧化铝等；铁盐有硫酸铁、硫酸亚铁和三氯化铁等。它们能作为沉降剂是因为在水中能发生水解反应。

$$Al_2(SO_4)_3 + 6H_2O \longrightarrow 2Al(OH)_3 \downarrow + 3H_2SO_4$$

由于 $Al(OH)_3$ 在水中的溶解度小，发生水解反应后会形成絮凝的白色沉淀分散在水中，这种絮状沉淀吸附力很强，可以在自沉降过程中将水中的悬浮物吸附。

2. 消毒

清洁的地下水转变为饮用水之前，只需加入少量的氯化剂就可防止在输送过程中细菌产生的感染；而如果是取自江河湖泊中的水，一般要在水厂进行两次氯化消毒。氯化剂可以消除水中产生臭味的硫化氢、有机物，并可控制水中藻类的繁殖等，这类方法称为氯化法。在水的氯化过程中使用的主要作用物质是单质氯。氯气易溶于水，与水结合生成次氯酸和盐酸。对能产生臭味的无机物来说，它能将其彻底氧化消除，对于有生命的天然物质如水藻、细菌而言，它能破坏细胞内的酶系统而使其失去活性，使细菌的生命活动受到阻碍而死亡。次氯酸本身呈电中性，容易接近细菌而显示出良好的灭菌效果。

$$Cl_2 + H_2O \longrightarrow HClO + HCl$$

$$2HClO \longrightarrow 2HCl + O_2$$

在采用氯气消毒时，氯气与水源中各种各样的物质发生化学反应，产生被氯化的有机物。已经证实，氯化消毒在水中所产生的三氯甲烷是一种致癌、致畸和致突变的化合物。研究表明，若在烧开水时，将沸水继续加热 3min，可消除卤代烃初始含量的 80%。自来水中卤代烃含量最高的是夏秋季节，最好是延长水的沸腾时间，使水中难挥发的有机物得到消除以保证健康。

如何在保证氯化消毒处理效果的前提下，减少或消除水中的三氯甲烷等有害物质，是目前水处理及有关研究者共同关心的问题。其中一种方法是采用臭氧作为代用消毒剂。臭氧是一种强氧化剂和高效消毒剂。臭氧消毒作用的原理与氯相似，不但氧化破坏细胞酶的能力强，而且扩散投入细胞壁的速度快，所以其消毒作用时间短。在 0.1mg/L 的浓度下，5s 可杀死一般水样中的全部大肠杆菌。而同样条件下，氯需 4h 才能达到此效果。臭氧由于稳定性差，很快自行分解为氧气或单个氧原子，所以臭氧不能在水中保持持续的杀菌能力。

3. 水的软化

有的人"水土不服"，实际上大多是不适应饮用水硬度的变化。如果将中国大陆划分为华东、华南、华中等七大区域，华北地区水质硬度高于华南地区，水质硬度较好的城市集中分布在浙江与福建两省。水中的 Ca^{2+}、Mg^{2+} 一般来源于如下过程：溶于水中的二氧化碳与周围存在的石灰石和白云石发生作用而生成可溶性的酸式碳酸盐留在水中。其反应过程是：

$$CaCO_3(石灰石) + CO_2 + H_2O \longrightarrow Ca(HCO_3)_2$$
$$CaCO_3 \cdot MgCO_3(白云石) + 2CO_2 + 2H_2O \longrightarrow Ca(HCO_3)_2 + Mg(HCO_3)_2$$

这些酸式碳酸盐在加热时会发生分解反应：

$$Ca(HCO_3)_2 \longrightarrow CaCO_3 \downarrow + CO_2 \uparrow + H_2O$$

工业上禁止使用硬水作为锅炉用水。因为硬水在加热过程中会生成 $CaCO_3$ 沉淀，进而形成水垢。这些水垢不但会降低传热效率，而且因水垢产生的裂缝会造成加热不均匀甚至发生爆炸，因此，硬水必须经过处理，除去钙、镁等离子后才能作为锅炉用水使用。通常我们在水壶或热水瓶底部看到的白色水垢就是 $CaCO_3$ 沉淀。除此之外，在用肥皂洗衣服时，硬水可以和普通的肥皂作用生成不溶于水的白色凝脂漂浮在水面上，会降低肥皂的去污能力。此外，在用作饮用水时，硬水的口感也欠佳。为解决上述问题，一个有效的途径就是硬水的软化。软化的方法有石灰-纯碱法、离子交换法等。

（1）石灰-纯碱法

此方法中，加入 $Ca(OH)_2$ 就可以完全消除暂时硬度，HCO_3^- 就转化为 CO_3^{2-}。而镁的永久硬度在石灰的作用下会转化为等物质的量的钙硬度，最后被除去。反应过程中，镁都是以氢氧化镁的形式沉淀，而钙都是以碳酸钙的形式沉淀。具体做法是，先在水中加入适量的 $Ca(OH)_2$，以消除暂时硬度，同时把由 Mg^{2+} 引起的硬度转化为由 Ca^{2+} 引起的硬度。化学反应式如下：

$$Ca(HCO_3)_2 + Ca(OH)_2 \longrightarrow 2CaCO_3 \downarrow + 2H_2O$$
$$Mg(HCO_3)_2 + 2Ca(OH)_2 \longrightarrow Mg(OH)_2 \downarrow + 2CaCO_3 \downarrow + 2H_2O$$
$$MgSO_4 + Ca(OH)_2 \longrightarrow Mg(OH)_2 \downarrow + CaSO_4$$
$$MgCl_2 + Ca(OH)_2 \longrightarrow Mg(OH)_2 \downarrow + CaCl_2$$

然后加入纯碱（Na_2CO_3），把水中原有的 $CaSO_4$、$CaCl_2$ 一起转化为 $CaCO_3$ 沉淀，从水中析出，化学反应式如下：

$$CaSO_4 + Na_2CO_3 \longrightarrow CaCO_3 \downarrow + Na_2SO_4$$

$$CaCl_2 + Na_2CO_3 \longrightarrow CaCO_3 \downarrow + 2NaCl$$

（2）离子交换法

离子交换法中用到的离子交换树脂，是一种合成的不溶于水的高分子聚合物。离子交换树脂可分为阳离子交换树脂和阴离子交换树脂，其中阳离子交换树脂具有酸性，可以和水中的阳离子发生交换并释放出 H^+；阴离子交换树脂具有碱性，可以和阴离子发生交换反应并释放出 OH^-。利用这些性质，可以用阳离子交换树脂和阴离子交换树脂将溶于水中的阳离子和阴离子置换出来。离子交换树脂的交换作用具有可逆性，它可以分别与相应的酸、碱溶液进行反交换，使之恢复之前的状态。因此，离子交换树脂具有重复利用性。

 身边的化学

青蛙的防冻剂

树蛙看起来与其他青蛙很类似，但是它们只有几英寸长，皮肤是典型的绿褐色。最神奇的是，树蛙会以一种不同寻常的方式——身体部分结冰——熬过寒冷的冬天。在冷冻状态下，树蛙没有心跳，没有血液循环，没有呼吸，也没大脑活动。然而，在解冻后的一到两个小时内，这些重要的功能就会恢复，树蛙就能跳着去寻找食物。

大多数冷血动物无法在体液凝固点以下生存，因为它们细胞内的水会结冰，然后膨胀，从而不可逆地破坏细胞。然而，当树蛙冬眠时，它会向血液和细胞内分泌大量葡萄糖。当温度降至体液凝固点以下时，细胞外的体液，如树蛙腹腔内的体液，就会冻结成固体。然而，树蛙细胞内的液体仍然呈液态，因为高葡萄糖浓度降低了它们的凝固点。也就是说树蛙细胞内液体受到高浓度葡萄糖的保护，葡萄糖溶液充当防冻剂，防止里面的水结冰，凝固点可降至 $-8℃$，让树蛙在寒冷的冬天存活下来。

关注易读书坊
扫封底授权码
学习线上资源

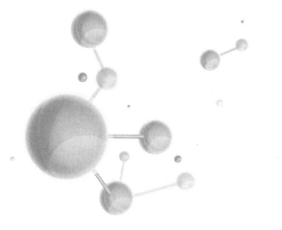

第六章

化学与药物

人食五谷杂粮不可能不生病，随着社会文明的进步和科学的发展，人们已经能设计并制造出种类繁多、数量庞大的各类药物，帮助人类克服疾病困扰。药物的发展源远流长，药物的发展史就是人类与疾病的抗争史，从植物提取到基因技术的变迁，随着科学技术的发展，医药领域也迅猛发展。目前，临床上使用的药物有天然药物，如植物药；也有化学合成药物，如磺胺类药物。人们习惯上分别称之为中药和西药。

中医药——
中华民族的瑰宝

第一节 中医药——中华民族的瑰宝

中医药，是中华民族 5000 多年文明的结晶，是中华民族优秀文化遗产中的瑰宝，是我国劳动人民几千年来在与疾病做斗争的过程中，通过实践不断认识，逐渐积累的丰富资源，对中华民族的繁荣昌盛有着巨大的贡献。

一、中医药发展史

根据有代表性的中医药著作的年代，中医药的发展可以分为以下几个阶段。

（一）原始社会药物的萌芽（远古—公元前 21 世纪）

在远古时代，我们的祖先发现了一些动植物可以解除病痛，积累了一些用药知识。随着人类的进化，人们开始有目的地寻找防治疾病的药物和方法，所谓"神农尝百草""药食同源"，就是当时的真实写照。

（二）夏、商、周及春秋时期的药学（公元前 21 世纪—公元前 475 年）

人类在长期的生产和医疗实践中，逐渐积累了丰富的药物知识。早期的药物学知识基本依赖于口头相传，直到文字的出现，人们开始把对药物的采集方法、产地、性状及功用等方面的认识用文字记录下来。在先秦文献《周礼》《诗经》和《山海经》中都有不少有关药物的资料。《诗经》是我国现存文献中最早涉及药物的书籍，仅植物药就有 50 多种。《山海经》是专门记载先秦各地名山大川及其物产的专著，是先秦文献中收载药物最多的著作，共载药 126 种，且收录了更多的动物药，对后代药物学的发展有着十分重要的影响。

（三）战国、秦汉及三国时期的药学（公元前 476 年—公元 265 年）

《黄帝内经》是我国战国时期的一部医学总集，系统论述了人的生理、病理以及"治未病"和疾病治疗的原则及方法，确立了中医学的思维模式。现存最早的本草专著《神农本草经》约于东汉初年成书，该书收集东汉之前本草学之大成，全面、系统、可靠地记载了数百年的临床用药经验，共收载药物 365 种，对我国药学的发展起到了承前启后、继往开来的作用。东汉时期著名医学家张仲景所著的《伤寒论》，主要内容是论热病，共 113 方，用药 80 多种。炼丹术是近代化学之前身，实际就是炼药或制药的技术。汉代时出现了魏伯阳的一部炼丹著作《周易参同契》，是谈外丹炉火的主要著作，被道教奉为"丹经王"。

（四）两晋、隋唐至五代时期的药学（公元 266 年—公元 960 年）

这一时期，经济的繁荣昌盛促进了文化的发展，科学技术也取得了很大的成就。医药学方面，无论是基础理论，还是经验总结都出现了蓬勃发展的局面。本草学方面，陶弘景撰著了《神农本草经集注》，共 7 卷，载药 730 种，为本草学进一步发展做出了巨大的贡献。唐朝政府主持修订颁布了《新修本草》，全书共 54 卷，载药 850 种，是我国和世界第一部由国家编撰颁布的药典。在炼丹术和药物炮制加工方面，东晋炼丹家葛洪，编著了《抱朴子》。刘宋时雷敩撰著《雷公炮炙论》，是我国第一部制药专书，为后代的中药加工炮制确立了操作规范。方剂学方面，葛洪《肘后备急方》是一部简单实用的小型方书。唐代孙思邈撰著《千金要方》和《千金翼方》，记载有关证候、处方、用药、制药、服药、藏药等方面的宝贵经验。

（五）宋、辽、金元时期的药学（公元 961 年—公元 1368 年）

宋代药物、药剂研究的成就特别突出，出现了很多大部头的本草和方剂著作，药物炮制也取得了很大成就。"和剂局"的设立，使成药能广泛地被推广应用。宋仁宗命掌禹锡等增修《开宝本草》，经三年编成《嘉祐本草》，全书共 21 卷，载药 1082 种。在此期间，苏颂等人编成《图经本草》，全书共 21 卷，载药 780 种，在 635 种药名下共绘制 933 幅药图。

（六）明清至鸦片战争时期的药学（公元 1369 年—公元 1840 年）

明代医药学的进步超过了以往的任何时代，其中最著名的当属李时珍的《本草纲目》。《本草纲目》对每种药材都详细地叙述了性味、产地、形态、采集方法、炮制过程、药理研究、方剂配合等，共载药 1800 余种，附方 11000 余个。它对 16 世纪以前我国药物学进行了相当全面的总结，为后世本草学的研究与应用，提供了很有益的资料与经验，是我国药学史上的重要里程碑。《本草纲目拾遗》成书于乾隆三十年，此书对《本草纲目》的药物加以补充和订正，吸收了不少民间药物和外来药物，内容十分丰富，为中医药增添了大量的用药新素材，是清代最重要的本草著作。

（七）当代

新中国成立以后，1953 年，第一部《中国药典》发行，后续进一步扩大药品品种的收载和修订。最新的 2020 年版《中国药典》由一部、二部、三部和四部构成，收载品种共计 5911 种。一部中药收载 2711 种；二部化学药收载 2712 种；三部生物制品收载 153 种；四部收载通用技术要求 361 个，其中制剂通则 38 个、检测方法及其他通则 281 个、指导原则 42 个；药用辅料收载 335 种。新版药典是国家药品标准的重要组成部分，其颁布实施对保障药品质量、维护公众健康、促进医药产业发展产生了积极而深远的影响。

二、青蒿素——中医药研究的丰碑

2015 年 10 月，我国科学界传来了振奋人心的消息，中国科学家屠呦呦获得诺贝尔生理学或医学奖，成为第一个获得诺贝尔自然学奖的中国人。她从中医药古典文献中获取灵感，先驱性地发现青蒿素，开创疟疾治疗新方法，就像她在诺贝尔颁奖典礼上所说的"青蒿素——中医药给世界的一份礼物"。2011 年屠呦呦在《自然医学》撰文回顾了青蒿素发现的艰难历程。

（一）第一阶段——青蒿素的提取

屠呦呦及其团队调查了 2000 多种中草药制剂，并确定了 640 种具有抗疟活性的成分。从小鼠疟疾模型中评估了约 200 种中草药，并从中获得了 380 多种提取物，但是进展并不顺利，没有出现重大成果。为了寻求解释，屠呦呦对文献进行了深入的回顾。关于使用青蒿减轻疟疾症状的唯一文献，出现在东晋葛洪所著的《肘后备急方》有关"青蒿一握，以水二升渍，

图 6-1　葛洪所著的《肘后备急方》

绞取之，尽服之"的记载中（图 6-1）。屠呦呦从中得到灵感，联想到提取过程中可能要避免高温，由此改用低沸点溶剂的提取方法。在切换低温程序后，获得了更好的化合物活性。

（二）第二阶段——从分子到药物

通过临床试验，于 1972 年鉴定了一种无色结晶物质，分子量为 282，分子式为 $C_{15}H_{22}O_5$，熔点为 156～157℃，作为提取物的活性成分，将它命名为青蒿素。在患者中测试的第一种制剂是片剂，但是结果不是很令人满意。后来转向一种新的制剂——纯青蒿素胶囊，结果具有令人满意的临床疗效，通往创造新抗疟药物的道路再次开启。

（三）第三阶段——传播全世界

青蒿素（倍半萜内酯）[图 6-2(a)] 的立体结构于 1975 年在中国科学院生物物理研究所

的团队协助下确定。1981 年 10 月，在北京召开的由世界卫生组织等主办的国际青蒿素会议上，屠呦呦以首席发言人的身份做"青蒿素的化学研究"报告，获得高度评价，她认为"青蒿素的发现不仅是增加一个抗疟新药，更重要的意义还在于发现这一新化合物的独特化学结构，它将为合成设计新药指出方向。"20 世纪 80 年代青蒿素及其衍生物在中国治疗数千疟疾病人的疗效引起了全世界的关注。

（四）第四阶段——除了青蒿素之外，还有什么？

由于担心其化学稳定性，双氢青蒿素［图 6-2(b)］最初并未被有机化学家视为有用的治疗剂。在评估青蒿素化合物的过程中，屠呦呦团队发现双氢青蒿素比青蒿素更稳定，效率高十倍。更重要的是，用该衍生物治疗期间疾病复发的次数要少得多，后来将双氢青蒿素开发成一种新药。

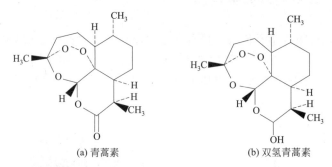

(a) 青蒿素　　　　　　　　(b) 双氢青蒿素

图 6-2　青蒿素（a）和双氢青蒿素（b）结构比较

2005 年，世界卫生组织宣布使用青蒿素联合疗法（ACT）的战略。ACT 目前被广泛使用，挽救了数百万人的生命，尤其是非洲儿童的生命。由于其抗淋巴细胞活性，该疗法显著减少了疟疾的症状。

第二节　西药的发展史和几类著名药物

柳树皮中
走出的神药

一、西药的发展史

西药的起源和发展首先应该归功于天然药物，人类在长期生活实践中认识了许多有强大疗效的天然药物。18 世纪化学学科迅速发展，推动了药物研究。化学分离技术的发展使得人们对天然药物的研究进入了新的阶段。进入 19 世纪，科学家们可利用化学知识技术分离和纯化天然药物中的有效成分。例如，从罂粟中分离出来镇痛药吗啡；从金鸡纳树皮中提取出抗疟疾药奎宁；从颠茄等茄科植物中分离出抗胆碱药阿托品；从古柯叶中提取出局部麻醉药可卡因等。由于天然植物中药物成分含量低，很难满足人们对药物的需求。进入 20 世纪以后，激素类药物、维生素、磺胺类药物、抗生素类药物等相继被发现，并在临床中投入使用。20 世纪 50 年代以后，治疗心血管疾病及抗肿瘤药物的研究进入高潮。至今人们已成功研究出数以万计的药物。随着医药科学的发展，今后还会有更多更新的西药问世。

二、几类著名药物

（一）解热镇痛类药物

1. 水杨酸的发现

早在 2300 多年前，西方医学奠基人、古希腊名医希波克拉底，描述了一种由柳树皮在水中煮沸而制成的茶，这种茶具有镇痛退热作用。英国牧师埃德蒙·斯通（Edmund Stone）是系统研究柳树皮的最早研究者之一，有一次他无意间嚼了一片白柳树皮，发现他的关节痛和发热都减轻了。他用同样的方法对 50 名病人进行治疗，发现这种汁液对治疗发热非常有效。1763 年，英国皇家协会发表了文章《关于柳树皮治疗寒热成功的记述》。中国古人也很早就发现了柳树的药用价值。据《神农本草经》记载，柳之根、皮、枝、叶均可入药，有祛痰明目，清热解毒，利尿防风之效，外敷可治牙痛。

随后，法国药剂师亨利·勒鲁克斯（Henri Leroux）和意大利化学家约瑟夫·布希纳（Joseph Buchner）首次从柳树皮的提取物中分离出了少量的黄色针状晶体物质，这种从白柳中分离出来的物质被命名为水杨苷［图 6-3（a）］。实验证明，水杨苷水解产物为水杨醇和葡萄糖，其中的水杨醇容易被氧化产生水杨酸，可以减轻发炎和发热，可以用来治疗疼痛、发热和炎症。1853 年，德国化学家柯尔柏合成了水杨酸，并于 1859 年实现工业化生产。

在水杨酸［图 6-3（b）］的结构中，一个苯环上连接有一个羟基和一个羧基。苯环上连接羟基是有机化合物酚的结构特征，连接羧基是有机酸的结构特征。因此，水杨酸既是有机酸，同时也是一种酚。苯酚是结构最为简单的酚，它的突出特征是使蛋白质变性。所以，水杨酸作为一种酚，也会对蛋白质发生作用，不过与苯酚比起来要温柔得多。所以，水杨酸也是常见的临床皮肤科用药，常做成软膏，局部应用具有角质溶解的作用，是一种角质软化剂。不同浓度制剂作用

图 6-3 水杨苷（a）和水杨酸（b）的结构

各异，如 1%～3% 浓度有角质促成和止痒作用；5%～10% 有角质溶解作用，能将角质层中连接鳞屑的细胞间质黏合溶解，并产生抗真菌作用，适应于头癣、足癣及局部角质增生。

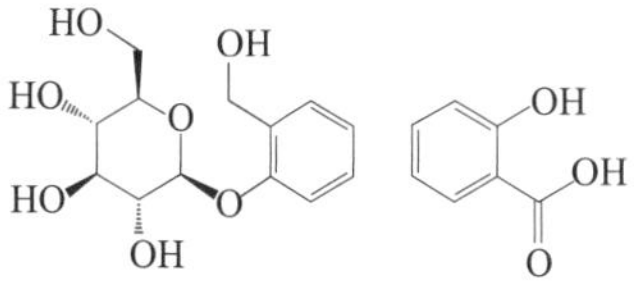

2. 阿司匹林的合成

水杨酸作为解热和镇痛药物，虽然药效很好，但是由于其具有酸性，对肠道和胃黏膜有强烈刺激，易引发呕吐和胃出血，而且味道令人生厌。为了减少这些不良反应，化学家们开始改造它的化学结构，希望能够得到一种不会有这些不良反应但仍有药效的衍生物。第一次尝试非常简单，用氢氧化钠来中和它的酸性，形成水杨酸钠，结果得到的盐比母体化合物的不良反应要小，还保持了药效。根据这一反应，化学家们得出结论，分子中的酸性部分是产生不良反应的原因，所以下一步就是找到一种结构改造的方法，在不破坏药性的同时降低它的酸性。

研究这一问题并取得重大突破的化学家之一，是当时在德国拜耳公司工作的费里克斯·霍夫曼。霍夫曼对此的热情不仅仅是因为科学上的好奇心，也是因为他父亲经常服用水杨酸钠来治疗风湿病，经常引发恶心。1897 年，霍夫曼利用简单的化学反应，对水杨酸进行进一步的结构改造，制得乙酰水杨酸（图 6-4）。在乙酰水杨酸的结构中含有一个苯环，苯环

上面连接了一个羧基以及相邻的一个碳原子上连接了一个乙酰氧基，而在水杨酸的结构中这个碳原子上连接的是一个羟基。

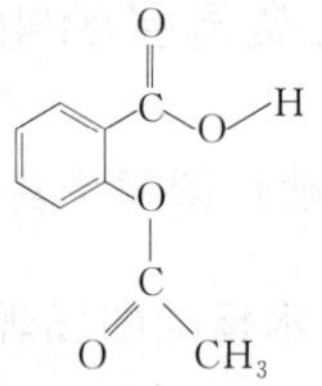

水杨酸分子中的羟基和羧基都会增强水杨酸分子的酸性，因此会刺激胃部引起不适，如果用乙酸分子和水杨酸反应脱去一分子水（图6-5），产物就变成了一种酯，原有的羟基变成了乙酰氧基，产物就是乙酰水杨酸（2-乙酰氧基苯甲酸）。水杨酸通过酯化反应变成乙酰水杨酸，反应方法非常简单，降低酸性的同时还没有影响药效，在当时，这是一次非常成功的新药设计。

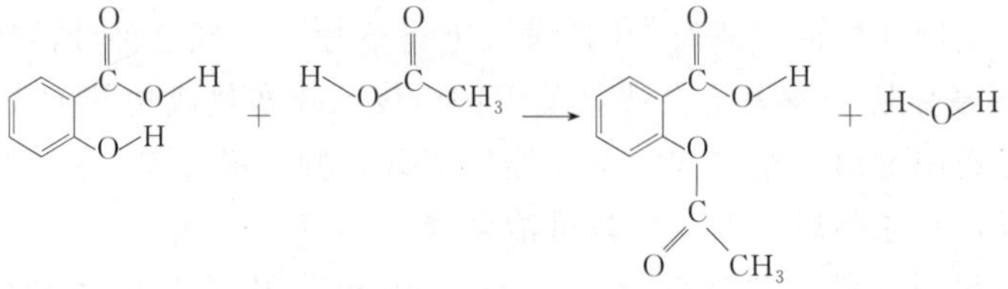

图 6-4　乙酰水杨酸的结构

图 6-5　乙酰水杨酸的合成反应

霍夫曼成功地将水杨酸转化为乙酰水杨酸——一种一旦进入血液又被转化为酸的固体。随后，拜耳公司药物学先驱之一赫尔曼·德赖泽对乙酰水杨酸进行了缜密的研究，肯定了其药理功效。于是，拜耳公司在 1899 年 2 月以"阿司匹林"（Aspirin）的名字给此药注册。这就是我们所知道的从柳树皮中走出的神药——阿司匹林。临床上阿司匹林对头痛、牙痛、神经痛、肌肉痛都有很好的镇痛作用，还可以抗炎、抗风湿。近年来人们又发现阿司匹林在预防和治疗心脑血管疾病中也有很好的作用，且阿司匹林没有药物依赖性。目前全世界每年销售量达 10 万吨以上。

3. 其他解热镇痛药

在众多的镇痛药中，阿司匹林是世界上第一个人工合成的化学药品。从 1897 年阿司匹林被合成以后，人们又合成出 40 余种阿司匹林的替代药品，这些药物通常具有抗炎、抗风湿、镇痛、解热和抗凝血等相似的生理作用，并且具有相似的分子结构。其中对乙酰氨基苯酚（扑热息痛）和异丁苯丙酸（布洛芬）是我们最熟悉的，图6-6是药物的结构式。和阿司匹林类似，这两种药物都是以苯环为母体，带有两个不同的取代基。同时由于它们结构的差异，这三种药物的药效也有较大的区别。阿司匹林可以解热、镇痛、抗炎，而对乙酰氨基苯酚只能解热、镇痛但不抗炎；布洛芬解热、镇痛效果比阿司匹林更好，抗炎活性更是达到了阿司匹林的 5～50 倍。科学家们就是这样不断地通过化学反应对药物进行设计和优化，使它们呈现出更好的药效并减少副作用的。

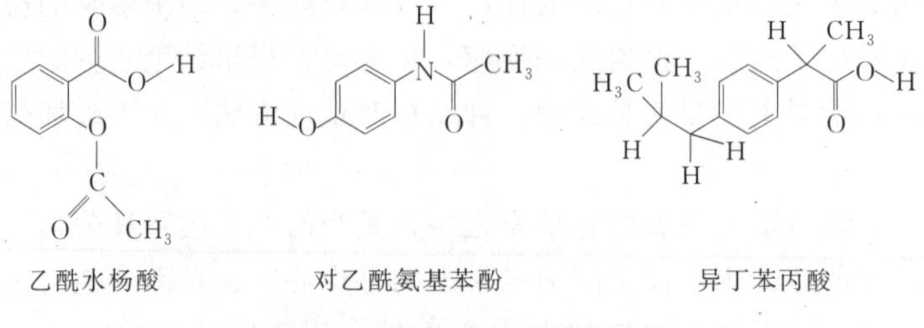

乙酰水杨酸　　　　　　　　对乙酰氨基苯酚　　　　　　　异丁苯丙酸

图 6-6　三种解热镇痛药的结构

（二）青霉素类药物

1. 霉菌在古代的使用

人们利用霉菌治疗感染，已经有 2500 年的历史，尽管当时治疗的效果不可预测，甚至会有毒性和不良反应。在唐朝时，长安城的裁缝会把长有绿毛的糨糊，涂在被剪刀划破的手指上，来帮助伤口愈合，因为绿毛产生的物质（青霉素）有杀菌的作用。又如明代常州天宁寺的僧人，将芥菜放在许多大缸中，经过日晒夜露，使芥菜霉变，长出绿色的霉毛来，长达三四寸，即"青霉"。僧人将缸密封，埋入泥土之中，十年后开缸。缸内的芥菜，经过这样长的时日，已完全化为水，名为"陈芥菜卤"。《本草纲目拾遗》中记载了其功效："下痰、清热、定嗽。治肺痈喘胀，用陈久色如泉水（者），缓呷之。"这种陈芥菜卤，专治小儿高热病症，如小儿"肺风痰喘（肺炎）"。

源于自然的神奇药物"青霉素"

2. 青霉素的发现和利用

青霉素最初是由英国细菌学家亚历山大·弗莱明（Alexander Fleming）于 1928 年发现的。1914 年，第一次世界大战期间，弗莱明是皇家陆军医疗队的队长，他发现很多士兵受了伤，受感染的伤口，基本上就只能用消毒水消毒。但是消毒水把坏的细菌杀掉的同时，把人体有用的细菌也杀死了，所以第一次世界大战期间，因为伤口感染死亡的人数超过 1000 万。这种坏细菌中常见的就是葡萄球菌，所以弗莱明就希望找到一种物质，能把葡萄球菌杀掉，还不伤害对人体有用的细菌。直到 1928 年，有一天，弗莱明出去度假，但是忘了自己在实验室培养葡萄球菌器皿的盖子还没盖，这下细菌就全部暴露在了空气中。等三个星期后，弗莱明度假回来，发现本来要培养的葡萄球菌上长了毛。他本来要把这些没用的东西扔掉，结果发现这些葡萄球菌和空气接触，长出了青绿色

图 6-7　发现青霉素的弗莱明

的霉菌后，葡萄球菌反而不见了，离这种青绿色霉菌越近，葡萄球菌越少。所以，因为这一次过失，反而幸运地让弗莱明发现了青霉素（图 6-7）。

1929 年，弗莱明发表了其研究成果，但遗憾的是，这篇论文发表后一直没有受到科学界的重视。1939 年，弗莱明将菌种提供给准备系统研究青霉素的英国病理学家弗洛里（Howard Walter Florey）和生物化学家钱恩。1940 年他们在小白鼠身上做了动物实验，并分离提纯出少量的青霉素（图 6-8）。1941 年得到了青霉素的晶体，1943 年美国制药企业开始大量生产。1944 年 9 月 5 日，中国第一批国产青霉素诞生，揭开了中国生产抗生素的历史。

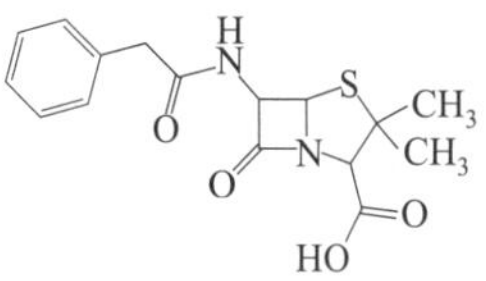

图 6-8　青霉素的结构

青霉素对肺炎球菌、脑膜炎球菌、白喉棒状杆菌、淋球菌都很敏感，广泛用于治疗敏感性球菌引起的肺炎、脑膜炎、心内膜炎、败血病、白喉、中耳炎等疾病。青霉素对人类的影响，无比深远，它成为人类医学史上最伟大的发明之一，它使人类的平均寿命大大延长。所以，无论怎样评价青霉素的历史意义，都不为过。因为青霉素这项伟大发明，弗莱明、弗洛里、钱恩，共同获得了 1945 年的诺贝尔生理学或医学奖。

3. 半合成青霉素

弗莱明发现的青霉素是青霉素-G，主要用于治疗革兰氏阳性菌引起的全身或严重的局部感染，但是青霉素易导致严重的过敏反应。为了克服这一缺点，人们对青霉素的结构进行了修饰，制备出了半合成青霉素。其中应用最广泛的半合成青霉素为阿莫西林和氨苄西林等（图 6-9）。从三种抗生素的结构可以看出，它们的分子结构比较类似，都是在苯环上有一个主要支链，支链中有一个含氮的四元杂环，以及与其共边的含硫的五元杂环，而对于氨苄西林和阿莫西林来说，则多了一个氨基；另外，阿莫西林比氨苄西林在苯环上多一个对位羟基，所以结构更稳定一些，而且不容易被碱性环境破坏。与天然青霉素相比，阿莫西林杀菌作用更强，速度更快，副作用也有所减轻，这都是由它们分子结构设计上的细微差别，导致了它们药效的不同。

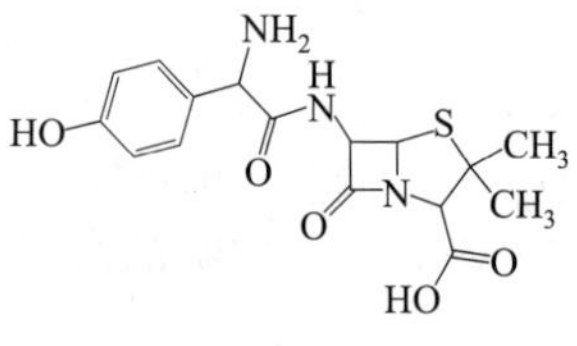

(a) 阿莫西林 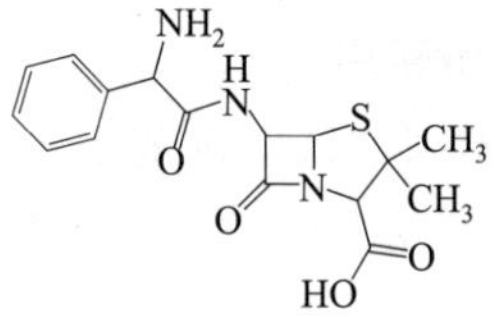　　(b) 氨苄西林

图 6-9　阿莫西林（a）和氨苄西林（b）的结构

（三）磺胺类药物

1. 百浪多息的发现

尽管 20 世纪初，我们已经发明和拥有了一些疗效显著的化学药物，可治愈原虫病和螺旋体病，但对细菌性疾病则束手无策。开发研制新药以征服严重威胁人类健康的病原菌，成为当时摆在化学家和药学家面前的重要任务，这一难关终于在 1932 年被德国药学家、病理学家和细菌学家格哈德·多马克（G. Domagk）攻破。

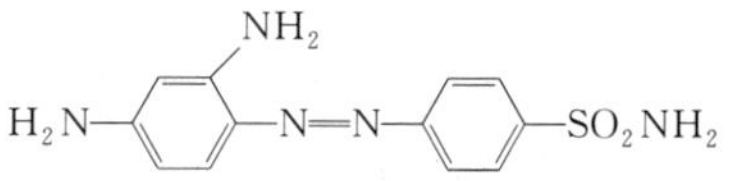

经过很多次试验失败后，多马克及其合作者在 1932 年研究偶氮燃料的抗菌作用时，发现了一种在试管中并无抑菌作用，却对感染链球菌的小白鼠疗效极佳的橘红色化

图 6-10　百浪多息的结构

合物——百浪多息（图 6-10）。百浪多息是 4-氨磺酰-2,4-二胺偶氮苯的盐酸盐，美丽的橘红色来自于化合物中间的 N＝N 键。同年，多马克的小女儿由于偶然的针刺发展成为严重的链球菌感染，医生用常规的治疗方法没能阻止感染的发展，他的女儿面临死亡的威胁。多马克大胆地使用大剂量百浪多息治疗，女儿最终得救，此事引起医学界的极大振奋，从此，磺胺类药物成为青霉素发明以前最主要也是最有疗效的广谱抗菌药。多马克因发现百浪多息获得了 1939 年诺贝尔生理学或医学奖。

2. 磺胺药物的药理作用

第一种磺胺药物百浪多息的发现和临床应用成功，使得现代医学进入化学医疗的新时代。磺胺类药物的发现真正开始了现代意义上化学药物的合成、研究和应用。不久之后，巴斯德研究所的特雷富埃夫妇及其同事揭开了百浪多息的药理作用。百浪多息在体内能分解出对氨基苯磺酰胺（图 6-11）。磺胺与细菌生长所需的对氨基苯甲酸在化学结构上十分相似，被细菌吸收而又不起养料作用，导致细菌死亡。以对氨基苯磺酰胺为母体，通过在 N

原子上引入不同基团，合成的磺酰胺衍生物有 5000 多种，优良的磺胺药物有 20 多种。

磺胺类药物是通过阻断细菌细胞内叶酸的合成来阻止细菌生长的一类合成药物。因为人的细胞自身不能合成叶酸，而必须从食物中摄取，所以磺胺类药物对人体无毒副作用。这类药物的抗菌谱广，可用于治疗流行性脑膜炎、脊髓炎及呼吸道、尿道感染。近年来大多数磺胺类药物已不在临床上使用，主要因为效果差，药物只能抑制细菌繁殖，而不能彻底杀死细菌。目前，临床上仍在使用的磺胺类药物有：磺胺醋酰钠、磺胺嘧啶、磺胺甲噁唑。磺胺嘧啶是活性较好的磺胺类药物，可用于治疗脑膜炎球菌、肺炎球菌及溶血性链球菌的感染。

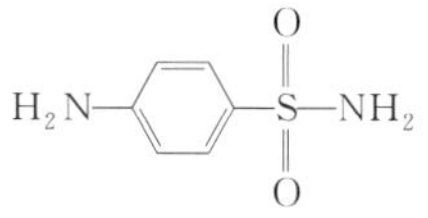

图 6-11　对氨基苯磺
酰胺的结构

三、科学合理用药

（一）合理用药的判断标准

合理用药的概念源于合理治疗学。合理治疗即理性的、合适的、安全的、有效的治疗。药物治疗是最常用、最经济的治疗疾病的重要手段，用药质量与医疗质量息息相关。合理用药包含四个要素。①安全。安全性是选择药物的前提，但绝对的安全是不存在的，"是药三分毒"，药物是否有毒或毒性大小如何，往往取决于所用剂量。药物安全是指药物治疗的效果风险比，要求药物治疗获取最大治疗效果而承受最小的风险。②有效。有效是指药物治疗所产生的预期效果。有效实际上是努力寻找一个在效果和风险之间的平衡点。③适当。适当体现在临床用药过程的多个环节，包括个体化地确定所用药物及用药剂量、疗程、给药途径和合并用药。适当用药的目的在于充分发挥药物的作用，尽量减少药物的毒副作用。④经济。用药不是越便宜越好，它强调临床治疗效果与费用的相对关系，以获得最佳的治疗和最低的用药成本。

（二）药物的滥用

药物滥用是当今世界性公共卫生问题，已引起了全球的广泛关注。例如抗生素的滥用问题。抗生素曾在第二次世界大战时被誉为"最伟大的医药发明"。随着医药工业的发展，各类抗生素相继被发现和开发，抗生素成了人类对付疾病的重要手段。不幸的是，青霉素类药物良好的治疗效果导致了其过度使用或滥用，结果使狡猾的细菌发展出使青霉素和其他抗生素失效的机制。

抗生素的滥用，其主要危害有以下几点。①毒性反应，主要表现在神经系统、肾脏和造血系统三个方面。如链霉素对耳前庭损伤表现为头晕、头痛、恶心、呕吐。又如氯霉素使骨髓造血功能被抑制，引起再生障碍性贫血。②过敏反应，多发生在具有特异性体质的人身上，其表现出的过敏性休克最为严重。青霉素、链霉素都会造成过敏性休克，以青霉素较为严重。③二重感染，抗生素抑制和杀死敏感的细菌以后，一些不敏感的细菌或者霉菌却得到生长繁殖造成新的感染，这就是二重感染。这在长期滥用抗生素的病人中，会引起治疗困难，病死率高。④产生耐药性，细菌对各种抗生素都会产生耐药性，目前常见致病菌耐药性率已高达 30%～50%。耐药性引起的疾病已经成为治疗上的难题。⑤资源浪费，据统计，仅超前使用的第三代头孢菌素，我国一年就花费 7 亿多元，有的没有做细菌培养及药敏试验，而仅靠习惯或经验，选用价格较贵新上市的抗生素，这不但增加了患者的经济负担，还产生耐药性，导致疗效下降。

面对日益严重的抗生素滥用问题，众多有识之士大声疾呼，国际社会也逐步形成共识，遏制抗生素滥用已经成为一个重要的政策议题。

第三节　新药物的开发

化学家如何
创造新药物

药物开发是一项耗资大、周期长的艰巨工作。据国外统计资料表明，目前生产一种新药，需要筛选 8000～10000 种化合物，要经过药检、动物试验、临床三期试验，耗时 8～12 年，耗资 2 亿多美元。另外，随着人们对新药的有效性和安全性要求越来越高，新药研制的难度也越来越大。了解药物的发现和设计过程之前，首先要知道药物在体内的作用原理。

一、药物的作用原理

根据药物的作用原理，药物大致可以分为两类：一类是在体内产生生理反应，另外一类是抑制造成感染物质的增长。

（一）在体内产生生理反应的药物

阿司匹林就是通过在体内产生生理反应起作用的药物代表。为了理解阿司匹林的作用原理，需要先了解一下身体内的化学信息传递系统。身体内的内分泌腺或内分泌细胞，分泌的高效生物活性有机物，会通过血液或组织在体内传递化学信息，人们称之为激素或者是荷尔蒙，也称为化学信使。图 6-12 中展示了这种化学信息传递的过程。激素能实现很多功能，

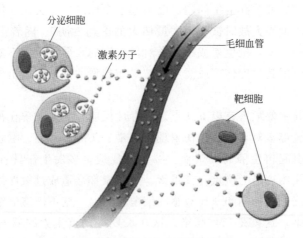

图 6-12　体内化学信息的传递
激素分子从产生它的细胞通过血液达到靶细胞

例如甲状腺素是甲状腺分泌的一种激素，它对调节新陈代谢必不可少；调节身体把葡萄糖转化为能量依赖于胰岛素等。

阿司匹林广谱的治疗功效以及不良反应是证明药物参与到多种化学信息交流网络中的清晰证据，它们可以作用于脑部用于解热和镇痛，可以减少肌肉和关节的炎症，还可以降低中风与心脏病发作的风险。它甚至可能减少结肠癌、胃癌和直肠癌发生的概率。它的治疗功效与其能出色地阻断其他分子活性的能力有关。研究表明阿司匹林能够抑制环氧化酶（COX）来催化由花生四烯酸生成一系列前列腺素化合物的合成反应（图6-13）。前列腺素会产生一系列影响，如造成人体的发热和胀痛，增加疼痛受体的敏感度，抑制血管扩张，控制胃酸与黏液的形成，并且辅助肾功能。此类药物通过阻止前列腺素的产生，可减轻发热与疼痛，它还会抑制疼痛受体而发挥镇痛药的功效。另外，阿司匹林中的苯环具有高的脂溶性，它还会被细胞膜摄取，在一些特定的细胞里，这个药物阻断引起炎症的化学信号的传递，这个机制与阿司匹林的止痛效果同样相关，这可以解释为什么阿司匹林在日常性使用中，可以避免一些癌症的发生。

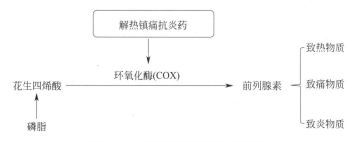

图 6-13　解热镇痛药物的作用原理

其他非甾体抗炎药（nonsteroidal anti-inflammatory drug，简称 NSAID）在不同程度上展现出与阿司匹林相似的性质。比如前面我们讲到的对乙酰氨基酚能够阻断 COX，但是不影响那些特定细胞。因此它可以解热，但几乎没有抗炎作用。另外，布洛芬是一个更好的酶阻断剂，以及特定细胞的抑制剂，这也导致布洛芬是一个比阿司匹林更好的镇痛药以及解热药。因其具有更少的极性基团，布洛芬比阿司匹林脂溶性更好，它的抗炎活性是阿司匹林的5～50倍。

1992年，研究人员发现，存在两种不同类型的环氧化酶（COX1和COX2）。其中，COX1主要用于合成维持正常肾功能和保护胃黏膜完整的前列腺素；COX2是在调控炎症、疼痛和发热的前列腺素的合成中起重要作用。但是阿司匹林对COX1和COX2的抑制没有选择性，因而在长期使用阿司匹林的过程中抑制了炎症介质，但同时使胃黏膜失去了前列腺素的保护，导致胃溃疡、胃出血甚至胃穿孔。为了降低阿司匹林的副作用，人们对其进行了一系列结构修饰，希望通过成盐、酰胺化或酯化的方式做成前药来降低副作用。

（二）抑制造成感染物质增长的药物

抗生素是阻止感染物质增长的典型药物。由于抗生素的种类很多，不同的抗生素对病菌的作用原理也不尽相同，抗生素的作用机制主要是影响病原微生物的结构和功能，干扰其代谢过程，使其失去正常繁殖能力，从而达到抑制或灭活细菌的作用。抗生素杀菌或抑菌的作用机制大致有以下几类（图6-14）。

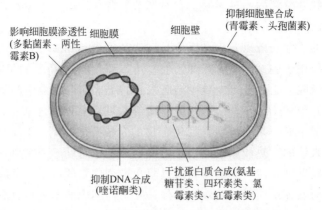

图 6-14　细菌结构与抗生素作用示意图

1. 抑制细菌细胞壁的合成，导致细菌细胞壁破裂死亡

该类抗生素主要有青霉素类、头孢菌素等。因为人体细胞没有细胞壁，这也是抑制细菌细胞壁合成的抗菌药物，对人体细胞几乎没有毒性的原因。

2. 影响细胞膜的功能

此类抗生素能与细胞膜相互作用，而影响膜的渗透性，这对细菌具有致命的作用。以这种方式作用的抗菌药物有多黏菌素、两性霉素 B 等。

3. 干扰抑制蛋白质的合成

人体核糖体与细菌核糖体的生理生化功能不同，抑制蛋白质的抗生素就是以此为基础的。这类药物在临床常用剂量时能选择性地影响细菌蛋白质的合成，而不会影响人体细胞的功能。此类抗生素有氨基糖苷类、四环素类、红霉素类、氯霉素类等。

4. 影响核酸和叶酸代谢

影响核酸和叶酸代谢的抗菌药物，主要是通过抑制 DNA 或者 RNA 的合成，抑制微生物的生长、组织细胞分裂和所需酶的合成。以这种方式作用的抗生素有喹诺酮类等。

二、新药物的设计与合成

根据上述两类药物的作用原理，化学家设计和合成新药的方法通常有以下三种。

（一）从天然产物中寻找新药物

从动植物、微生物等生物体中分离、提取有效成分，并对有效成分进行分子结构上的局部改造和修饰，是化学家发现创制新药物的一个重要途径。例如青霉素-G 就是来自于微生物的天然药物。像氨苄西林、阿莫西林是通过对青霉素-G 进行结构改造而得到的新药物。又如，我国获得诺贝尔生理学或医学奖的著名药学家屠呦呦，先驱性地从草药黄花蒿中提取出青蒿素，开创疟疾治疗新方法。化学家们通过对青蒿素的化学结构进行改造，得到了疗效更好的衍生物——蒿甲醚［图 6-15(b)］。该药物于 1994 年开发上市，1995 年被世界卫生组织（WHO）列入国际药典，这是我国第一个被国际公认的创新药物。

另外一种源于天然产物的药物是紫杉醇。紫杉醇是 20 世纪 70 年代从紫杉树皮中提取出来的结构比较复杂的天然抗癌药物（图 6-16）。现已广泛用于治疗卵巢癌和乳腺癌。临床和科研所需的紫杉醇主要是从红豆杉中直接提取，由于紫杉醇在植物体中的含量相当低（公认含量最高的短叶红豆杉树皮中也仅有 0.069%），大约 13.6kg 的树皮才能提出 1g 的紫杉醇，治疗一个卵巢癌患者需要 3～12 棵百年以上的红豆杉树，因此也造成了对红豆杉的大量砍伐，致使这种珍贵树种已

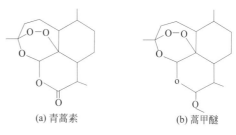

图 6-15　青蒿素（a）和蒿甲醚（b）的结构

濒临灭绝。加之紫杉本身资源很贫乏，而且红豆杉属植物生长缓慢，这对紫杉醇的进一步开发利用造成了很大的困难。化学合成尽管已成功实现，但由于需要的条件严格，产量低，经费高，不具有产业意义。现在紫杉醇的半合成方法已比较成熟，被认为是除人工种植外，扩大紫杉醇来源的有效途径。

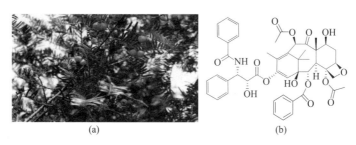

图 6-16　紫杉树（a）和紫杉醇（b）

　　我国利用中草药防治疾病已经有数千年的历史，而且还有丰富的药用资源，迄今我国化学家已对 300 多种中草药的化学成分进行了系统的研究，发现了上千种具有药理活性的成分，为新药开发奠定了良好的基础，就像屠呦呦在诺贝尔获奖感言中所讲的："青蒿素——中医药给世界的一份礼物。"

（二）基于构效关系设计药物分子

　　药物的化学结构与生物活性之间存在非常密切的关系，也就是构效关系。保罗·埃里希（Paul Ehrlich）是第一位利用已知的构效关系发明药物筛选方法的科学家。哥伦布发现了新大陆，把美洲的"特产"之一梅毒带回了欧洲，进而传遍了全世界。在 20 世纪前，人们对结核病和梅毒的恐惧，不比现在对艾滋病少，当时梅毒是不治之症的代名词。梅毒患者到第 3 期时，往往会伴随着溃疡、骨骼变形、失明甚至痴呆等严重病变，尽管已无传染性，但几乎成为恶魔的象征，命运十分悲惨。当时保罗·埃里希寻找一种含砷化合物，希望这种化合物在治疗梅毒的同时，避免对患者造成严重的伤害。就像他所说的

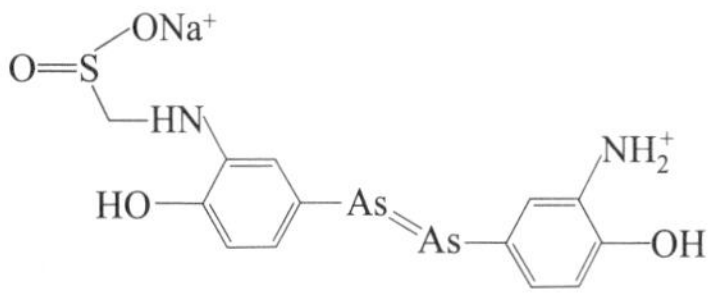

图 6-17　"606"的结构

是寻求一种只作用于患者部位，而不影响其他部位的"神奇子弹"他系统地筛选出来很多砷类化合物的结构，同时在动物身上测试了每种新化合物的活性和毒性，最终他得到了肿凡纳明（Salvarsan，606）（图 6-17）。这种药物又称为 606，是因为这是他研究的第 606 个化合物。保罗·埃里希也因为发明了"606"，这种治疗梅毒的特效药，获得了 1908 年的诺贝尔

生理学或医学奖。从那时起，药学家们就采用了埃里希的策略，将化合物的化学结构与药性相关联。这样系统地筛选药物、评估结构、改变导致活性变化的研究方法，就称为构效关系的研究。

埃里希的方法分两步，第一步是找到一个有治疗作用的化学分子，现在称为先导化合物；第二步是对它进行化学修饰和改造，获得一大批衍生分子，通过筛选找到作用最佳、副作用最弱的分子。埃里希的这种方法迄今仍然被广泛

图 6-18 杜冷丁分子的设计

使用。例如一种麻醉药吗啡的设计，就是利用埃里希策略的一个典型的范例。吗啡是一个很难合成的复杂分子，但是其提供麻醉作用的药效基团已经被确认，如图 6-18 中阴影部分所示，是苯环的平面结构和一个对应的平面区域相连接。这一特定的部分嵌入其他相对简单的分子如杜冷丁中，同样可以产生麻醉效果。杜冷丁比吗啡的成瘾性要弱，但药效也要弱一些。

（三）基于靶分子合理设计药物

20 世纪 80 年代后，基于靶点的新药发现逐渐展开。基因组学、蛋白质组学、生物信息学等现代分子生物学科得到发展，人们对生命和生理、病理的认知得到进一步加深，也出现了生物芯片、组合化学、虚拟设计、高通量高内涵筛选等新技术。以靶点为基础的新药研发模式得到应用，其不仅加快了对化学药物研发的进程，也开发出了单抗及基因治疗药物等。

靶分子是指外源性物质进入生物体后，进攻并与之结合的生物大分子（如蛋白质、脱氧核糖核酸等）。例如，胃溃疡是一种常见病，它与胃酸及胃蛋白酶（靶分子）分泌的增加程度有关。化学家针对上述机理设计了奥美拉唑药物（图 6-19）。胃蛋白酶借助三磷酸腺苷

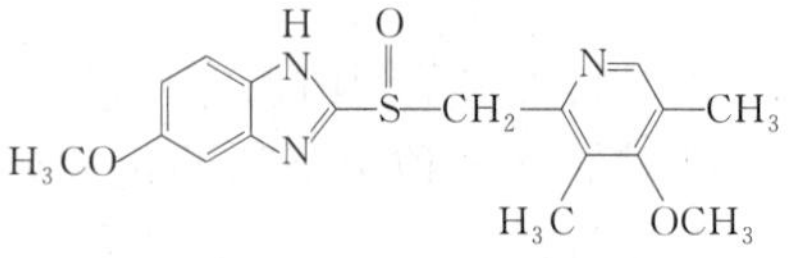

图 6-19 奥美拉唑的结构

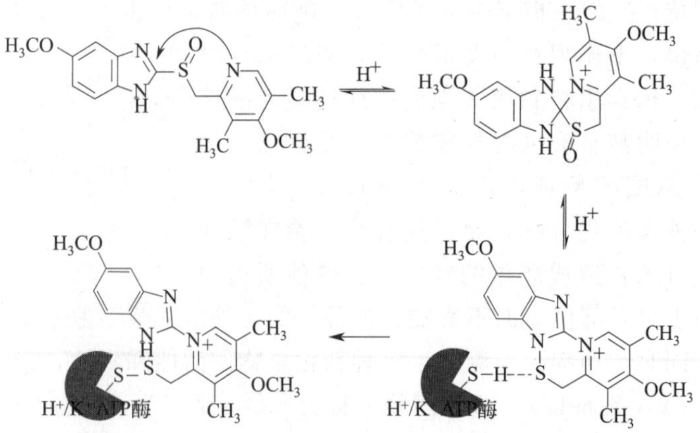

（ATP）水解供能进行 H^+ 和 K^+ 交换，逆浓度梯度地将 H^+ 泵入胃腔，形成胃内强酸状态，引起胃部不适，因而它也被形象地称为"质子泵（proton pump）"。奥美拉唑的结构中含有吡啶、苯并咪唑等碱性基团，因而它易富集于胃壁的胃蛋白酶上，经过系列反应生成复杂的药物酶络合物，从而抑制胃酸分泌，所以奥美拉唑又称为"质子泵抑制药"（图 6-20）。

图 6-20 奥美拉唑的作用原理

第四节　药物的化学结构与药效的关系

与药物有关的
化学知识

一、药物的官能团与药效的关系

　　研发药物关键在于药物分子的官能团。官能团是使分子产生特定物理和化学性质，反映一类有机物共同特征的原子或原子团。在有机化合物的结构式中通常只将官能团表示出来，而将分子的其他部分用 R 来表示，R 通常是包含至少一个碳或者氢原子。例如水杨酸分子中的羧基基团，它让有机物具有酸性，该类有机物的通式可以写成 RCOOH。又如甲醇、乙醇，它们的化学式分别是 CH_3OH、CH_3CH_2OH，连接在碳原子上的—OH 基团使这个化合物称为醇，所以醇的通式写成 ROH。表 6-1 中列出了一些常见的有机官能团及代表性的化合物和它们的结构式。例如带有醛基官能团的化合物丙醛，带酯基官能团的化合物乙酸甲酯，带有氨基官能团的化合物乙胺等。

表 6-1　一些常见的有机官能团和代表物质

官能团	通式	结构式	名称
羟基			乙醇
醚基			乙醚
醛基			丙醛
酮基			丙酮
羧基			乙酸
酯基			乙酸甲酯
氨基			乙胺

官能团	通式	结构式	名称
酰胺基	(结构图：含O双键、N—H)	(结构图：丙酰胺结构)	丙酰胺

药物的药理作用主要依赖于分子整体，但药物分子中特定官能团的变化可使分子结构和性质发生变化，影响药物与受体的结合而影响药效。一般药物分子结构中有多种活性功能基团，每种官能团对药物性质的影响不同，对药效亦产生不同的影响。通过分析特定官能团的作用，将局部结构的改变与整体理化性质相联系，可对药物构效关系有更全面的认识。例如，药物分子中的羟基可形成氢键，增加水溶性，减少生物活性，降低毒性；羧基可增加水溶性，增强生物活性；酰氨基易与生物大分子形成氢键，易与受体结合，显示结构特异性；烷基可增加脂溶性，降低解离度，增加空间位阻，增加稳定性，延长作用时间等。

二、药物的极性与药效的关系

药物的溶解度是药物吸收作用快慢和在体内停留时间长短的重要影响因素。物质在体内的溶解度遵循相似相溶原则，此原则与药物分子的极性有关。极性分子通常具有不对称的电荷分布。例如水分子是折线型的，分子中氧原子带有少许的负电荷，而氢原子带有少许正电荷，所以它的电荷分布是不对称的，如图 6-21 所示。图中给出了水分子电荷分布的示意图，其中符号 δ^+ 和 δ^-，代表部分电荷。另外，药物分子中含有氧和氮原子的官能团，如羟基、羧基和氨基通常可以增强分子的极性，极性的增强又增加分子在极性溶剂中的溶解度，比如水中的溶解度，这对药物分子是有利的。相反，那些不含此类基团

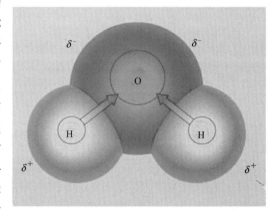

图 6-21　水分子中的电荷分布

的碳氢化合物都是非极性的，不溶于极性溶剂。比如正辛烷（$n\text{-}C_8H_{18}$）就是一个非极性分子，它不溶于水。然而，它却能够溶解在非极性溶剂如己烷以及二氯甲烷中。基于相同的原理，那些具有明显非极性的药物分子，倾向于在非极性的由碳氢化合物组成的细胞膜和脂肪组织中积累。

另外对于具有酸性或碱性的药物，其水溶性可以通过中和为盐的方式来获得提高。例如，很多药物都含氮而且具有碱性，当这类药物用盐酸中和时，N 就从酸上接受一个质子，结果使 N 原子上带正电荷，并与负电荷的氯离子配对成盐，从而增加药物的溶解度。例如伪麻黄碱，一种常见的缓解鼻部充血堵塞的非处方感冒药。分子中氨基上的氮元素作为碱和盐酸反应，伪麻黄碱就这样被转化为带一个正电荷的氮原子和带一个负电荷的氯离子的盐酸盐（图 6-22）。伪麻黄碱盐的形式更利于成药，因此它比原来的形式更稳定，气味更小，而

且易溶于水。大约一半以上的药物分子，以盐的形式用药，以提高它们的水溶性和稳定性，进而延长保质期。

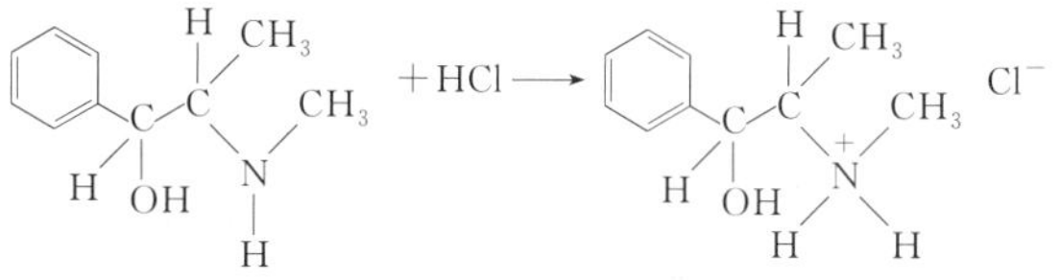

图 6-22　伪麻黄碱的成盐反应

三、药物分子中的同分异构体与药效的关系

化学上，同分异构体是一种有相同分子式而有不同原子排列的化合物。同分异构现象在有机物中普遍存在，也是有机物种类繁多、数目庞大的一个重要原因。有机物中的同分异构体分为构造异构和立体异构两大类。具有相同分子式，而分子中原子或基团连接顺序不同的，称为构造异构。例如，图 6-23 展示了分子式同为 C_4H_{10} 的丁烷两种异构体。两种异构体中，一种是直链的，一种是带支链的，其中正丁烷以与实际更相符的折线形式呈现。这两种化合物具有相同的分子式，但是原子的连接方式不同，属于构造异构，同时它们所表现出来的物理和化学性质也是有差别的。

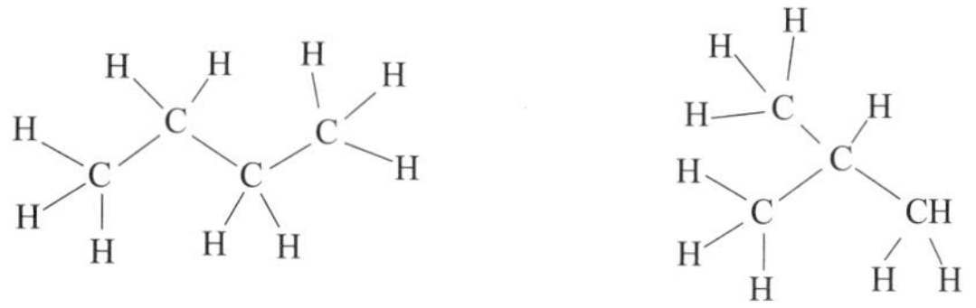

图 6-23　丁烷的两种同分异构体

（一）药物中的旋光异构体

与丁烷的同分异构体不同，有机化合物中还会经常出现另外一类异构体——立体异构。其中旋光异构（光学异构）是立体异构中的一种，是药物中比较常见的。旋光异构体它们具有相同的分子式，但是它们在分子的空间结构以及它们与偏振光的相互作用上存在差别。最常见的旋光性出现在连接 4 个不同原子或原子团的碳原子上。具有这种碳原子的化合物可以两种互为镜像，但不重叠的不同分子结构存在。其中一种旋光异构体可以让偏振光向顺时针方向旋转，这种分子被称为右旋。另外一个分子可以让偏振光向逆时针方向旋转，这种分子称为左旋。这两种异构体之间的关系就像我们的左右手一样，所以产生了旋光性。例如图 6-24 所示的氨基酸，一个碳原子上连接了一个氢原子、一个氨基、一个羧基和一个 R 基，4 个不同的原子和基团。虽然它们的结构看起来非常类似，但是它们互为镜像并且不重叠。

世界上超过 40% 的药物具有旋光性，尽管一对旋光异构体的大多数化学物理性质几乎完全相同，但是由于人体的脏器和细胞对于药物的旋光异构体具有选择性，它们的生物活性可能不同，所以异构体类的药物在体内可能有多种表现。我们可以用自己的手来理解旋光性和生物活性之间的关系，例如我们右手只适合右手套，而不适合左手套。类似地，右旋的药物分子只与一个与之互补，并可容纳它的结合位点相匹配，如图 6-25（a）所示。而图 6-25（b）中左旋的药物分子与之结合，位点就不匹配。根据药物在人体内的生物活性，旋光性异构体药物可以分为下面两种。

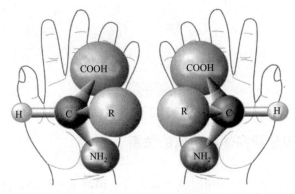

图 6-24　旋光异构体

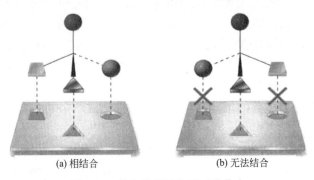

(a) 相结合　　　　　(b) 无法结合

图 6-25　旋光性分子与不对称位点

1. 一种异构体有效另外一种无效或低效

在化学反应中，通常左旋和右旋的旋光异构体会同时被制造出来，所以产物是由一对等量的旋光异构体组成的外消旋混合物，但是药物中经常只有一种旋光异构体是具有药物活性的。例如抗生素和激素，以及用于治疗多种症状，包括炎症、心血管疾病、中枢神经系统紊乱、癌症等的药物都是如此。又如镇痛抗炎药布洛芬是以右旋和左旋异构体（图 6-26）混合物的外消旋形式出售的。右旋体布洛芬的药效强于消旋体和左旋体。在体内 60％ 的左旋体可以转换右旋体，为药物的整体水平提供了活性储备。又如左旋氧氟沙星的药效是右旋的 9.3 倍，是消旋体的 1.3 倍。

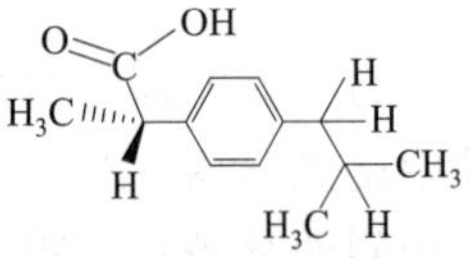

图 6-26　右旋布洛芬

2. 两种异构体具有完全不同的药效

事实证明，有些药物的旋光异构体具有完全不同的药效。如左美沙芬（图 6-27），其左旋异构体是一种致瘾的麻醉药，相反，它的右旋异构体是种不会致瘾的镇咳药。这使得右美沙芬可以作为治疗咳嗽的非处方药。但是由于左美沙芬的成瘾性，右旋异构体必须以纯右旋的形式被合成出来，或将它从混合物中与左旋异构体分离。由于旋光异构体的物理性质相同，拆分异构体的工作十分困难。

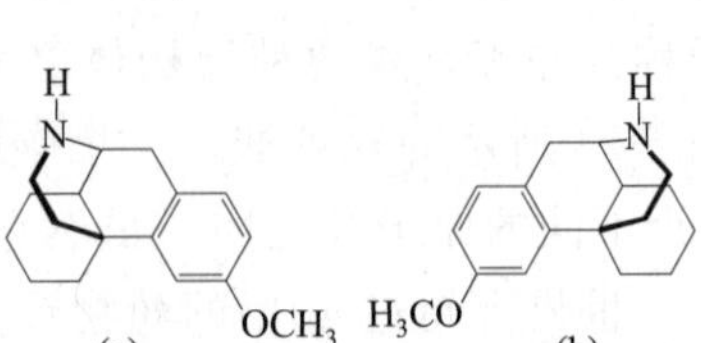

图 6-27　左旋（a）和
右旋（b）美沙芬

另外有些药物的旋光异构体如果拆分不完全，有的可能会导致极其严重的后果。在所有关于旋光性分子的案例中，影响最大的悲剧可能是 1957 年德国格兰泰药厂出品的，可以作为抑制妊娠反应的药物沙利度胺的致畸事件。沙利度胺可以起到镇静作用，并缓解孕妇的呕吐感，因此上市之后便在欧洲市场大获成功。但不幸的是，20 世纪 60 年代，欧洲新生儿的畸形率大幅上升，许多服用过沙利度胺的孕妇诞下了没有臂与腿，或手和脚直接长在身体上的"海豹畸形儿"。

如图 6-28 所示，沙利度胺具有两种旋光异构体，这两种沙利度胺中的 R 型（右旋）是安全的，而 S 型（左旋）则有致畸形作用。所以，我们就不难理解，当时沙利度胺药物中同时含有两种旋光异构体，才导致了悲剧的发生。沙利度胺事件是世界药物史上最著名的药源性伤害事件，也是世界药物警戒史上的一块里程碑，其对全球药物上市前审批

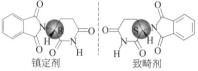

图 6-28　沙利度胺的两种异构体

和上市后监管相关制度的建设，提出了更高的要求，也给人们再一次敲响了药品安全性的警钟。

（二）药物中的顺反异构体

顺反异构是立体异构中的另一种，是存在于某些双键化合物和环状化合物中的一种立体异构现象。由于存在双键或环，这些分子的自由旋转受阻，产生两个互不相同的异构体，分别称为顺式（*cis*）和反式（*trans*）异构体。在双键化合物中，若与两个双键原子相连的相同或相似的基团处在双键的同侧，则该化合物被称为顺式异构体；若两个基团处于异侧，则定义为反式异构体，图 6-29 所示为 2-丁烯的两个异构体。

与旋光异构类似，顺反异构的两种化合物在体内也会表现出不同的药物活性。例如，研究表明 $[PtCl_2(NH_3)_2]$ 的顺反异构体在人体内的生理、病理作用也有所不同，已发现顺式 $[PtCl_2(NH_3)_2]$ 具有抑制肿瘤的作用，可作抗癌药物，而反式 $[PtCl_2(NH_3)_2]$ 则无此活性（图 6-30）。1995 年 WHO 对上百种抗癌药物进行排名，顺铂的综合评价（疗效、市场等）位居第 2 位，并且因其在癌症治疗中的广泛使用被称为"癌症青霉素"，尤其是在治疗睾丸癌和卵巢癌方面，其初期治愈率分别为 100% 以及 85% 左右。

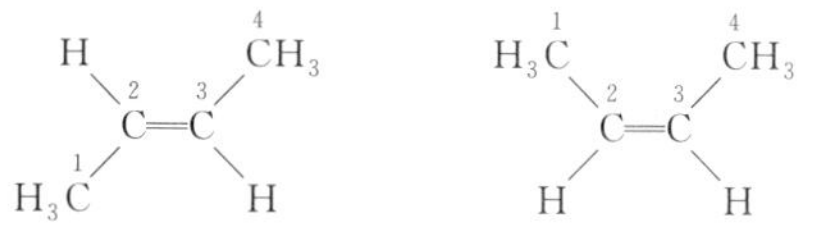

图 6-29　2-丁烯的顺反异构体 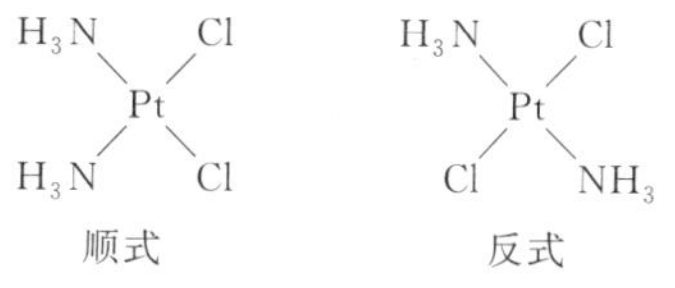　　　　　　　图 6-30　$[PtCl_2(NH_3)_2]$ 的顺反异构体

另外，例如人工合成的己烯雌酚是一种雌性激素，反式构型的生物活性比顺式构型的高 7~10 倍。又如，具有降血脂作用的亚油酸及花生四烯酸分子的碳碳双键都是顺式构型。若改变上述化合物的构型，将导致生理活性的降低甚至丧失。并且反式脂肪酸（TFA）对血管内皮细胞的功能具有损伤作用，会引发动脉粥样硬化、血栓、冠心病和心脏病等心血管疾病。

第五节　毒品

根据《中华人民共和国刑法》第 357 条规定，毒品是指鸦片、海洛因、甲基苯丙胺（冰毒）、吗啡、大麻、可卡因以及国家规定管制的其他能够使人形成瘾癖的麻醉药品和精神药品。这是现代"毒品"的法律概念。事实上，"毒品"最早的词义是"有毒的物品"，后来才演变为今天的词义。

一、毒品在我国的历史

魏晋时期风靡的五石散，从某种意义上来说应该是我国历史上最早的毒品。因为服用后会全身发热、精神狂躁，特别像现在的兴奋类毒品。魏晋名士喜爱食用五石散，当时被奉为能够延年益寿甚至长生不老的仙药，实际上这些五色药石适当服食会有清热解毒的功效，长久服用则有可能药物中毒。五石散是由紫石英、白石英、赤石脂、钟乳石、硫黄等五石配制而成的。五石散直到唐朝还没有被禁绝，还有人在服用。白居易在《思旧》诗中就写道："退之服硫黄，一病讫不痊。微之炼秋石，未老身溘然。杜子得丹诀，终日断腥膻。崔君夸药力，经冬不衣绵。或疾或暴夭，悉不过中年。唯予不服食，老命反迟延。"这首诗里的退之就是指的韩愈，微之指的是元稹，杜子指的是杜元颖，崔君指的是崔玄亮。例如诗中提到的"经冬不衣绵"等，也就是整个冬天都不用穿棉衣，这些症状是典型的吃五石散后的症状。此诗深刻反映了当时不少人迷信"五石散"等丹药，不但没有求得长生不老，反而因为过量食用"五石散"而影响了身体健康。

罂粟原产于埃及。古希腊人把罂粟带回国，随后四处经商的阿拉伯人通过贸易把罂粟带到亚洲各国。中国唐朝时期，阿拉伯与中国的贸易往来非常频繁，唐高宗在位期间就有阿拉伯使者贡献底也伽，底也伽是当时西方的珍贵药品，被称为万能的解毒药，是由 600 多种药物制成的丸状药，主要成分就是鸦片。同时，他们将罂粟及种子带入中国进行推广，销售不久之后，中国就有了种植罂粟的历史记载，但是在唐朝仅仅是作为观赏花卉。到了宋代，人们对罂粟有了深入了解，已经有医学家开始将其制作成药物，用来治病。在晋元时期，罂粟已经被制成治疗咳嗽、泻痢、中风等疾病的首选药物，但是后期元朝医师发现了罂粟的危害，用多了会中毒。明清时期民间鸦片开始风靡，最后发展为当时社会普遍的一种不良习惯。于是就有了后来的虎门销烟和第一次鸦片战争。

二、毒品的种类及危害

根据毒品的流行时间来区分，我国将毒品分为传统毒品和新型毒品。

（一）传统毒品

1. 吗啡类毒品
（1）吗啡

我国古代吸食最多的鸦片，又译为阿片（opium），俗称大烟、烟土等。它是罂粟果实内的浆汁干燥之后凝成的，为褐色膏状，长时间放置变为黑色硬块，味辛辣苦涩，有特殊臭味。鸦片的有效成分为生物碱，其中最主要的就是吗啡［图6-31(a)］。法国化学家泽尔蒂纳，首次成功地从鸦片中得到白色粉末，并在狗和自己身上进行实验。狗吃下去后，会很快昏昏睡去，用强刺激法，也无法使其兴奋苏醒，他本人吞下这些粉末后，也昏迷不醒。据此他用希腊神话中的梦神莫菲斯（Morpheus）的名字，将这个物质命名为morphine（吗啡）。治疗量的吗啡可用作镇痛药，镇痛效力较强，但如果多次使用就产生成瘾性，用药过量或误用可引起慢性或急性中毒，甚至死亡。可待因［图6-31(b)］，也是从鸦片中分离得到的，是吗啡的甲基衍生物。可待因的镇痛作用虽较弱，但成瘾性较小，而且具有镇咳作用。可待因被吸收进入人体后，部分在肝内脱去甲氧基上的甲基转化为吗啡，可待因的作用与此相关。

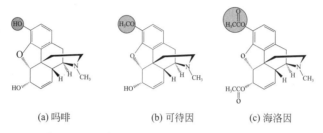

(a) 吗啡　　　　　(b) 可待因　　　　　(c) 海洛因

图6-31　吗啡（a）、可待因（b）和二乙酰吗啡（海洛因）（c）的结构

（2）海洛因

海洛因是化学合成的吗啡类物质，也是对吗啡的结构进行局部改变而形成的。费利克斯·霍夫曼合成阿司匹林之后不久，又在实验室合成了海洛因（又名二乙酰吗啡）。从图6-31(c)可以看出，吗啡分子中两个羟基乙酰化后，得到了二乙酰吗啡。因为海洛因的水溶性、脂溶性都比吗啡强，所以它在人体内吸收更快，易通过血脑屏障进入中枢神经系统，产生强烈的反应，具有比吗啡更强的抑制作用，其镇痛作用也是吗啡的4～8倍。海洛因是强烈的中枢神经抑制剂，会对人的生殖、神经和肠胃系统造成严重损害。海洛因极易成瘾，常用剂量连续使用两周甚至更短，即可成瘾，过量服用会因为呼吸抑制而死亡。霍夫曼的初衷是寻找镇痛效果好、成瘾性小的药物，但是在海洛因问世不到一年，拜耳公司在没有仔细研究海洛因除了镇痛效果之外，还有没有其他副作用的情况下，就将其投向市场明显是不可取的。自此，开启了海洛因的罪恶之路。直到1913年才停止生产和销售海洛因，可惜为时已晚，被称为"神药"的海洛因就此变为"毒品之王"。

（3）杜冷丁

杜冷丁即哌替啶，是苯基哌啶的衍生物。与吗啡相比，哌替啶结构大为简化。杜冷丁主要作用于中枢神经系统，在治疗量（50～100mg）时可产生明显的镇痛、镇静和呼吸抑制作用。病人连续使用杜冷丁1～2周，将形成瘾癖，一旦停药，出现痛苦的戒断症状。

2. 可卡因类毒品

可卡因又名古柯碱，是从古柯树叶中提取出来的一种生物碱。古柯这种植物（图6-32）对我国来说比较陌生，因为这种植物做成的毒品在我们国家并不是很多，但在美洲等地区，古柯却是一种十分泛滥的毒品。四千多年前，古柯已被现在的哥伦比亚、秘鲁和玻利维亚地区的人们用作药物和兴奋剂。十六世纪，欧洲探险家注意到它的存在，并学会了如何使用它。

图 6-32　古柯树

　　1855 年至 1860 年间，两位德国科学家，菲烈德克·贾德克（Friedrich Gaedake）和阿尔伯特·尼曼（Albert Niemann），提炼出单独的植物碱，尼曼将其命名为古柯碱，化学名称为苯甲酰甲基芽子碱，其化学结构如图 6-33 所示。

　　关于古柯最著名的事件是在 1886 年，约翰·潘伯顿发明了可口可乐，它被宣传为"有价值的脑部滋补品和各种神经病痛的治疗品"，还是一种温和的饮品，宣称为"不通过邪恶的酒精，也能展现古柯的美德"。作为一种新饮料，它每瓶含有约 60 毫克的可卡因，再加入焦糖、可乐果、糖、香草、肉桂和酸橙等调味料。1903 年后上市的可口可乐，其中的可卡因被去掉。

　　可卡因最突出的作用是对中枢神经的刺激，作用于大脑皮层，从而使消化系统受到控制，胃液等消化液减少，饥饿感消失，过量服用会造成精神上幻觉、妄想，还会造成体内器官实质性损坏，出现心脏停搏、呼吸抑制、惊厥或昏迷等症状。其他可卡因类毒品还包括古柯叶、古柯糊、快克等。1985 年可卡因被世界卫生组织明确列为毒品。

3. 大麻

　　大麻和罂粟、古柯一并称为世界三大毒品植物。大麻是一种长纤维植物，栽培种植至少有 3000 年历史，分为印度大麻和非洲大麻。大麻中主要的精神活性药物，富集在麻类植物的叶子和花蕾中，活性物质是大麻酚类，存在于大麻树脂中，约有 30 种以上，主要有四氢大麻酚、大麻酚、大麻二酚及大麻酚酸等。其中四氢大麻酚，其化学结构如图 6-34 所示。四氢大麻酚对中枢神经系统有抑制麻醉作用，吸食后产生欣快感，有时会出现幻觉和妄想，大量和长期使用大麻会对人体健康造成严重的危害。

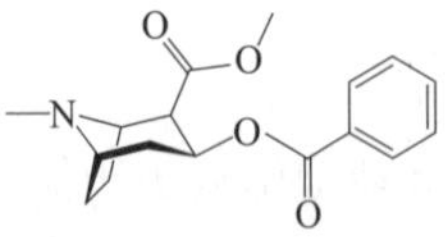

图 6-33　古柯碱的结构 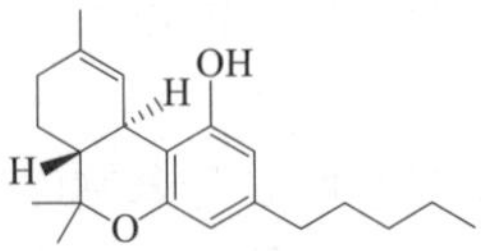　　　　　　　　　　　图 6-34　四氢大麻酚的结构

（二）新型毒品

1. 苯丙胺类兴奋剂

　　苯丙胺类兴奋剂是人工合成的兴奋剂，是所有由苯丙胺转换而来的中枢神经兴奋剂的统称。苯丙胺类毒品都有相似的化学结构，即含有一个乙氨基和一个苯环，基本上都可以看作

是以苯乙胺或苯丙胺作主体，由不同官能团取代其化学结构中不同位置上的氧原子衍生而来的同一类化合物。

苯丙胺类兴奋剂的历史可以追溯到 19 世纪中后期，世界上第一例苯丙胺类兴奋剂是由罗马尼亚化学家首先合成的，也就是现在我们熟知的苯丙胺[图 6-35(a)]。随后，另一种与苯丙胺相似的兴奋剂 3，4-亚甲二氧基甲基苯丙胺（MD-MA），于 20 世纪中叶由德国的一个药厂生产出来，并被作为合法的药物进行推广。直到后来有研究发现其具有严重的服食后遗症才被各国政府明令禁止销售。与 MDMA 同一时期

(a) 苯丙胺   (b) 甲基苯丙胺

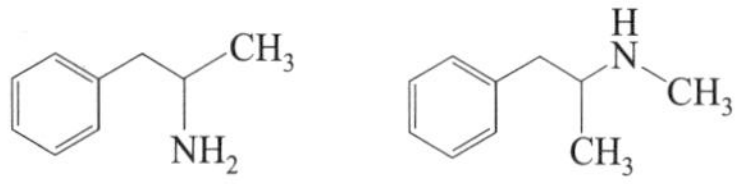

图 6-35　苯丙胺（a）和甲基苯丙胺（b）的结构

问世的还有我们现在熟知的另一种兴奋剂"甲基苯丙胺（MA）"[图 6-35(b)]，又称为甲基安非他明、去氧麻黄素，为纯白色晶体、晶莹剔透，外观似冰，俗称冰毒。滥用苯丙胺类兴奋剂后最常出现的后果是精神病样症状。大量的临床资料表明，甲基苯丙胺和 MDMA、替苯丙胺（MDA）等可以对大脑神经细胞产生直接的损害作用，导致神经细胞变性、坏死，出现急慢性精神障碍。

2. 致幻剂

（1）麦角酸二乙胺（LSD）

致幻剂又称为致幻药或迷幻药，它具有改变人知觉过程的能力，引起人的视觉、听觉等脱离现实，进入梦幻般的状态。致幻剂种类有很多，其中致幻药力最强的是麦角酸二乙胺（LSD）（图 6-36）。1943 年艾伯特·霍夫曼在实验室首次发现麦角酸二乙胺。一个偶然的机会，霍夫曼意外地服用了少量 LSD，使他经历了约两个小时的非常奇异的梦幻状态，并对这与精神病类似的表现作了具体的描述。致幻剂可以导致中枢神经系统处于兴奋状态，以及中枢自主神经系统活动亢进，表现为心境变化与感知觉改变。

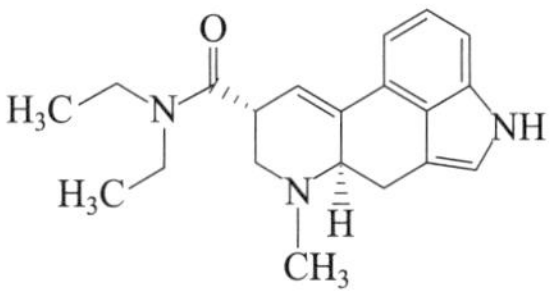

图 6-36　麦角酸二乙胺的结构

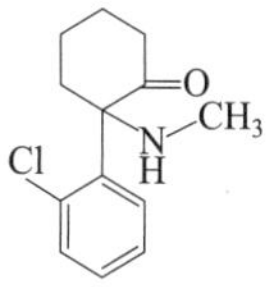

图 6-37　氯胺酮的结构

（2）K 粉——氯胺酮

氯胺酮，全名为 2-邻氯苯基-2-甲氨基环己酮（图 6-37）。因为其物理形状通常为白色粉末，而英文名称的第一个字母是 K，故俗称 K 粉。1962 年，由美国药剂师 CalvinStevens 首次成功人工合成，最初发现为一种有效的麻醉剂，据称首次使用是被作为兽医麻醉剂，并曾作为麻醉剂而广泛用于野战创伤外科中。在医学临床上一般作为麻醉剂使用，被列为第一类精神药品管控。

（3）致幻蘑菇

提到致幻剂，我们就能想到致幻蘑菇，例如裸盖菇（图 6-38）。蘑菇之所以会致幻，是因为此类蘑菇中通常都含有赛洛西宾、赛洛新等会影响人神经系统的成分。

科学研究表明，致幻剂之所以能致幻，在于它们和跟血清素的结构类似。血清素的功能主要是在神经细胞间或向肌肉传递信息，由此形成了视、听、嗅、味、触五种感官感受。赛洛西宾、赛洛新和上面提到的 LSD，不仅与血清素结构类似（由六元苯环和五元吡咯环组成的吲哚

图 6-38 裸盖菇

环），还在脂溶性方面超越了血清素，这就不难理解此类蘑菇致幻的原因了（图 6-39）。

(a) 赛洛西宾　　(b) 赛洛新　　(c) 血清素

图 6-39　赛洛西宾（a）、赛洛新（b）和血清素（c）的结构

我国古代著名科学家——葛洪

　　葛洪（公元 283—363 年），字稚川，自号抱朴子。丹阳郡句容（今江苏省句容县）人，晋代著名的道教理论家、医药学家和炼丹术士，他精通儒学，又是道教的理论家和实践者，对化学、医学、药物学、养生术等均有极深的造诣。

　　葛洪一生，勤于著述，留下了一批门类丰富、数量可观的著作，见于文献记载的就有 60 余种、数百卷之多。其中《抱朴子》被认为是葛洪哲学和学术思想的集中体现，其中的《金丹》《仙药》《黄白》3 篇，是总结我国古代炼丹术的名著。国内外专家一致公认，葛洪的炼丹术是世界制药化学的先驱。《抱朴子·内篇》中，还对养生、病因、方药等医学内容也有诸多精辟阐述，虽然它只是一种杂论性的著作，非医学典籍，但后世医家对其中长寿之道仍很推崇。另外，《金匮药方》和《肘后备急方》两部医药学著作，在中国医药发展史上也有重要的地位和价值。《金匮药方》共一百卷（已佚）是一部规模较大，内容丰富的大部著作，这是葛洪在阅读了《黄帝内经》《金匮要略》等医书及百家杂方近千卷的基础上，再加上民间的验方、秘方以及他本人的医疗经验汇编而成的。葛洪考虑到此书卷帙浩繁，携带不便，后来又辑其主要内容写成《肘后备急方》四卷，使之成为一部简便实用的医药书籍。所谓"肘后"，即是谓此书可以挂在胳膊肘上随时携带，类似于现代医书中的中医验方汇编，而其中的许多验方组成又相当于急症临床手册。葛洪谓此书所载药物大多是乡野之间、沟旁篱下易得之物，不必花钱，即使买药，价钱也非常便宜且容易买到，不会给病人增加负担。此后，南朝的陶弘景对它作了一次增补，名为《肘后百一方》，金代杨用广等又增补了一次，名为《附广肘后备急方》，一直流传至今。《肘后备急方》其医学价值，决不单纯在于它的临床实用性，书中对某些传染性疾病的症状、病因、治法等的认识，在中国乃至世界医学史上也是绝无仅有的。

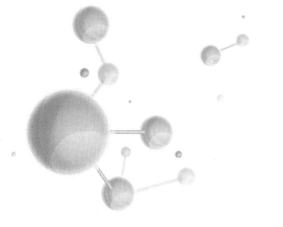

第七章

化学与食品

民以食为天，人类的生存离不开食物，它是人类与环境进行物质联系并赖以生存的基础，是人类维持生命活动的重要物质。所谓食物是指能被食用并经消化后给机体提供营养成分、供给活动所需能量或者调节生理机能的无毒物质，而我们把经过加工的食物称为食品。《中华人民共和国食品安全法》对食品的定义为：指各种供人食用或者饮用的成品和原料，以及按照传统既是食品又是药品的物品，但是不包括治疗为目的的物品。社会发展到今天，人类对食品有了更全面更深层的认识。人们开始从健康、卫生、营养、科学的角度注重饮食生活，同时，食品安全问题也越来越受到人们的重视，其中不少问题是与化学密切相关的。

食品中大部分的成分来自于天然，包括无机成分、有机成分，还包括在加工储藏和运输过程中一些非天然成分的引入，如食品添加剂和有毒物质等。食品的化学组成如图 7-1 所示。

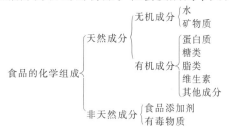

图 7-1 食品的化学组成

第一节 氨基酸和蛋白质

蛋白质是生命的重要物质基础。人和动物体内最重要的组成成分是蛋白质，机体中所有重要组织都有蛋白质参与，如神经、肌肉、内脏、血液等都含有蛋白质。蛋白质是构成细胞和组织的"建筑材料"，在人体细胞中的含量仅次于水，占细胞干重的 50％以上。蛋白质构成酶、抗体和某些激素，参与人体的新陈代谢，维持人体的正常生理功能，防止外界细菌病毒的侵害，作为化学信使的激素也是蛋白质，大部分催化生物化学过程的酶也是蛋白质，蛋白质几乎参加了人体内的每一项正常生理活动，没有它们就没有生命。1838 年，荷兰化学家马尔德首先提出蛋白质一词。在希腊文中蛋白质的原意为第一顺位，意思是蛋白质是最重要的物质。蛋白质是聚酰胺或聚多肽，它是由氨基酸单体组成的聚合物。绝大部分的蛋白质是由 20 种天然存在的不同氨基酸组合构成的。

一、氨基酸

（一）氨基酸的结构和性质

氨基酸是分子结构中同时含有能接受质子的氨基（—NH_2）和能释放质子的羧基（—COOH）的一类有机化合物的统称。氨基酸是无色晶体，熔点一般在 200℃ 以上，有的无味，有的味甜，有的味苦。其中谷氨酸的单钠盐有鲜味，是味精的主要成分。氨基酸能溶于稀酸或稀碱中，但不能溶于有机溶剂，通常乙醇能使氨基酸从其水溶液中析出，不同氨基酸在水中的溶解度差别很大。

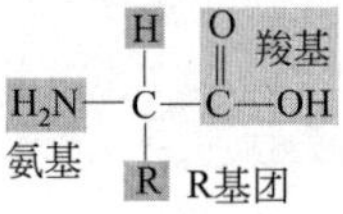

图 7-2 α-氨基酸的结构通式

氨基连在羧基的 α-位、β-位、γ-位碳原子上的氨基酸分别被称为 α-氨基酸、β-氨基酸和 γ-氨基酸，组成蛋白质的氨基酸均为 α-氨基酸。20 种氨基酸组成具有各种生理功能的蛋白质。氨基酸分子有一个共同的结构式，4 种化学基团被连接到同一个碳原子上，除了羧基和氨基，还有一个氢原子和一个被定义为 R 的侧基（图 7-2）。

（二）氨基酸的分类

1. 按 R 基团的化学结构和性质分

每个氨基酸的不同在于侧链基团 R 的结构，通常根据 R 基团的化学结构或性质将 20 种氨基酸进行分类（表 7-1）。第一类是脂肪族氨基酸，包括丙氨酸、缬氨酸、亮氨酸、异亮氨酸、甲硫氨酸、天冬氨酸、谷氨酸、赖氨酸、精氨酸、甘氨酸、丝氨酸、苏氨酸、半胱氨酸、天冬酰胺和谷氨酰胺；第二类是芳香族氨基酸，包括苯丙氨酸、色氨酸和酪氨酸；第三类是杂环氨基酸，为组氨酸；第四类是杂环亚氨基酸，为脯氨酸。

表 7-1　20 种氨基酸的名称、缩写和化学结构

名称	缩写	结构中的 R 基团	名称	缩写	结构中的 R 基团
甘氨酸	Gly	H	缬氨酸*	Val	$CH(CH_3)_2$
异亮氨酸*	Ile	$CH(CH_3)CH_2CH_3$	亮氨酸*	Leu	$CH_2CH(CH_3)_2$
苯丙氨酸*	Phe	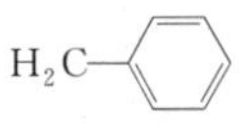 H_2C—⬡	脯氨酸	Pro	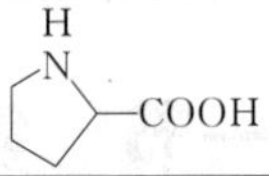 ⬠—COOH
色氨酸*	Trp	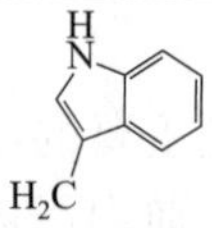 H_2C—[吲哚环]	酪氨酸	Tyr	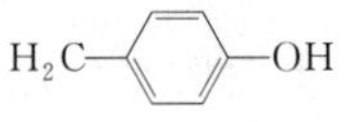 H_2C—⬡—OH
天冬氨酸	Asp	CH_2COOH	丝氨酸	Ser	CH_2OH
天冬酰胺	Asn	CH_2CONH_2	苏氨酸*	Thr	$CH(CH_3)OH$
半胱氨酸	Cys	CH_2SH	谷氨酸	Glu	CH_2CH_2COOH
赖氨酸*	Lys	$CH_2(CH_3)_3NH_2$	谷氨酰胺	Gln	$CH_2CH_2CONH_2$
精氨酸	Arg	$CH_2(CH_2)_2NH-\overset{NH}{\overset{\|}{C}}-NH_2$	甲硫氨酸*	Met	$CH_2CH_2SCH_3$
丙氨酸	Ala	CH_3	组氨酸	His	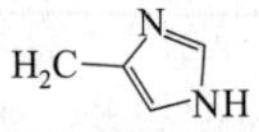 H_2C—[咪唑环]

注：* 为必需氨基酸。

2. 从营养学的角度分

从营养学的角度分，氨基酸可分为必需氨基酸、半必需氨基酸和非必需氨基酸。必需氨基酸有 8 种（在表 7-1 中用 * 标出），它们是在人体内不能合成或合成速度远不能适应机体的需要，而必须从食物中补充才能维持机体正常发育的氨基酸。这些氨基酸有各自的作用。例如，赖氨酸能促进人体发育，增强免疫力和中枢神经组织功能；色氨酸能促进胃液及胰液的产生；苯丙氨酸可以维持肾及膀胱的功能。半必需氨基酸，是人体虽能够合成但通常不能满足正常需要，必须从外界补充的氨基酸。例如，精氨酸和组氨酸，在幼儿生长期是必需氨基酸。组氨酸是一种营养强化剂，具有促进铁的吸收、防止贫血等功能。非必需氨基酸是人自己能由简单的前体合成，或需要量很小，或可以从其他氨基酸转变而来的，不需要从食物中获得的氨基酸，例如，甘氨酸和丙氨酸。

二、蛋白质

（一）蛋白质的组成

蛋白质的种类繁多、结构复杂、功能各异，是一种含氮有机高分子化合物。主要由碳、氢、氧、氮组成，还可能含有磷、硫、铁、锌、铜、硼、锰、碘、钼等元素。这些元素在蛋白质中的组成比例约为：碳 50%、氢 7%、氧 23%、氮 16%、硫 0%～3%，剩余的为其他微量元素。蛋白质一般占人体总重量的 16%～20%。

（二）蛋白质的合成和结构

两个氨基酸可以通过一个氨基酸的氨基与另外一个氨基酸的羧基之间脱去一分子水，连接起来，这种结合方式叫作脱水缩合。通过脱水缩合反应，在羧基和氨基之间形成连接两个氨基酸分子的化学键叫作肽键，由肽键连接形成的化合物称为肽，由两个氨基酸分子形成的肽称为二肽，二肽以上的称为多肽。例如，甘氨酸和丙氨酸反应，可以生成两种不同的二肽（图 7-3）。两个反应中两个氨基酸通过一个肽键相连接（图中阴影部分），此外还产生了一分子的水，一旦形成肽键，氨基酸就被称为氨基酸残基。在第一种二肽中，未反应的氨基在甘氨酸残基上，而未反应的羧基在丙氨酸残基上。在第二种二肽中，氨基在丙氨酸残基上，

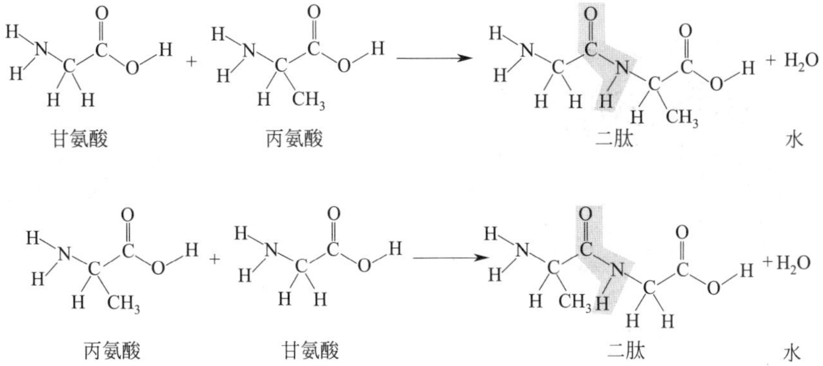

图 7-3　甘氨酸和丙氨酸形成二肽

羧基在甘氨酸残基上。所以氨基酸残基的序列不同对其结构是有影响的，特定蛋白质不仅依赖于氨基酸的种类，也依赖于它们在蛋白质中的序列。

　　蛋白质就是由 α-氨基酸按一定顺序脱水缩合形成一条多肽链，再由一条或多条多肽链按照特定方式盘曲折叠形成的、具有一定空间结构的大分子化合物。多肽和蛋白质的区别在于多肽中氨基酸残基一般少于 50 个，而蛋白质大多由 100 个以上氨基酸残基组成，但多肽和蛋白质中氨基酸残基的数量没有严格的限制。例如，牛胰岛素是牛胰脏中胰岛分泌的一种调节糖代谢的激素蛋白质。它含有 51 个氨基酸残基，由 A 和 B 两条多肽链组成。其中，A链含有 21 个氨基酸残基，B 链含有 30 个氨基酸残基。A 链和 B 链之间通过两个链间二硫键相互连接，而且 A 链内还有一个链内二硫键（图 7-4）。

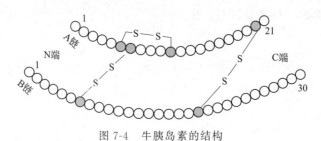

图 7-4　牛胰岛素的结构

（三）蛋白质的分类

1. 根据营养价值分类

　　根据蛋白质的营养价值可以把蛋白质分为完全蛋白质、半完全蛋白质和不完全蛋白质三类。食物蛋白质的营养价值取决于其中所含氨基酸的种类和数量，完全蛋白质所含必需氨基酸种类齐全、数量充足、比例适当，不但能维持人的健康，而且能促进儿童生长发育。例如鸡蛋蛋白含有人体所需的 8 种必需氨基酸，数量充足，组成比例非常接近人体需要。鱼肉、畜禽肉、乳类、大豆蛋白质中所含氨基酸也和鸡蛋一样是完全蛋白质[图 7-5(a)]。半完全蛋白质所含各种必需氨基酸种类基本齐全，但相互比例不合适，氨基酸组成不平衡，以它作为蛋白质来源，虽可维持生命但促进生长发育的功能相对较差。这类蛋白质多存在于玉米、小麦、大麦中[图 7-5(b)]。不完全蛋白质所含氨基酸的种类不全、质量也差。如果作为膳食蛋白质来源，既不能促进人体机体生长发育，维持生命的作用也很小。这类蛋白质存在于各种动物的结缔组织（如软骨、韧带、肌腱）和肉皮中。

(a) 完全蛋白质来源

(b) 半完全蛋白质来源

图 7-5　完全蛋白质（a）和半完全蛋白质（b）来源

身体通常不储存蛋白质，所以必须定期摄入含有这些营养物质的食物。如果饮食中缺乏表中的 8 种必需氨基酸中任意一种的话，结果就可能造成严重的营养不良。因此良好的营养，需要足够数量以及合适品质的蛋白质。但是世界上有些人依赖于谷物或其他蔬菜，而非肉类或者鱼等完全蛋白质。如果饮食不足够多样化的话，可能会缺失某种必需氨基酸。例如墨西哥人的饮食富含玉米和玉米制品，但是其中人类所必需的氨基酸——色氨酸的含量很低，是一种不完全的蛋白质来源。所以一个人不可能通过食用足够的玉米来满足总的蛋白质需求，可能会因为缺乏色氨酸而营养不良。幸运的是，对于数百万素食主义者来说，仅仅食用植物蔬菜蛋白并不一定会导致营养不良。遵循营养学家称为的蛋白质互补性的原则，将含有互补必需氨基酸成分的食物进行组合，从而使饮食能够提供完整的氨基酸以便合成蛋白质，可避免营养不良。例如，花生酱三明治中的面包中缺乏赖氨酸和异亮氨酸，但花生酱可以提供这些氨基酸，同时花生中缺少甲硫氨酸，而面包刚好提供这种化合物。

蛋白质摄入不足会造成营养不良，当然蛋白质摄入过量也会对人体产生危害。蛋白质摄入过量，一方面会在体内转化成脂肪，造成脂肪堆积，使血液的酸性提高，从而消耗大量储存于骨骼中的钙质，使骨质变脆；另一方面，过量的蛋白质需要排出体外，分解蛋白质时产生大量氮素必然增加肾负担。

2. 根据蛋白质的分子形状分类

根据蛋白质的分子形状可把蛋白质分为球状蛋白质和纤维状蛋白质两大类。球状蛋白质分子较易溶于水，血液、淋巴、肌肉、蛋、乳中大多数蛋白质及所有的细胞液和植物的种子中都含有大量的球状蛋白质。纤维状蛋白质通常对称性差，分子类似纤维束状，在动物的体内或体表起支撑和保护作用，又称为结构蛋白质。

（四）蛋白质的生理作用

1. 提供生命活动的部分营养和能量

心脏跳动、呼吸运动、胃肠蠕动及日常各种劳动，都离不开肌肉收缩，而肌肉收缩又离不开具有肌肉收缩功能的蛋白质。例如，一种疾病叫"重症肌无力"，是由于肌肉失去了正常收缩功能而发生的进行性肌萎缩，影响走路，严重时不能自行翻身，甚至使呼吸肌无力收缩而死亡。

2. 参与维持机体内的渗透平衡

血浆中多种蛋白质，对维持血浆的渗透压，维持细胞内外的压力平衡起着重要作用。血浆蛋白质减少会导致发生水肿。

3. 输送功能

载体蛋白对维持人体的正常生命活动是至关重要的，它们在体内运载各种物质，例如血红蛋白将氧气供给全身组织，同时将新陈代谢所产生的二氧化碳排出体外。

4. 免疫和防御功能

生物体为了维持自身的生存，拥有多种类型的防御手段，其中不少依靠蛋白质完成。例如，血浆中含有的抗体，主要是丙种球蛋白，它是一种具有防御功能的蛋白质。如果人体缺少它，就会受到细菌和病毒的侵袭。

5. 参与调节人体内物质的代谢

在调节代谢中，都需要酶系统的催化或调节，而酶的本质就是蛋白质。人体内数千种酶，每一种只能催化一种或一类生化反应。一种酶充足，相应的反应就会顺利、快捷地进行。

第二节　糖类和脂类

食品中的营养成分——
糖类和维生素

一、糖类

糖类是生物体中重要的生命有机物之一，也是自然界分布最广、含量最丰富的一类有机化合物。它是人体能量的主要来源，在人类的生命过程中起到了非常重要的作用。

（一）糖的组成

糖类是由 C、H、O 三种元素组成的一大类化合物，其通式一般可用 $C_m(H_2O)_n$ 表示（m、n 为正整数），其中氢原子和氧原子个数之比和水一样是 2：1，故曾被称为碳水化合物。例如葡萄糖可以表示为 $C_6(H_2O)_6$。但是随着对糖类化合物深入研究发现，有些化合物按其结构和性质应属于糖类化合物，但是它们的组成不符合上面的通式。例如鼠李糖 $C_6H_{12}O_5$、脱氧核糖 $C_5H_{10}O_4$，而有些化合物如甲醛 CH_2O、乙酸 $C_2H_4O_2$ 等符合通式，但结构和性质与糖类化合物完全不同。因此"碳水化合物"这个名称虽然沿用至今，但其内涵早已发生变化。严格来说，碳水化合物是指化学结构多为多羟基醛或多羟基酮的一类化合物。

（二）糖的分类

糖类按其结构可以分为单糖、低聚糖和多糖。

1. 单糖

单糖是指不能再水解为更小分子的糖，是最简单的糖，可以直接被机体吸收和利用，包括葡萄糖、果糖、半乳糖等。葡萄糖存在于植物性食物中，果糖大量存在于水果和蜂蜜中，是最甜的一种糖，甜度为蔗糖的 1.75 倍。半乳糖是乳糖的直接产物，存在于动物的乳汁中。葡萄糖和果糖的分子式都是 $C_6H_{12}O_6$，但它们的化学结构却不同，这两种异构体比较容易区分。葡萄糖含有一个醛基、六个碳原子，所以又叫己醛糖，具有还原性，可用于制作银镜。果糖含有一个酮基、六个碳原子，又叫己酮糖，没有还原性（图7-6）。

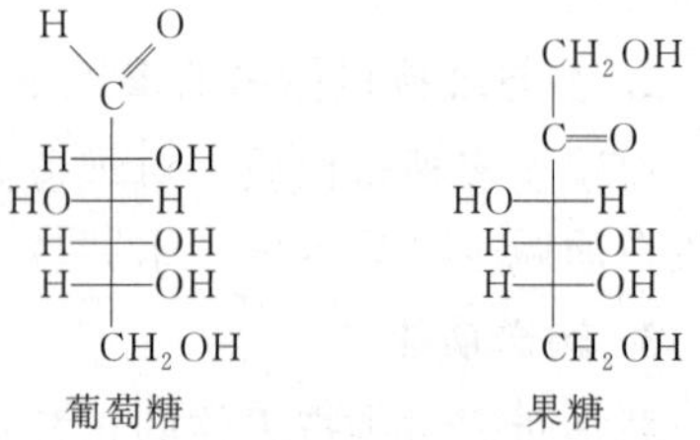

图 7-6　葡萄糖和果糖的结构

2. 低聚糖

低聚糖是指可水解生成 2～10 个单糖分子的糖。低聚糖一般为结晶体，有甜味，易溶于水。自然界游离的低聚糖主要存在于植物体内，动物体内很少。其中可水解生成两分子单糖的为双糖，水解得到的两分子单糖可以相同也可以不同。例如，蔗糖、乳糖、麦芽糖等，其中蔗糖是由两个单糖分子连接而成的，葡萄糖和果糖之间，通过一个 C—O—C 键相连接形成蔗糖，同时脱去一分子水（图 7-7）。蔗糖是白色晶体，熔点为 186℃，易溶于水，难溶于乙醇。蔗糖在自然界中分布广泛，尤其是甘蔗和甜菜中含量最多。蔗糖在口腔中易发酵，可与牙垢中某些细菌作用，在牙齿上形成一层黏着力很强的不溶性葡聚糖，同时产生能溶解牙齿珐琅质和矿物质的酸性物质而产生龋齿。

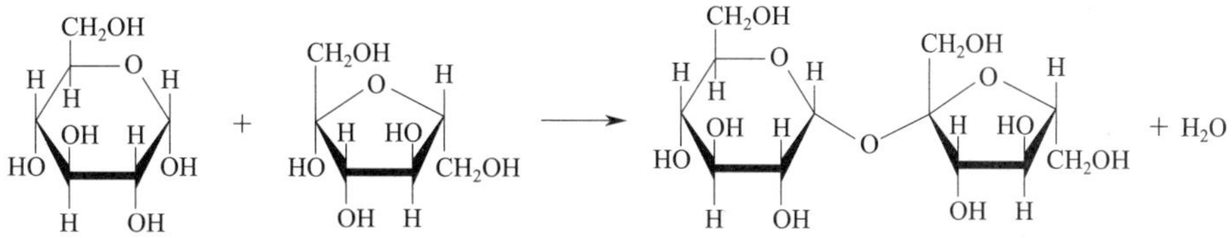

图 7-7　葡萄糖和果糖形成蔗糖

乳糖存在于哺乳动物的乳汁中，在人乳中约占 7%～8%，牛、羊乳中约占 4%～5%。乳糖是白色结晶性粉末，甜度约为蔗糖的 70%。用酸和乳糖酶水解乳糖后，可以得到一分子葡萄糖和一分子半乳糖。有些人体内缺乏乳糖酶，在食用牛奶后，因乳糖水解产生障碍，往往导致腹泻、腹胀等症状，这就是乳糖不耐受症。

麦芽糖存在于麦芽中，麦芽中的淀粉酶可将淀粉部分水解成麦芽糖。麦芽糖易溶于水，甜度约为蔗糖的 40%，在酸性溶液中水解，可生成两分子葡萄糖。人和哺乳动物有麦芽糖酶，它可专一水解食物中的麦芽糖，使其成为葡萄糖被消化吸收。

3. 多糖

多糖又分为两类：一类是可被人体消化吸收的，如淀粉、糊精、动物糖原等；另一类是不能被人类消化吸收的，如食物纤维、半纤维素、木质素和果胶等。多糖能够水解为多个单糖分子。多糖在性质上与单糖、低聚糖又有很大的区别，它没有甜味，一般不溶于水。与生物体密切相关的多糖是淀粉和纤维素。多个环状结构的葡萄糖分子脱水生成淀粉、纤维素和糖原，都属于高分子聚合物。

淀粉和纤维素两者的分子式都可以用 $(C_6H_{10}O_5)_n$ 表示，但是两者的结构不同。淀粉分子中葡萄糖单元是 α 连接方式，而纤维素中是 β 连接方式，如图 7-8 所示。葡萄糖单元以及连接方式的不同而使淀粉和纤维素的性质也差别很大。淀粉是植物体内储存的养分，存在于种子和块茎中。大米中含淀粉 62%～86%，小麦中含淀粉 57%～75%。淀粉在人体内经淀粉酶、麦芽糖酶等酶的水解，最终成为葡萄糖被人体所吸收利用。纤维素是自然界分布最广的高分子聚合物之一。它是植物细胞的主要结构组分。棉花中的纤维素含量高达 90% 以上，木材中的纤维素含量为 30%～40%。纤维素不溶于水，但是吸水膨胀。纤维素的水解

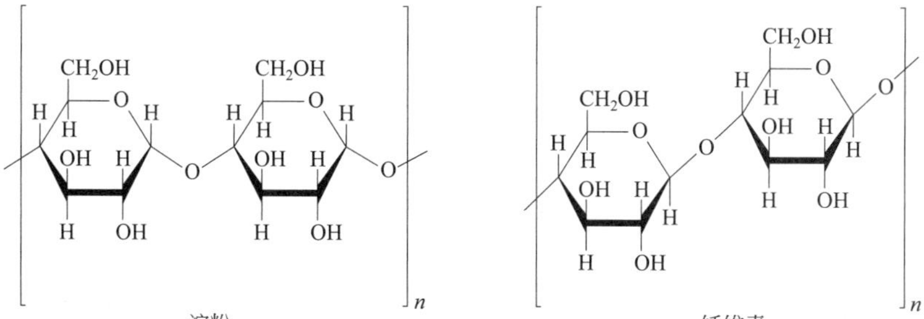

淀粉　　　　　　　　　　　　　　纤维素

图 7-8　淀粉和纤维素的结构

要比淀粉困难得多，需在甲酸高压下长时间加热才能水解成葡萄糖。人体内没有纤维素酶，不能打开纤维素中的 β 连接，所以我们不能以草和树为食。相比之下，牛、羊就能分解纤维素，因为它们的消化道中含有能够让纤维素降解为葡萄糖单体的细菌。白蚁体内也含有纤维素分解菌，这也是它们可以破坏木质结构的原因。虽然纤维素不能作为人类的功能物质，但是纤维素对人体也极为重要。纤维素能促进肠的蠕动，有助于消化，是人体的清道夫，也被称为人体的第七种营养素。

糖原的成分近似淀粉，其基本结构单元也是葡萄糖（图 7-9），广泛存在于人及动物体内，又称为动物淀粉。糖原在肝脏及肌肉中含量较高，是动物的糖储存库，是体内能源库。当我们的身体内存在多余的葡萄糖时，它们会在胰岛素的帮助下聚合生成糖原，并储存在肌肉和肝脏中。当血糖水平低于正常水平时，糖原可以转化成葡萄糖。糖原是至关重要的，因为它储存了身体所需的能量。它在肌肉特别是肝脏内部累积，以作为体内能量的便捷来源。健康成人空腹时的血糖水平为 3.86～6.11mmol/L。空腹血糖≥7.0mmol/L 或餐后血糖≥11.1mmol/L 称为高血糖。当血糖浓度超过 8.89～10.00mmol/L 时，就会超过肾近端小管的重吸收能力，而从尿中排出，出现糖尿。糖尿病是一种内分泌疾病，其主要原因是血液中胰岛素绝对或者相对不足，导致血糖过高，出现糖尿，进而引起脂肪和蛋白质代谢紊乱。世界卫生组织规定，每人每日糖量以每千克体重为 0.5g 左右为佳。例如体重为 60kg 左右的成年人，糖量为每日 30g。但很明显的是对于肥胖人群和糖尿病病人来说，糖摄入量要少一些为好。

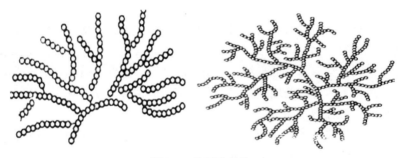

图 7-9　糖原的结构

（三）糖类的生理功能

1. 构成细胞和组织

每个细胞中都含有糖类物质，原生质、细胞核、神经组织中均含有糖的复合物。

2. 供给能量

糖类最主要的功能是在生物体内经过一系列的分解反应后，释放大量的能量，每克葡萄糖产热 16kJ，供生命活动之用。在人体功能物质中，糖产热量最快，供能及时，所以又称为快速能源。

3. 控制脂肪和蛋白质的代谢

体内脂肪代谢需要有足够的糖类来促进氧化。糖类提供不足时，脂肪氧化不完全会产生酮酸。酮酸积聚过多，可能会引起酮酸中毒，破坏机体的酸碱平衡。糖类释放的热能有利于蛋白质的合成和代谢，起到节约蛋白质的作用。所以，如果食物中的碳水化合物不足，机体需动用蛋白质来提供生命活动所需要的能量，这将影响机体用蛋白质进行新蛋白质合成和组织更新。所以减肥者或糖尿病患者完全不吃主食，只吃肉类是不适宜的。

4. 维持神经系统和解毒功能

糖类对维持神经系统的功能有很重要的作用。尽管大多数细胞可由脂肪和蛋白质代替糖作为能源，但是脑、神经和肺组织却需要葡萄糖作为能源物质。另外，糖类代谢可产生葡萄糖醛酸，葡萄糖醛酸可与体内毒素结合，起到一定的解毒作用。

脂肪、油和
我们的饮食

二、脂类

脂类是人体细胞和组织的重要成分，它不仅是构成生物膜的重要物质，而且人体代谢所需能量也是以这种形式储存和运输的，因此脂类被称为"人体的燃料"。脂肪在人体内贮藏量大约是成年人体重的$10\%\sim20\%$，储存脂肪最多的地方是皮下、大网膜和内脏周围。脂类也是人类主要的食品之一，它不仅具有重要的营养价值，而且还能改善食品的风味。

（一）脂类的组成和分类

脂类主要由碳、氢、氧三种元素组成，另外可能含有氮元素和磷元素。脂类的化学结构差异很大，但是它们都有共同的特性，即不溶于水，微溶于热水，溶于乙醚、氯仿、苯等非极性溶剂中。按照化学结构脂类分为两大类，即油脂和类脂（图7-10）。其中油脂包括脂肪和油两类，一般把常温下是液体的称为油，主要存在于植物体内；把常温下是固体的称为脂肪，主要存在于动物体内。类脂包括磷脂、糖脂和胆固醇三大类。这里重点介绍油脂。

（二）脂肪和油的结构

组成脂肪和油的分子，具有同样的结构特征。它们都是由脂肪酸和甘油脱水形成的甘油三酯（又称三酰甘油）也就是含有三个酯键的分子（图7-11）。脂肪是室温下呈固态的甘油三酯，而油是室温下呈液态的甘油三酯。甘油三酯中的饱和脂肪酸的碳链可以相同也可以不同（图7-11中R、R′、R″）。

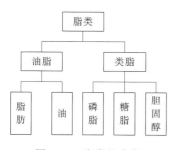

图 7-10　脂类的分类

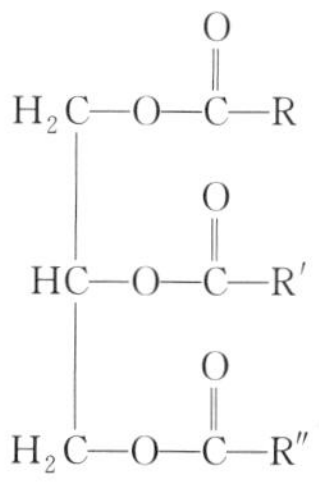

图 7-11　甘油三酯的结构

组成甘油三酯的一类重要化合物是脂肪酸。天然油脂中已发现的脂肪酸有几十种，一般都含有偶数碳原子。如图7-12所示的硬脂酸，其化学式为$C_{18}H_{36}O_2$。其结构特点是含有18个碳原子的碳链，其碳原子包括链端的羧基（—COOH）在内。结构中的碳氢链赋予了脂肪和油油腻的特征，链端的羧基基团，是脂肪酸中酸的由来。

脂肪酸中如果碳氢链的碳原子中间只含有碳碳单键而没有碳碳双键，这个脂肪酸就称为饱和脂肪酸，如图 7-12 所示的硬脂酸。如果分子中碳原子间含有一个或多个碳碳双键，这类脂肪酸就是不饱和脂肪酸。不饱和脂肪酸又分为单不饱和和多不饱和脂肪酸两种。例如图 7-13 中的油酸，每个分子中含有一个碳碳双键，为单不饱和脂肪酸。对比之下，亚油酸中含有两个碳碳双键，亚麻酸中含有三个碳碳双键，都是典型的多不饱和脂肪酸。在图中每一种不饱和脂肪酸都含有相同的碳原子数 18，但是它们碳碳双键的数目和位置都不相同。甘油三酯中的脂肪酸的不饱和度，决定了油脂的多样性。所以，固态或者半固态的动物脂肪，比如猪油和牛油倾向于含有更多的饱和脂肪酸，相比而言，橄榄油、红花籽油和其他的植物油多半是由不饱和脂肪酸组成的。表 7-2 中列出了一组脂肪酸的熔点变化趋势。在饱和脂肪酸中，熔点随着每个分子中碳原子数目的增加而提高。在含有相同碳原子数目的一组不饱和脂肪酸中，碳碳双键数目的增加会降低熔点。所以当比较含有 18 个碳原子的不饱和脂肪酸时会发现，饱和脂肪酸在 70℃ 下熔化，油酸的熔点为 16℃，而亚油酸的熔点则降至 -5℃。这样就可以解释，为什么富含饱和脂肪酸的动物脂肪在生物体温下是固体，而那些富含不饱和脂肪酸的甘油三酯则是液体。

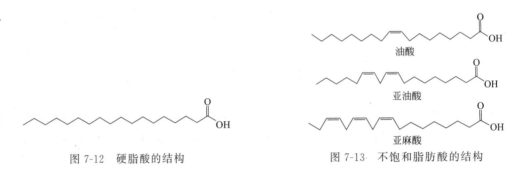

图 7-12　硬脂酸的结构　　　　　　图 7-13　不饱和脂肪酸的结构

表 7-2　部分脂肪酸的熔点

类型	名称	分子中碳原子数	分子中碳碳双键数目	熔点/℃
饱和脂肪酸	羊蜡酸	10	0	32
	月桂酸	12	0	44
	肉豆蔻酸	14	0	54
	软脂酸	16	0	63
	硬脂酸	18	0	70
不饱和脂肪酸	油酸	18	1	16
	亚油酸	18	2	-5
	亚麻酸	18	3	-11

（三）脂肪与饮食健康

1. 食用油的不饱和度与健康

因为脂肪比其他任何营养物质都含有更多的热量，所以人们更倾向于关注食物中的脂肪。脂肪对于生命是不可或缺的，它们为体内热量提供保温层，并帮助缓冲对于内部脏器的冲击，我们的大脑也富含脂类。幸运的是我们的身体可以从摄入的食物中得到原材料，并进一步合成几乎所有的脂肪酸。只有亚油酸和亚麻酸，人体无法生产它们，只能从饮食中摄入。但是许多食物，包括植物油、鱼和多叶蔬菜中都含有亚油酸和亚麻酸。图 7-14 中列出了日常食用油的组成成分。从图中可以看出，其组成有很多不同之处。例如亚麻籽油含有特别多的α-亚麻酸，这是一种正在被研究，而且被认为能够改善人体健康的多不饱和脂肪酸。但是，食用油中饱和脂肪酸太多，会和胆固醇一起在血管内壁上沉积形成斑块引起动脉粥状硬化，妨碍血液流动，产生心血管疾病。棕榈油和椰子油比玉米油和菜籽油含有更多的饱和脂肪酸。事实上，椰子油比纯的黄油含有更多的饱和脂肪酸。所以一些食品标签上有时会印有不含热带油的声明，这是考虑到人们对椰子油和棕榈油等热带油高饱和度的担心。

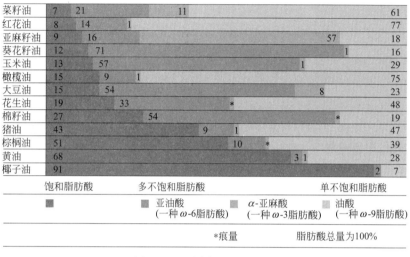

图 7-14　不同食用油的组成

2. 油的氢化与健康

虽然油脂中的多不饱和脂肪酸对人体健康是有益的，但是实际生活中我们会发现，一些食用油放置一段时间后会慢慢产生微微的酸败气味，这是由于碳碳双键比碳碳单键更容易和空气中的氧气反应。因此有时也会对油进行处理，以增加它的饱和度，同时改善含有这种油的食品的保存期限。其中，氢化是提高油或者脂肪不饱和度的一种方法，氢化指的是在金属催化作用下，氢气加成到碳碳双键上将其转化为碳碳单键的过程。当油被氢化后，其中部分或者是全部的碳碳双键被转化成碳碳单键，饱和度增加。图 7-15 是亚油酸的氢化过程，亚油酸是花生油的甘油三酯中的一种脂肪酸。当油脂发生氢化后，其状态由液态变为半固态或固态，所以又称为油脂的硬化。氢化油熔点高，性质稳定不易变质，而且也便于储藏和运输，可用于制造肥皂或人造黄油、人造奶油等。

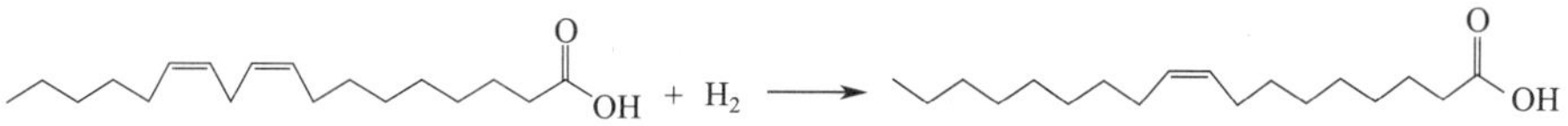

图 7-15　不饱和脂肪酸的氢化

在大部分天然不饱和脂肪酸里，连接在碳原子上的氢原子位于碳碳双键的同侧，这种形式称为顺式。如果氢原子在碳碳双键的对角线上彼此交叉，称为反式。例如油酸是橄榄油的甘油三酯中的一个主要组成部分，是顺式脂肪酸[图 7-16（a）]。反油酸是一种反式脂肪酸[图7-16（b）]。在油脂的氢化过程中，油脂中的顺式双键会发生部分异构，产生反式脂肪酸。研究表明，反式脂肪酸的摄入，除了会增加患心血管疾病的危险性外，还会干扰必需脂肪酸的代谢，影响儿童生长发育及神经系统健康，增加Ⅱ型糖尿病的患病风险，给人类健康造成威胁。目前，许多国家都在积极控制食品中反式脂肪酸的含量。2003年3月，丹麦成为第1个严格控制食品中反式脂肪酸的国家。2004年加拿大也加入了这一行列。美国食品和药物监督局从2006年1月开始，要求食品标签中必须标明反式脂肪酸的含量。食品化学家也一直致力于探索可以提高不饱和脂肪酸的饱和度，但不产生反式脂肪酸的氢化方法，从而改善人们的饮食健康。

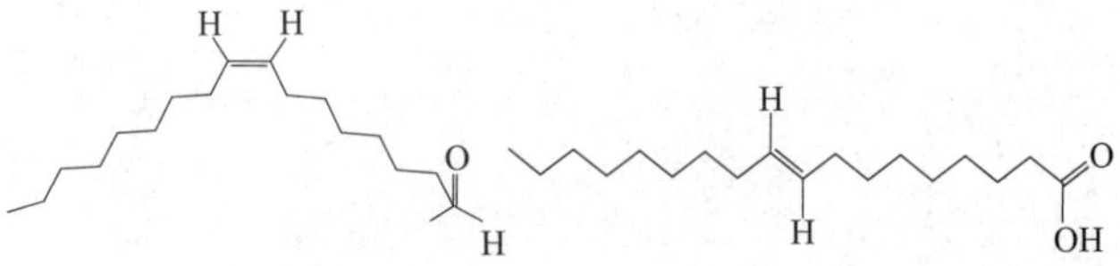

(a) 油酸　　　　　　　　(b) 反油酸

图 7-16　油酸（a）和反油酸（b）的结构

3. 脂肪的代谢与健康

脂肪代谢或运转异常使血浆中胆固醇和甘油三酯中的一种或多种脂质高于正常值的现象称为高脂血症。目前，高脂血症包括高胆固醇血症、高甘油三酯血症及两者都高的复合型高脂血症。与高血脂相关的有四个常见指标：①甘油三酯（TG），甘油三酯的正常参考值为$0.35 \sim 2.30 mmol/L$。②总胆固醇（CHOL），总胆固醇的正常参考值为$2.90 \sim 5.70 mmol/L$。③高密度脂蛋白胆固醇（HDL-C），高密度脂蛋白胆固醇正常参考值为$0.90 \sim 1.81 mmol/L$。总胆固醇低而高密度脂蛋白胆固醇高对健康有利，总胆固醇与高密度脂蛋白胆固醇的比值越低，心脑血管系统就越健康。④低密度脂蛋白胆固醇（LDL-C），低密度脂蛋白正常参考值为$2.07 \sim 3.36 mmol/L$。

（四）脂类的生理功能

1. 供给和储存能量

脂肪是人体内发热量最高的一种能量供体，每氧化1g脂肪平均释放能量37.8kJ，比糖类和蛋白质高一倍多。同时，脂类是人体内很好的能量储存器，脂类可以单独储存，而糖类储存时，1储存体积的糖原或淀粉要配2储存体积的水，因此糖类转化为脂类储存体积最小。

2. 构成人体组织

类脂中的磷脂、糖脂和胆固醇是组成人体细胞膜类脂层的基本原料。脂类也是神经和大脑的重要组成部分。胆固醇还是合成激素的原料。

3. 维持体温，保护器官

脂肪是热的不良导体，分布在皮下的脂肪可以减少体内热量的过度散失，起到维持体温和防寒保暖的作用。脂肪分布在器官、关节、神经组织等周围，起到隔离、缓冲和衬垫的作用，减少体内器官之间的摩擦和缓冲外界压力，保护固定器官。

4. 其他作用

脂类是一些酶的激活剂；脂肪在皮下适量储存可以滋润肌肤，增加皮肤弹性，延缓皮肤衰老；脂肪可促进脂溶性维生素的吸收，增加食欲和饱腹感。

第三节　维生素和矿物质

一、维生素

维生素是一种具有广泛生理功能的有机化合物，虽然在饮食中的需求是非常少量的，但是它却是保持身体健康、代谢功能正常以及疾病预防所必不可少的。

（一）维生素的发现

早在公元 7 世纪，我国医书中就有对维生素缺乏症和食物防治的记载。隋唐名医孙思邈发现食米区有脚气病，采用中药车前子、防风、杏仁可以治愈。通过后来的研究，人们发现了患脚气病的真正原因是维生素 B_1 缺乏，糙米可以防治人类的脚气病，当时孙思邈所用中药中也都含有维生素 B_1（图 7-17）。另外，孙思邈还首先用猪肝治疗"雀目"（夜盲症），此类疾病是由于缺乏维生素 A 所导致的。维生素缺乏在人类历史的进程中曾经是引起疾病和造成死亡的重要原因之一。即使今天有各种商品维生素可供选用，但仍然有维生素缺乏症。造成维生素缺乏的原因除食物中含量不足外，还有机体消化吸收障碍和需要量增加。

图 7-17　富含维生素 B_1 的食物

波兰化学家冯克于 1912 年提纯了维生素 B_1，因为这类物质中含有氨基，所以被命名为维生素（vitamin），是由拉丁文的生命（vita）和氨（amine）缩写而创造的词，后来发现维生素 B 族都是胺类，人们就将字尾的"e"去掉了。

（二）维生素的命名和分类

1. 维生素的命名

维生素主要含有碳、氮、氧、硫、钴等元素。目前已经发现了 20 多种维生素，人体需要的大约有 13 种，即维生素 A、维生素 C、维生素 D、维生素 E、维生素 K 和 8 种维生素 B。8 种维生素 B 包括维生素 B_1、维生素 B_2、维生素 B_5、维生素 B_6、维生素 B_{12}、叶酸、烟酸和生物素。维生素的命名一般按发现的先后顺序，在"维生素"之后加上 A、B、C、D 等字母。另外，有些维生素最初发现的时候以为是一种，但后来又证明是几种维生素混合在一起，所以又在字母的右下角注名 1、2、3 等加以区别。

2. 维生素的分类

维生素的种类很多，化学结构差异很大，通常人们将维生素分为脂溶性和水溶性两大类。脂溶性维生素包括维生素 A、维生素 D、维生素 E、维生素 K。水溶性维生素包括 B 族维生素和维生素 C（抗坏血酸）。脂溶性维生素必须

图 7-18　维生素 A（a）和维生素 C（b）的结构

溶于脂肪，才能被机体吸收。观察维生素 A 的分子结构[图 7-18(a)]，我们发现它几乎完全由碳原子和氢原子组成，因此维生素 A 是一种非极性化合物，是脂溶性的。水溶性维生素通常包含多个能够与水分子形成氢键的羟基基团，维生素 C 就是这样一个例子[图 7-18(b)]。维生素的溶解度对人体健康有显著的影响，由于其脂溶性，维生素 A、D、E 和 K 储存在富含脂类的细胞中，可以按照生物体的需要供给。如果摄入量远远超过正常量，脂溶性维生素会累积达到致毒的水平。相反，水溶性维生素不能储存，而是通过尿液排出，因此必须经常吃含有这些维生素的食物。

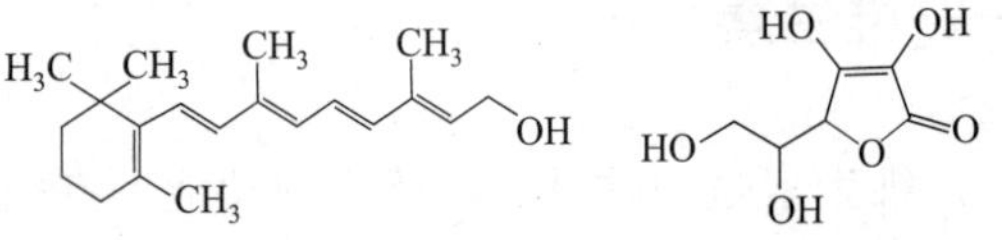

（三）维生素的作用

维生素不能产生能量，也不能构成人体组织，但是在代谢中起重要作用，常见维生素的主要功能见表 7-3。维生素的主要功能是作为辅酶的成分调节机体代谢。长期缺乏任何一种维生素会导致某种营养不良症及相应的疾病。下面介绍几种维生素的作用。

表 7-3　常见维生素的主要功能

维生素的名称		主要功能
水溶性维生素	维生素 B_1（硫胺素）	治疗脚气、周围神经炎
	维生素 B_2（核黄素）	治疗口腔溃疡、皮炎、口角炎、角膜炎
	维生素 B_3（烟酸）	治疗糙皮病、失眠、口腔溃疡
	维生素 B_6（吡哆素）	治疗贫血、先天代谢障碍病
	维生素 B_9（叶酸）	预防婴儿出生缺陷
	维生素 B_{12}（钴胺素）	治疗恶性贫血、神经系统疾病
	维生素 B_7（生物素）	治疗皮肤炎、肠炎
	维生素 C（抗坏血酸）	治疗坏血病
脂溶性维生素	维生素 A（视黄醇）	治疗干眼病、眼盲症
	维生素 D_3（胆钙化醇）	治疗佝偻病、骨软化症
	维生素 E（生育酚）	治疗不育症、习惯性流产
	维生素 K（凝血维生素）	治疗新生儿出血症

1. 维生素 A

1913 年美国生物学家麦克勒姆和戴维斯从蛋黄和奶油中提取出了一种脂溶性生长因素，命名为维生素 A。1931 年，瑞士科学家卡勒确定了维生素 A 的化学结构，发现 β-胡萝卜素是维生素 A 原。实际上，β-胡萝卜素在体内的活性仅相当于维生素 A 活性的六分之一。另外，动物的肝脏、奶、蛋黄、胡萝卜、番茄中有维生素 A 原。维生素 A 的主要功能之一是维持上皮组织的完整性，若缺乏维生素 A，则易导致正常的上皮干燥和角质化，易引发干眼

病等。但是，维生素 A 摄入过量会引起中毒，表现为食欲不振、头痛、视觉模糊，甚至死亡。成人每天需要 3000～4000IU 的维生素 A。

2. 维生素 D

1921 年麦克勒姆使用维生素 A 被破坏掉的鱼肝油做抗佝偻病实验，发现了维生素 D。维生素 D 存在于自然界中，是类固醇衍生物。在维生素 D 家族中，具有重要活性的是维生素 D_2 和维生素 D_3，分别称为麦角钙化醇和胆钙化醇。维生素 D 的主要作用是增加肠道对钙、磷的吸收，有利于新骨的生成和钙化。维生素 D 缺乏会易患佝偻病、骨软化症、手足痉挛等疾病。活性维生素 D 主要来源是肝、奶及蛋黄，而以鱼肝油中含量最丰富。但是维生素 D 摄入过量，也会引起中毒，出现发热、过敏、呕吐、腹泻、胃功能障碍等症状。成人每天需要 400IU 的维生素 D。

3. 维生素 C

在 18 世纪，坏血病在远洋航行的水手中非常普遍（他们远离陆地，缺乏新鲜水果和蔬菜），也在长期困战的陆军部队、长期缺乏食物的社区、被围困的城市、监狱和劳工营中流行。给长途旅行的英国水兵吃青柠或青柠汁，可以预防坏血病（这种病当时被称为"海上凶神"），因此发现了维生素和坏血病之间的联系。1928 年匈牙利生化学家 Albert Szent-Gy-orgyi 在实验室中成功地从牛的副肾腺中分离出 1g 纯粹的维生素 C。他也因为维生素 C 和人体内氧化反应的研究获得 1937 年的诺贝尔生理学或医学奖，所以称维生素 C 的历史为从征服"海上凶神"到诺贝尔奖。后来，两次诺贝尔奖获得者鲍林根据自己多年的研究，于 1970 年出版了《维生素 C 与普通感冒》一书。书中也写道：每天服用 1000mg 或更多的维生素 C 可以预防感冒，维生素 C 可以抗病毒。

维生素 C 除了能够防治坏血病，还可将食入的 Fe^{3+} 还原成为 Fe^{2+}，便于肠道的吸收以及造血，所以，维生素 C 对缺铁性贫血的治疗有一定的作用。另外，维生素具有一定改善心肌功能、抗癌、增强机体免疫力的作用。体内蓄积一定量的重金属毒物如砷、汞、铅等物质时，可服用一定量的维生素 C 缓解其毒性。维生素 C 主要来源于新鲜的蔬菜和水果，如橘子、橙子、枣等。但是维生素 C 容易在加热过程中被破坏，而且微量铜和其他金属的存在也会促使其被破坏。维生素 C 摄入不足，易发生皮下和牙龈出血、牙齿脱落、身体衰弱以及伤口愈合慢等症状。如果长期大量摄入维生素 C，会减弱肝素和双香豆素的抗凝血作用，有可能会引起腹痛等症状。

二、矿物质

矿物质也称为无机盐，它是人体代谢中的必需物质。组成人体的各种元素中，除了碳、氢、氧、氮外，其他元素无论含量多少统称为矿物质。人体内有 60 多种矿物质，总质量约占成人体重的 4%，随着年龄增长，矿物质含量也增大。

（一）人体内化学元素的分类

由于人体与自然界环境之间的物质能量交换都是通过化学元素来实现的，因此人体组织中几乎含有自然界存在的各种元素。根据体内需求量的不同，人体内元素被分为常量、微量元素。常量元素包括 Ca、Mg、Na、K、P、S、Cl 七种，这些元素是生命体必需的，但又不像体内的氧、碳、氢、氮含量那么丰富，因此需要每日摄入 1～2g。微量元素包括 V、Cr、Mn、Fe、Co、Ni、Cu、Zn、Mo、Sn、Se、Si、F、I 十四种。上述元素在人体内大都以矿物质的形态存在，是人体组织中十分重要的营养物质。

（二）元素在人体内的作用

1. 钙

钙是体内最丰富的矿物质，约占人体重量的 2%。钙与磷和少量的氟一起组成了骨骼和牙齿的主要成分，血液凝结、肌肉收缩和神经脉冲的传导也都需要钙离子。在牙釉质和牙本质中，钙主要以无机物羟基磷灰石的结晶形式存在，其分子式为：$[Ca_3(PO_4)_2]_3 \cdot Ca(OH)_2$。在人体中，骨骼始终不断地重吸收钙。正常人的血钙水平维持在 2.1～2.6mmol/L。如果低于这个范围，则认为缺钙。当人体缺钙时，会导致佝偻病和骨质疏松症。钙的吸收与膳食中钙的质和量以及钙的吸收率等多种因素有关。例如，钙能与食物中某些化合物结合形成不溶性的化合物而不被吸收，随粪便排出体外。因此，在选择食品和了解人体需要量之前，有必要了解影响钙吸收的种种因素和补钙的基本措施。表 7-4 列出了一些食物中的钙含量。

表 7-4　某些食物中的钙含量 [每 100g 食物中所含钙的质量(mg)]

食物名称	含量/mg	食物名称	含量/mg
大米	10	紫菜	229
标准粉	38	雪里蕻	235
鸡蛋	55	豆腐	277
牛奶	120	芝麻酱	870
猪排骨	178	海带	1119
青菜	163	小虾皮	2000

2. 钠

成人体内所含钠离子总量约为 6200～6900mg，其中约 45% 存在于细胞外液中，约 45% 存在于骨骼中，仅 10% 存在于细胞内。正常人血浆钠浓度为 135～140mmol/L。钠的主要生理功能是调节体内水分，维持细胞内外渗透压平衡、酸碱平衡和血压正常，增强肌肉兴奋性。虽然，钠元素对生命也很重要，但并不需要像大多数日常饮食中所摄入的那么大量。钠的每日推荐摄入量是不超过 2.4g。实际上过多的钠会引发高血压，所以医生建议特殊人群限制钠的摄入量。但是，当血浆钠低于 135mmol/L 时，即为低钠血症，会使渗透压降低、细胞肿胀，出现恶心、呕吐、视力模糊、心率增快、血压下降等症状。

3. 钾

人体中的钾通常以钾离子的形式存在。日常饮食中橘子、香蕉、番茄和土豆等，就能供应我们每天钾的需求量。钾的主要生理功能是参与糖、蛋白质的代谢，调节细胞内外的酸碱、电解质及渗透压平衡等。在细胞内，钾的浓度比钠离子高很多，在细胞外的淋巴和血清中则相反。钾离子和钠离子的相对浓度，对心脏的规律跳动特别重要。利用利尿剂来控制高血压，可能也需要补充钾来取代从尿液中排出的钾。

4. 铁

铁是人体内含量最高的金属微量元素。它是血红蛋白、肌红蛋白和多种氧化酶的重要组成部分。血红蛋白和肌红蛋白参与组织中氧气、二氧化碳的运转和交换过程或在肌肉中转运和储存氧。正常成年人每天需要摄入铁 10～15mg，缺乏时会引起缺铁性贫血或营养性贫血。但摄入铁量过高会引起铁沉着病，增加患心肌梗死和肿瘤的危险。膳食中铁的最好来源是肝、蛋黄、全麦、牡蛎、坚果等食品。

5. 锌

锌是人体内含量较高的必需微量元素。锌参与体内两百多种酶的合成，在人体生长发育、生殖遗传、免疫、内分泌等重要生理过程中起着极其重要的作用，还能促进微量元素锰和铜的吸收。成人体内的含锌量约为 2g，90% 的锌存在于肌肉与骨骼中，其余 10% 在血液中。正常人每天需要摄入锌 10～15mg。缺锌时，易患口腔溃疡、肝脾肿大、男性前列腺炎等疾病，并引起胎儿畸形率升高、生长发育不良等疾病。食物中，动物性蛋白中的含锌量较多，尤其贝壳类食品含锌丰富，而且易被人体吸收利用。例如，新鲜牡蛎中的含锌量超过100mg/kg。豆类和小麦含锌 15～20mg/kg。

6. 碘

碘是人体内含量和日需要量都比较少的微量元素。体内大多数的碘都集中在甲状腺，是甲状腺球蛋白的组成成分，与甲状腺的机能密切相关，在人体需要时，甲状腺球蛋白很快水解为有活性的甲状腺素（图 7-19），每个甲状腺素分子中含有 4 个碘原子。甲状腺素是一种调节代谢的

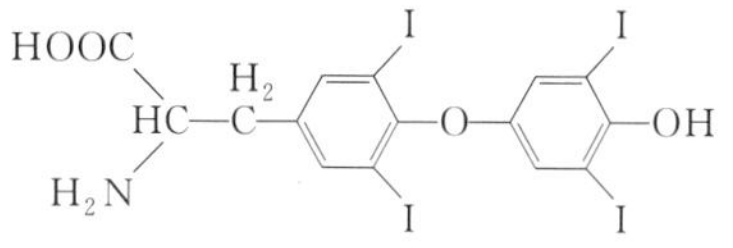

图 7-19　甲状腺素的结构

激素。甲状腺素过量会诱发甲状腺功能亢进，这是一种基本代谢被加速到了一个不健康水平的症状，就像一个赛车的引擎一样运转。相反有时因为碘摄入不足引起甲状腺素缺乏，会导致甲状腺肿大，即俗称的"大脖子病"，症状为代谢减慢、疲倦、无力。水和食物中的碘主要以无机碘化物的形式存在，很容易被小肠吸收并运转至血液中，吸收后的碘主要为蛋白质结合碘。碘在海带、紫菜、海鱼、海盐等海产品中的含量丰富。

7. 氟

氟是人体内必需的微量元素之一。它对骨骼与牙齿有重要作用，氟能与骨骼中的羟基磷灰石形成坚硬的氟磷灰石，适量的氟有利于钙和磷的利用及在骨骼中的沉积，加速骨骼的形成，并保护骨骼的健康。氟被牙釉质中的羟基磷灰石吸收后，在牙齿表面形成一层抗酸性腐蚀、坚硬的氟磷灰石保护层，可以有效预防龋齿。但是氟过量会引起氟中毒，表现为氟斑牙、氟骨病等症状，还可干扰体内钙与磷的代谢，从而影响骨骼生长。氟在海产品、蔬菜、茶叶等食品中含量较高。

第四节　健康饮食

一、食物中的能量

健康饮食

用于保持体温和运行人体内所有复杂的生化反应所需要的能量都来自于饮食中的脂肪、

碳水化合物。除了需要充分的能量来源，身体还必须具有某种方式来调节能量释放的速度，没有这种控制，人的体温将发生剧烈的波动。食物要通过很多步骤才能最终被转化为二氧化碳和水并放出能量，其中每一步都涉及酶、酶的调节剂以及激素等。因此能量被缓慢地按需释放，体温也可以维持在正常范围内。

食物的能量单位是焦耳（J），日常生活中常用千卡（kcal）表示，$1kcal = 4186.8J$。食物中每克脂肪、碳水化合物和蛋白质代谢后放出的热量分别约为9kcal、4kcal和4kcal。脂肪提供的能量约是蛋白质和碳水化合物的2.5倍。尽管蛋白质和碳水化合物产生的代谢能量差不多，但是蛋白质不是体内主要的能量来源，它们主要用于构建皮肤、肌肉、腱、韧带、血液和酶等。脂肪与碳水化合物在能量释放上大的差异，是由其不同的化学组成造成的。例如，月桂酸（$C_{12}H_{24}O_2$）与蔗糖（$C_{12}H_{22}O_{11}$），两种化合物分子中含有的碳原子数目相同，氢原子数目也接近。

$$C_{12}H_{24}O_2(月桂酸) + 17O_2 \longrightarrow 12CO_2 + 12H_2O + 8.8kcal/g$$
$$C_{12}H_{22}O_{11}(蔗糖) + 12O_2 \longrightarrow 12CO_2 + 11H_2O + 3.8kcal/g$$

当月桂酸或葡萄糖燃烧时，它们的碳和氢原子分别与加入的氧结合，形成二氧化碳和水。从上述两个反应式可以看出，燃烧1g的月桂酸比1g的蔗糖需要更多的氧气。也就是糖比脂肪酸的含氧量更高，或者是氧化程度更高。在蔗糖中弱的碳氢键被替换成更强的氧氢键，结果只需要破坏更少的氧氧双键，所以总体释放的能量要少于月桂酸。

二、人体的代谢

人每天所需要的能量，由自身的运动和活动水平、健康状况、性别、年龄、体型和其他因素共同决定。表7-5列出了每日不同人群能量摄入的推荐值。

表7-5　人体每天所需热量

性别	年龄/岁	静息/kcal	中等活跃/kcal	活跃/kcal
女性	14～18	1800	2000	2400
	19～30	2000	2000～2200	2400
	31～50	1800	2000	2200
	50以上	1600	1800	2000～2200
男性	14～18	2200	2400～2800	2800～3200
	19～30	2400	2600～2800	3000
	31～50	2200	2400～2600	2800～3000
	50以上	2000	2200～2400	2400～2800

人体从食物中摄取的能量首先要用于保持心脏跳动、肺的呼吸、大脑活动、其他主要器官的活动以及维持37℃的体温，这些能量需求被定义为基础代谢率（BMR）。基础代谢率指一个人在安静、清醒的环境下，不受肌肉、饮食、运动、环境因素的影响，这时产生的最基础代谢率，是指维持基本身体功能所需的最小能量值，大约为$1kcal/(kg \cdot h)$，但这个数值会随着体型和年龄变化而不同。例如，一个体重55kg的20岁女性，她的每日基础代谢为$1kcal/(kg \cdot h) \times 55kg \times 24h$，即1320kcal。正常人体的基础代谢一般需要1200～1500kcal，根据个体年龄、性别以及从事的职业不同而有所不同。一般女性所需要的基础能量大约是1200～1300kcal，男性大约是1300～1500kcal。但是，表7-5中成年女性每日建议能量摄入

为 2200kcal，其中 59％的能量（1300kcal）用于基础代谢，那剩余的能量到哪里去了呢？如果她在运动或活动中燃烧掉剩余的能量，就不会以脂肪和糖原的形式进行储存，但如果多余的能量没有消耗掉，能量会以化学的形式积累。表 7-6 中给出了不同形式的运动与能量消耗的关系。例如我们吃了一个汉堡包需要步行 75min 或者跑步 35min 才能消耗掉。

表 7-6　运动形式与消耗能量的关系

食物	能量/kcal	步行时间/min	跑步时间/min
苹果(约 200g)	125	27	13
啤酒(约 225mL)	100	21	10
巧克力饼干(约 10g)	50	11	5
汉堡包(约 100g)	350	75	35
冰激凌(约 110g)	175	38	18
奶酪比萨饼(约 80g)	180	39	18
薯片(约 30g)	108	23	11

三、膳食建议

科学家们开展的各项研究，为我们合理膳食提供了建议。例如，二十世纪六十年代的研究显示，含饱和脂肪酸的食物能使人体的血浆内胆固醇水平明显升高。在蔬菜和鱼类中发现的很多不饱和脂肪酸能够降低胆固醇水平。因此建议人们用不饱和脂肪酸来替代饱和脂肪酸。这个饱和脂肪酸不利健康的舆论导致了不饱和蔬菜油使用量的大大增加。二十世纪六七十年代，人们把蔬菜油部分氢化生产反式脂肪酸，这也造成了潜在的健康风险。另外，日常生活中人们通常认为碳水化合物是造成肥胖的元凶，谈论碳水化合物问题的饮食书籍，从禁止所有碳水化合物到区别对待好的和不良的碳水化合物的各类观点都存在。后一种论点认为不良的碳水化合物，会造成血糖迅速升高，紧接着是血糖中胰岛素的激增。没有马上被消耗转化成能量的糖类变成脂肪并存在于细胞中，导致人发胖。但是，相反的胰高血糖素也是胰腺分泌的，是与胰岛素作用相反的激素。它促进细胞中储存的葡萄糖的消耗。胰高血糖素在葡萄糖激增，例如在食用不良碳水化合物以后会降低，在食用蛋白质后会增加。因此很多新式的低糖饮食提倡使用较多的蛋白质来消耗体内储存的热量。但是，这种途径对健康的长期影响还有待观察，明确的是营养和饮食都涉及繁多而复杂的化学机制。

2022 版中国居民平衡膳食宝塔包括六层食物（图 7-20）。

第一层：谷薯类食物。谷薯类是膳食能量的重要来源（碳水化合物提供总能量的 50％～65％），也是多种微量营养素和膳食纤维的好来源。2022 版宝塔相较于 2016 版在推荐摄入上并没有任何变化，依旧是建议成人每人每天摄入谷类 200～300g，其中全谷物和杂豆类 50～150g；薯类则是每人每天 50～100g。

第二层：蔬菜和水果。蔬菜和水果作为膳食纤维、微量营养素和植物化合物的良好来源，是膳食指南中鼓励多摄入的两类食物。新旧两版膳食宝塔中的建议水果摄入量相同，依旧是推荐成人每人每天摄入 200～350g，在蔬菜的摄入上，2016 版指南给出的建议是成人每人每天摄入 300～500g，而 2022 版指南中则取消了 500g 的上限，给出了每天蔬菜摄入至少达到 300g 的建议，从侧面鼓励中国居民提高蔬菜的食用量。

第三层：鱼、禽、肉、蛋等动物类食物。鱼、禽、肉、蛋等动物类食物是膳食指南推荐适量食用的食物，2022 版膳食宝塔中维持了原来的推荐量，成人每人每天摄入 120～200g。

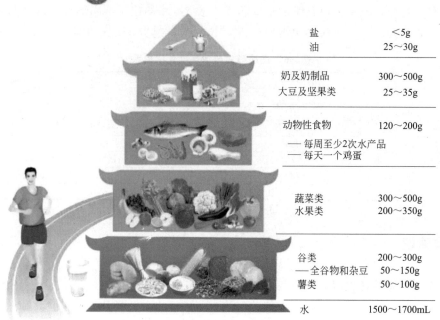

中国居民平衡膳食宝塔（2022）

盐	<5g
油	25～30g
奶及奶制品	300～500g
大豆及坚果类	25～35g
动物性食物	120～200g
—— 每周至少2次水产品	
—— 每天一个鸡蛋	
蔬菜类	300～500g
水果类	200～350g
谷类	200～300g
—— 全谷物和杂豆	50～150g
薯类	50～100g
水	1500～1700mL

图 7-20　中国居民平衡膳食宝塔（2022）

在肉类选择上宝塔着重强调优先选择鱼、虾、蟹和贝类等富含优质蛋白质、脂类、维生素和矿物质的海产品，推荐摄入量为每人每天 40～75g。在禽畜肉选择上也应以脂肪含量较低的禽类肉为主，每人每天同样是 40～75g；此外，蛋类的营养也不容忽视，推荐每天至少吃 1 个全蛋。

第四层：奶类、大豆和坚果。奶类和豆类是鼓励多摄入的食物。2016 版的膳食宝塔中奶类以及乳制品的推荐摄入量为 300g，2022 版则进一步提高为 300～500g。正确补充膳食纤维，补充优质蛋白和钙质在新版宝塔中被着重强调。大豆和坚果类推荐摄入量并无明显变化，为每日 25～35g。

第五层：烹调油和盐。烹调油的使用建议从 1997 年初代膳食宝塔开始就没有明显变化，一直为每人每天 25～30g。值得一提是盐的推荐摄入量在 2022 版中首次出现变化，从 6g 下调到 5g。

第六层：活动和饮水。身体活动和水的图示也包含在图 7-20 中，用于强调增加身体活动和足量饮水的重要性。水是膳食的重要组成部分，是一切生命活动必需的物质，其需要量主要受年龄、身体活动、环境温度等因素的影响。2016 版和 2022 版基本没有任何变化，宝塔推荐对于从事低消耗工作的成年人，每人每天需要饮用 1500～1700mL 水。此外每天应保持相当于快走 6000 步的运动量，每周需要有 150 分钟左右的中等强度运动，以保证身体能量的动态平衡。

2011 年 6 月 2 日美国农业部也发布了一张健康饮食指南图，名为"我的盘子"（图 7-21）。以往的金字塔，把谷物放在最底端，中间是水果和蔬菜，再往上是肉、蛋、奶和坚果类，最顶端是脂肪和糖，在旁边还有建议摄取的范围量。可是这并不能很好地帮助普通大众，大家还是对它怎么使用很困惑。"我的盘子"克服了上述缺点，更加直观，也更容易操作。只要看看盘子里食物的比例就能大致判断吃的是否符合膳食标准。盘子分成4块，左侧两块分别是水果和蔬菜，右侧两块分别是谷物和蛋白质。盘子右上角是一个蓝色小盘子，标注"乳制品"。图中显示，蔬菜和谷物两个色块最大。蔬菜那块稍微比谷物大一点点，显示膳食中增加蔬菜的量有益健康。谷物和蛋白质的大小相当，只是略比蛋白质大一点点。

图 7-21　"我的盘子"

第五节　食品安全

当下食品安全问题已经成为人民关注的重点问题，"民以食为天，食以安为先"，食品安全是关系国计民生、人类健康的重大问题。近年来国家和政府加大了监管力度，对食品安全问题的重视程度也在不断增加。这节重点介绍食品添加剂和食品中的有毒有害物质。

一、食品添加剂

《中华人民共和国食品卫生法》规定，食品添加剂是指为改善食品的品带你走进食品添加剂
质和色、香、味，以及为防腐和加工工艺的需要而加入食品中的化学合成或者天然物质。人类使用食品添加剂的历史相当久远，中国在汉代就开始用盐卤来制作豆腐，并沿用至今。北魏末年贾思勰所著《齐民要术》中曾记载从植物中提取天然色素并应用的方法。作为豆制品防腐和护色用的亚硝酸盐，在宋代时就用于腊肉生产。在国外，埃及墓碑上就描绘有糖果的着色，葡萄酒也已在约公元前4世纪进行了人工着色。

（一）食品添加剂的分类

目前，食品添加剂在现代食品工业中发挥着越来越重要的作用。食品添加剂的种类很多，各国使用的种类和用量也不同，我国制定的《食品安全国家标准 食品添加剂使用标准》和《食品添加剂卫生管理办法》允许使用的食品添加剂有200多种，分为22类。多数国家与地区将食品添加剂按其在食品加工、运输、储藏等环节中的功能分为6类：①防止食品腐败变质的防腐、抗氧化和杀菌剂；②改善食品感官性状的鲜、甜和酸味剂，色素，香料，香

精，着色，漂白和抗结块剂；③保证和提高食品质量的组织改良剂，膨化、乳化、增稠和被膜剂；④改善和提高食品营养价值的维生素、氨基酸和无机盐；⑤便于食品加工制造的消泡和净化剂；⑥其他功能的添加剂，有酸化剂、酶化剂、酿造添加剂等。

（二）食品添加剂的化学组成及功能

1. 防腐剂

防腐剂是为了抑制食品腐败和变质，延长贮存期和保鲜期的一类添加剂。目前，常用的食品防腐剂分为化学食品防腐剂和天然食品防腐剂两大类。化学食品防腐剂主要有硝酸盐和亚硝酸盐类、苯甲酸及其钠盐、山梨酸及其盐类、丙酸及其盐类、对羟基苯甲酸酯类。

硝酸盐和亚硝酸盐是广泛存在于自然环境中的化学物质，特别是在食物中，如粮食、蔬菜、肉类和鱼类中都含有一定量的硝酸盐和亚硝酸盐。硝酸钠、硝酸钾（火硝）和亚硝酸钠（快硝）等，可以防止鲜肉在空气中被氧化成灰褐色的变性肌红蛋白，以保持肉类食品的新鲜程度。同时，硝酸盐还是剧毒的肉毒杆菌的抑制剂，因此硝酸盐是腌肉和腊肠等肉制品的必备品。《食品安全国家标准 食品添加剂使用标准》规定在肉制品中硝酸盐的使用量不得超过 0.5g/kg，亚硝酸盐的使用量不得超过 0.15g/kg。少量的亚硝酸钠摄入，不会对人体造成影响。但是大剂量的亚硝酸盐能够使血红蛋白中的二价铁氧化成三价铁，产生大量高铁血红蛋白从而失去携氧和释氧能力，引起全身组织缺氧。根据计算，人体摄入 0.3～0.5g 亚硝酸盐可引起中毒，摄入 3g 可致死。

苯甲酸（图 7-22）的水溶液呈酸性，其防腐效果较好，对各种微生物均有明显的抑制作用，对人体比较安全、无害。由于苯甲酸在水中的溶解度较小，使用时常将其转化为钠盐，即苯甲酸钠。苯甲酸及其钠盐均能抑制微生物细胞呼吸酶的活性，具有较强的杀菌作用，在酱油、食醋、果汁、酱菜等食品中有所应用。

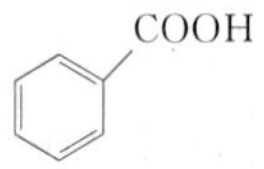

图 7-22　苯甲酸的结构

山梨酸又叫花椒酸，结构式为 $CH_3—CH=CH—CH=CH—COOH$，为无色结晶。山梨酸及其钾盐能与微生物酶中的巯基（—SH）结合，破坏其活性，抑制其生长繁殖。结构中的双键阻止霉菌脱氢，干扰其新陈代谢。对霉菌、酵母菌、好氧菌都有一定的作用，对人体没有毒性，是一种普遍认为安全的防腐剂。广泛用于酱油、食醋、果酱、果汁、葡萄酒等的生产加工中。

近年来天然防腐剂的研究和开发利用，成了食品工业的热点之一。经过许多科学家多年的精心研究，已经开发出来一些天然防腐剂，并且发现天然防腐剂不但对健康无害，而且具有一定的营养价值，是今后开发的方向。目前已有的天然防腐剂有那他霉素、葡萄糖氧化酶、鱼精蛋白、溶菌酶等。

2. 鲜味剂

1908 年，日本东京大学教授池田菊苗觉得夫人做的海带黄瓜汤十分美味可口，就想弄清楚是什么原因。他在实验室对海带进行各种化学成分分析，发现海带中含有一种叫谷氨酸钠的物质，它使汤的味道特别鲜。此后，他又从小麦、大豆中提取出了谷氨酸钠。池田教授因此获得了专利，并实现了工业化生产。这种商品名为"味之素"的调料品，很快风靡全世界。谷氨酸钠是谷氨酸的一价钠盐，分子式为 $C_5H_8NO_4Na$（图 7-23），通常含有一个结晶水，呈白色晶体状，易溶于水，中性条件下在水溶液中加热不分解，一般情况无毒性。谷氨酸钠有肉类鲜味，是商品味精的主要成分。味精不宜在高温下使用，150℃失去结晶水，210℃生成对人体有害的焦谷氨酸钠。

20世纪60年代初，化学家用淀粉糖化再发酵制得肌苷酸二钠（图7-24），化学式为$C_{10}H_{11}O_8N_4PNa_2$，其鲜度是谷氨酸钠（味精）的40倍。在味精中加入5％～12％的肌苷酸二钠，即制成所谓的"强力味精"或"加鲜味精"。

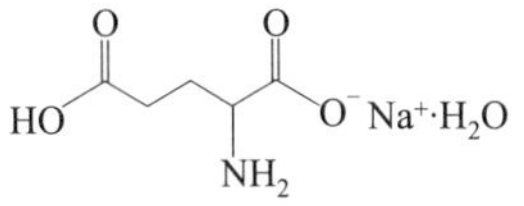

图7-23 谷氨酸钠的结构

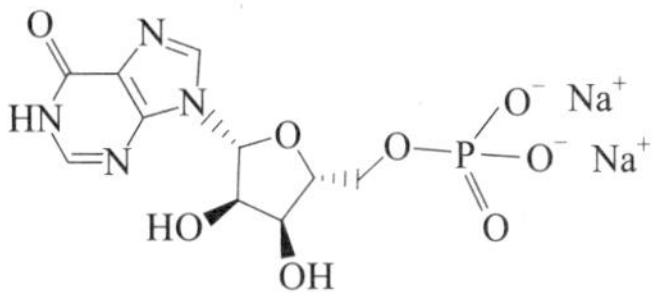

图7-24 肌苷酸二钠

20世纪初，味精问世不久后，日本化学家一度对蘑菇、香蕈等味道鲜美的真菌类植物很感兴趣，经分析研究，其中含有一种叫鸟苷酸的物质，味道比味精还鲜，但是一直没有开发出好的生产方法。20世纪60年代，人们终于从香蕈中成功提取了鸟苷酸二钠，分子式为$C_{10}H_{12}O_8N_5PNa_2$（图7-25），测定其鲜度是味精的160倍。鸟苷酸二钠和适量味精在一起会发生协同作用，所以市场上的"特鲜味精"就是在普通味精中掺上少量的鸟苷酸二钠。

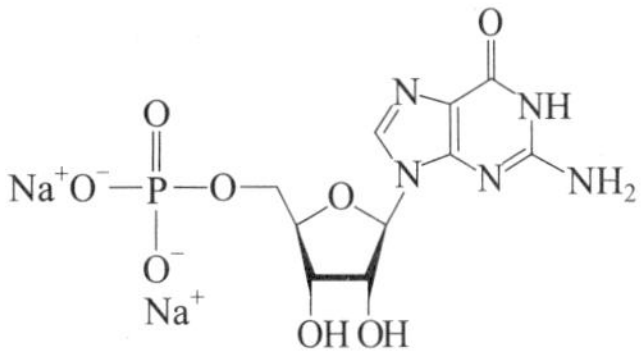

图7-25 鸟苷酸二钠

3. 甜味剂

甜味剂是指赋予食品或饮料以甜味的食品添加剂，指所有能给食物带来甜味的物质，可以分成营养型甜味剂和非营养型甜味剂。营养型甜味剂，多为天然的，例如葡萄糖、果糖、麦芽糖等，甜度低，热值高；非营养型甜味剂，如糖精、甜蜜素等，甜度高，热值低。

（1）天然甜味剂

天然甜味剂多是脂肪族的羟基化合物，一般来说分子结构中羟基越多就越甜。如分子中含有两个羟基的乙二醇，略有甜味，含有三个羟基的丙三醇，较乙二醇甜。葡萄糖分子中含有6个羟基就比较甜了。不同甜味剂产生甜的效果用甜度表示，它是以蔗糖为基准的一种相对甜度。将蔗糖的甜度定义为100，并将其他甜味剂与其对比得到数值。表7-7所列出的糖都是自然界天然存在的糖，例如果糖存在于多种水果中，它是表中列出最甜的糖。乳糖存在于牛奶中，甜度比较低。蜂蜜主要是由果糖和葡萄糖所组成的，所以它的甜度介于两者之间。

表7-7 天然甜味剂的甜度

种类	乳糖	麦芽糖	葡萄糖	蜂蜜	蔗糖	果糖
甜度	16	32.5	74.3	97	100	173

（2）木糖醇

木糖醇原产于芬兰，是从白桦树、玉米芯、甘蔗渣等植物原料中提取出来的一种天然甜味剂，其化学式是$C_5H_{12}O_5$（图7-26），分子结构中有5个羟基，甜度与蔗糖相当，溶于水可吸收大量热，是所有糖醇甜味剂中吸热值最大的一种。木糖醇不致龋齿并有防止龋齿的作用。代谢不受胰岛素调节，在人体内代谢完全，热值为16.72kJ/g，可作为糖尿病人的热能源。木糖醇除了提供甜味以外，兼具有增效剂的作用，主要用于糕点的制作。

（3）糖精

糖精的化学名为邻苯甲酰磺酰亚胺，结构如图 7-27 所示。它的甜度是蔗糖的 450 到 700 倍，稀释 1000 倍仍然有甜味。但是糖精并非糖之精华，它不是从糖里直接提炼出来的，而是以煤焦油为基本原料制成的，主要用于食品工业，可用于牙膏、香烟及化妆品中。每日摄取安全容许量为 0～2.5mg/kg。2017 年 10 月 27 日，世界卫生组织国际癌症研究机构公布的致癌物清单中，糖精及其盐在 3 类致癌物清单中。

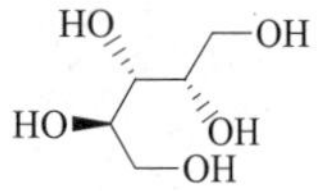

图 7-26　木糖醇的结构 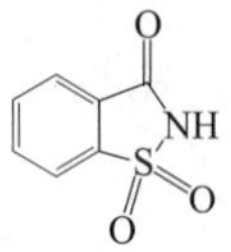　　　　　图 7-27　糖精的结构 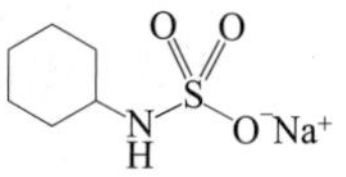　　　　　图 7-28　甜蜜素的结构

（4）甜蜜素

甜蜜素的化学名称为环己基氨基磺酸钠（图 7-28），是食品生产中常用的添加剂，其甜度为蔗糖的 30～40 倍。与糖精相比不产生苦味，曾经在清凉饮料、冰淇淋、糕点等食品中普遍使用。1969 年，美国国家科学院研究委员会收到有关甜蜜素致癌的实验证据，美国食品和药物监督局为此立即发布规定，严格限制甜蜜素的使用，并于 1970 年 8 月发出了全面禁止使用的规定。但是，1982 年 9 月，美国雅培实验室和能量控制委员会又用大量实验事实证明了甜蜜素的食用安全性。目前，仍有许多国家继续承认甜蜜素的甜味剂地位，允许甜蜜素的食用。我国《食品安全国家标准 食品添加剂使用标准》对食品加工中甜蜜素用量和使用范围进行了严格限制。

（三）理性认识食品添加剂

食品添加剂是人类生活中不可或缺的一部分，大大促进了食品工业的发展，并被称为现代食品工业的灵魂，没有食品添加剂，就没有食品的五彩缤纷和多滋多味。

1. 食品添加剂的作用

（1）有利于食品的保存和运输

食品除了少数物质如食盐外，几乎都来自于动物、植物。各种生鲜食品，如在植物采收或动物屠宰后，若处理不当，会造成食品的败坏变质。所以为了食物在保质期内保持应有的品质，可以使用一定量范围内的防腐剂或抗氧化剂，如罐头中的防腐剂和充气包装中的氮气。

（2）改善食品的感官性状

食品的色、香、味、形态和品质是衡量食品质量的重要指标。随着消费者对色、香、味等要求的不断提高，适当的食品添加剂起着不可或缺的作用。例如，食用增稠剂、乳化剂等可以改善食物的形态外观，如冰淇淋中的增稠剂和乳化剂；护色剂和着色剂能改变食物的外观颜色，使食物看起来更加诱人等。

（3）满足其他特殊要求

例如，糖尿病人不能吃糖，则可用无营养甜味剂或低热能甜味剂，如木糖醇或糖精制成无糖食品供应。对于缺碘地区供给碘强化食品，可防治当地居民的缺碘性甲状腺肿。

2. 食品添加剂的危害

（1）用于食品的掺杂做假

我国《食品添加剂卫生管理办法》中规定，禁止以掩盖食品腐败或掺杂、掺假、伪造为目的而使用食品添加剂。例如，甲醛的水溶液又称为福尔马林，人们常用它来制作动物标本。不法商贩用它浸泡海产品、猪血、鸭血后不仅色泽艳丽且保鲜持久，但是它也有强烈的致癌作用，所以绝对不允许使用在食品的保鲜上。人们已经逐渐认识到甲醛和硼砂类的水溶液作为食品防腐剂的危害，国家有关部门也规定禁止把它们作为食品防腐剂使用。

（2）食品添加剂的过量使用

我国著名食品安全专家陈君石院士曾指出，任何东西吃多了都有害，这就是基于剂量决定毒性的原理。例如，联合国粮食及农业组织和世界卫生组织食品添加剂专家联合会对苯甲酸做出了最新的风险评估，规定人体每日允许摄入量，即对人体健康无不良影响的剂量为 $0 \sim 5mg/kg$，这相当于体重 $60kg$ 的成人摄入无毒副作用剂量是每天 $300mg$。我国国家标准规定苯甲酸钠在碳酸饮料中的最大使用量为 $0.2g/kg$。营养强化剂虽为人体所需，但过量使用，如维生素 A 和维生素 D，均可引起过剩性中毒。这就要求人们将其所带来的益处与可能的危害进行权衡，尤其是将其可能带来的危害置于可供选择地使用及与整个食品供应的总体关系中加以考虑。

二、食品中的有毒有害物质

根据来源食物中的有毒有害物质可分为天然毒素、诱发毒素和外来毒素。

（一）天然毒素

1. 生物碱类毒素

生物碱是存在于自然界（主要为植物）中的一类碱性含氮物质，是植物生长过程中的次级代谢物之一。生物碱分子具有环状结构，难溶于水。生物碱与酸结合生成的盐类则易溶于水。含有生物碱的有毒植物主要有曼陀罗、发芽土豆、毒芹、毒蘑菇等。此类植物所含生物碱对人体有毒，主要作用于中枢神经系统及自主神经系统。例如发芽土豆中较重要的生物碱是龙葵毒素，其结构如图 7-29 所

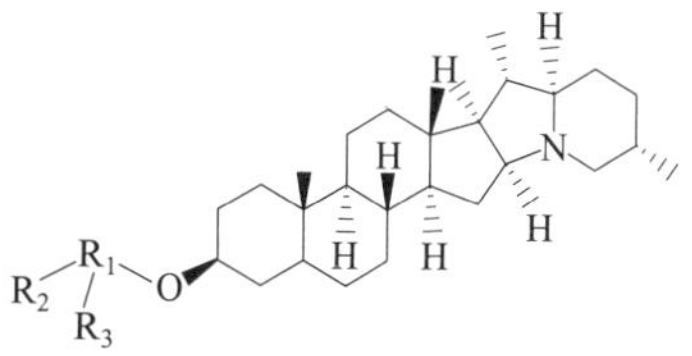

R_1、R_2、R_3 代表连接到茄啶官能团上的糖

图 7-29　龙葵毒素

示。龙葵毒素主要是通过抑制胆碱酯酶的活性而造成胃肠道的损伤、呼吸中枢和运动中枢麻痹，还可引起脑水肿、胃肠炎等。

2. 河豚毒素

在鱼类中，大约有 500 种含有毒性的鱼，其中以河豚最常见。河豚肉质鲜美，有"长江第一鲜"之称。但是河豚体内包括内脏、血液、鱼皮、头部等部位都含有剧毒的河豚毒素，加工处理不当或误食后可导致死亡。该毒素是一种强烈的神经毒素，其毒性是氰化钾的 1250 倍，0.5mg 即可致人死亡，无特效解毒药。河豚毒素的结构如图 7-30 所示，为氨基全氢喹唑啉型化合物，是自然界中所发现的毒性最大的神经毒素之一，曾一度被认为是自然界中毒性最强的非蛋白类毒素。河豚毒素对肠道有局部刺激作用，吸收后迅速作用于神经末梢

和神经中枢，可高选择性和高亲和性地阻断神经兴奋膜上的钠离子通道，阻碍神经传导，从而引起神经麻痹而致死亡。河豚毒素不仅存在于河豚体内，还存在于蝾螺、法螺、槭海星等海洋生物中。

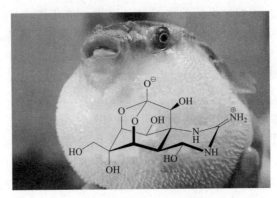

图 7-30　河豚毒素的结构

3. 氰苷类毒素

氰苷分子中含有氰，其特点是水解后生成氢氰酸。此类毒素存在于许多可食用植物果核中，如杏仁、桃仁、李子仁等。它们在口腔、食道、胃和肠中水解，人体吸收氢氰酸后，氰根离子与细胞色素氧化酶中的铁结合，阻止细胞色素氧化酶递氧，抑制细胞的正常呼吸，导致组织缺氧，体内 CO 和乳酸量增高，机体陷入内窒息状态。同时氢氰酸还能作用于呼吸中枢及血管运动中枢，使之麻痹，最后导致死亡。

（二）诱发毒素

1. 霉变食物

有些食品由于存放不当会发生霉变，食物一旦发生霉变都有可能存在黄曲霉毒素。霉菌易在粮食、油类及制品和坚果上生长，其中花生及其制品最容易产生黄曲霉毒素。黄曲霉毒素为分子真菌毒素，是一种强烈致肝癌的毒素，其毒性是氰化钾的 10 倍，砒霜的 68 倍。黄曲霉毒素具有比较稳定的化学性质，而且对热不敏感，100℃下加热 20 小时还不能被完全去除，只有在 280℃以上的高温下才能被破坏。为了防止产生黄曲霉毒素，平时存放粮油和其他食品时必须保持低温、通风、干燥，避免阳光直射。不食用有哈喇味的动、植物油。

2. 丙烯酰胺

丙烯酰胺（图 7-31）存在于一些油炸和烧烤的淀粉类食物中，如炸薯条、炸薯片、谷物、面包等都含有丙烯酰胺。其中含量最高的三类食品是：高温加工的土豆制品、咖啡及其类似制品。丙烯酰胺是一种中等毒性的亲神经毒素，可通过皮肤、黏膜、肺和消化道吸收进入人体，分布于体液中。丙烯酰胺是积蓄性神经毒素，可引起中枢和周围神经系统的远端轴突变。

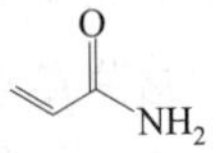

图 7-31　丙烯酰胺的结构

（三）外来毒素

食物中的外来毒素主要是在育种、种植、饲养、管理、储存等环节中施用，或者从空气、水、土壤等环境中吸收而来，主要包括以下几种：①挥发性毒物，包括磷及磷化物、氰化物、醇类、酚类、苯胺、硝基苯等；②金属毒物，包括砷、汞、镉、铅、钡及其化合物；③农药，包括有机氯、有机磷、氨基甲酸酯类、拟除虫菊酯类等，例如有机氯农药中的滴滴涕（DDT）和六六六，此类农药的主要化学成分性质相当稳定，不溶或微溶于水，在环境中残留时间长，不易分解，毒性高，因此从 1984 年开始被全面禁止使用。

 身边的化学点滴

来自于分子形状的愚弄

人工甜味剂，如阿斯巴甜（营养甜味剂），尝起来很甜，但是卡路里含量很少，甚至没有。为什么呢？因为味道和热量是食物两种完全不同的性质。

食物的热量取决于食物代谢时所释放的能量。例如蔗糖在体内通过氧化生成二氧化碳和水进行代谢。代谢 1mol 葡萄糖时，可获得 5644kJ 的能量。一些人工甜味剂，如糖精，不会被代谢，因此不会产生能量。其他人工甜味剂，如阿斯巴甜会代谢，但是产生的热量比蔗糖低很多。

食物的味道则与代谢没有关系。味觉来自于舌头，舌头上有被称为味觉细胞的特殊细胞，是一种高度敏感的分子探测器。这些细胞可以区分食物中数千种不同类型分子中的糖分子，这些区分能力的主要基础是分子的形状。

味觉细胞的表面含有一种被称为味觉受体的特殊蛋白质分子。每种特殊的味道都是一种可以品尝的分子，都能刚好放在味觉受体蛋白上一个特殊的口袋中，这些特殊口袋被称为活性位点，就像钥匙插入锁一样。例如一个糖分子只适合放在被称为 Tlr3 的糖受体蛋白的活性位点。当糖分子（钥匙）进入活性位点（锁）时，Tlr3 蛋白的不同亚基就会分裂。这种分裂会导致一系列事件，最后引起神经信号传递到大脑并记录一种甜味。

人工甜味剂尝起来很甜，因为它们可以进入通常结合蔗糖的受体口袋。事实上，阿斯巴甜和糖精与 Tlr3 蛋白中的活性位点的结合都比糖类强。因此，人工甜味剂比糖更甜。触发味觉细胞传输相同数量的神经信号时，所需的蔗糖是阿斯巴甜的 200 倍。

这种介于一种蛋白质的活性位点和特定分子之间的钥匙，不仅对味觉的产生很重要，而且对许多其他生物学功能很重要。例如，免疫反应、嗅觉和许多类型的药物作用，都取决于分子和蛋白质之间的形状特异性的相互作用。

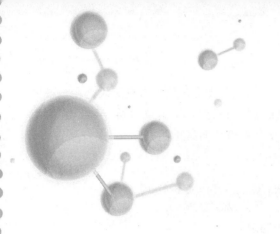

第八章

化学与日用品

　　随着社会的进步和人们生活水平的提高，日用品的种类日益繁多，渗透到人们生活的各个方面，成为人们生活中不可缺少的必需品。广义上讲，凡进入家庭日常生活和居住环境的化学物品均可称为日用化学品，简称日用品，是指人们日常生活中使用的具有清洁、美化、清新、保湿、抑菌、杀菌等功能的精细化学品，包括洗涤用品、化妆化学品、护肤美容用品、护发美发用品、洁齿护齿用品、除虫除螨用品等。

　　人们使用日用化学品的特点包括以下几个方面：①使用广泛，需求量大；②同时接触多种化学品；③大多数日用化学品产品成分复杂，使用分散；④暴露途径和时间多样，可通过口、呼吸道、皮肤等与人接触，而时间上短至瞬间长达数年。所以如何选择合适的产品，影响着我们的生活质量和身体健康。洗涤用品和化妆品是日用品中的两个大类，占了日用品总产量的 70% 左右，与人们的关系最为密切。合理地使用日用化学品，对提高人体防御、保护功能有积极的作用。但如果使用不当或误用，就会干扰人体化学平衡，影响身体健康，甚至给生活带来灾难。本章重点介绍洗涤用品和化妆品以及它们与人们健康的关系。

第一节　洗涤用品的发展历史与组成

洗涤用品的发展
历史和成分

　　洗涤用品是以清洁、去污为目的而设计、生产的化学品。洗涤用品广泛用于保护人类健康和清洁环境方面。

一、洗涤用品的发展历史

（一）天然洗涤用品和肥皂的出现

　　最早出现的洗涤用品来自于天然皂角类植物和无患子（图 8-1），它们有助于增强水的洗涤去污作用。此后草木灰也曾用作洗涤剂，因为其中含有碳酸钾，用水溶解后得到水溶液，有助于除去织物上的油污。

(a) 皂荚　　　　　　　　　　　　　　　(b) 无患子

图 8-1　皂荚（a）和无患子（b）

肥皂是洗涤用品的祖先，其起源有多种传说。传说之一是肥皂起源于古罗马沙婆山区，当时沙婆山上有祭奠古罗马神的祭坛，每年在祭祀时，要烧大量的羊肉作为贡品，在烧羊肉时会流出大量油脂，油脂滴入草木灰中，与草木灰发生化学反应，生成了具有去污功能的物质，被雨水冲到山下的泥土和河流中，帮助人们把衣服洗干净。另外，据老普林尼著《博物志》中的记载，公元前 600 年，在古埃及的皇宫，一个厨师把一罐油打翻了，他非常害怕，用灶炉里的草木灰洒在上面，然后把浸透了油脂的草木灰用手捧出去扔掉，随后把手放到水里，满手的油腻很轻松被洗掉了。传说虽然各不相同，但却包含了相同的化学原理，都是油脂与草木灰的化学成分 K_2CO_3 发生了皂化反应，生成了肥皂的皂基——高级脂肪酸钾（RCOOK），无意中被古人利用，便是人类最早使用的肥皂。油脂皂化反应的方程式表示如下：

$$2\ \begin{matrix} CH_2OCOR \\ | \\ CHOCOR \\ | \\ CH_2OCOR \end{matrix} + 3K_2CO_3 + 3H_2O \longrightarrow 2\ \begin{matrix} CH_2OH \\ | \\ CHOH \\ | \\ CH_2OH \end{matrix} + 6RCOOK + 3CO_2$$

公元 12 世纪末，英国人巴斯托成为历史上第一个真正意义上的制皂业者。制皂工业发展的黄金时段开始于碱的开发。19 世纪初，化学家们发明了以食盐、石灰和氨为原料制造纯碱的方法，使用碳酸钠与油脂降低了生产成本，制皂工业由此得到了迅速的发展和普及。我国肥皂代替传统的皂荚是在 1840 年后，因肥皂是由西方制造引进，所以当时称为"洋碱"，虽然"碱"和肥皂本身并不是等同的关系，但直到中国民族工商业自己造出了肥皂，才渐渐舍弃了"洋"字。

（二）合成洗涤剂的出现

第一次世界大战期间，由于动、植物油脂供应紧张，1917 年由德国巴斯夫公司首先开发出了合成洗涤剂，主要成分是短链的烷基萘磺酸，用于洗涤衣物，目的是代替肥皂，但去污效果不够理想。第二次世界大战后以四聚丙烯为原料的十二烷基苯的开发和 1950 年助剂三聚磷酸钠的出现巩固了合成洗涤剂的地位。

（三）我国洗涤用品业的发展

1903 年在天津创立的"造胰公司"，1907 年在上海建立的"裕茂皂厂"，是我国开办最早的两家肥皂厂。直到 1949 年，中国的洗涤用品工业还只有肥皂工业，并且规模都不大。

1959 年开始生产合成洗涤剂。从 1960 年开始，随着合成洗涤剂的发展，逐步发展了烷基苯、三聚磷酸钠等原材料的生产。1961 年开始利用石蜡生产皂用合成脂肪酸。1978 年以后，洗涤用品生产发展迅速，1985 年我国的合成洗涤剂产量超过肥皂产量。目前，我国已形成原料生产、产品开发、市场推广及应用的完整合成洗涤剂发展体系。

二、洗涤剂的洗涤原理

洗涤剂的清洁作用就是去污，所谓去污，其本质就是从衣物、布料等被洗涤物上将污垢洗涤干净。在这个洗涤过程中借助某些化学物质（如洗涤剂）减弱污垢与被洗衣物表面的黏附作用，并施以机械力搅拌使污垢与被洗物分离而悬浮于介质中，最后将污垢洗净冲走。

洗涤的整个过程是在水中进行的（图8-2），黏着污垢的衣物和洗涤剂一起放入水中，洗涤剂溶解在水中并将物品湿润，进而将污垢溶解，使污垢与衣物表面的结合变为污垢与洗涤剂的结合，从而使污垢脱离衣物表面而悬浮于水中。分散悬浮于水中的污垢，经漂洗后随水一起排出，得到洁净的物品，这就是洗涤的整个过程。洗涤过程是一个可逆过程，分散和悬浮于水中的污垢也有可能从水中重新沉积于衣物表面。因此，性能良好的洗涤剂至少要具备两种作用：一是降低污垢与基质（被洗涤对象）表面的结合

图 8-2　洗涤剂的去污过程

力，具有使污垢脱离物品表面的能力；二是具有抗污垢再沉淀作用。

三、洗涤剂的组成

洗涤剂能洗干净衣物的原因与其组成有关。洗涤剂的必要成分是表面活性剂，辅助成分包括助剂、泡沫促进剂、配料、填料等。表面活性剂是一种用量较少但对体系表面行为有显著效应的物质，它能降低水的表面张力，起到乳化、发泡、增溶、润湿、洗涤等作用。洗涤助剂是能使表面活性剂充分发挥活性作用，从而改善洗涤效果的物质。

（一）表面活性剂

1. 表面活性剂的结构

表面活性剂被誉为"工业味精"，是指具有固定的亲水、亲油基团，在溶液的表面能定向排列，并使表面张力显著下降的物质。表面活性剂的分子结构具有双亲性，一端为亲水基团，另一端为亲油基团（图8-3）。亲水基团常为极性的基团，如羧酸、磺酸、硫酸、氨基

及其盐，也可是羟基、酰氨基、醚键等，而亲油基团常为
非极性碳链，如 8 个碳原子以上的碳链，也有有机氟、有
机硅、有机锡、有机磷等。

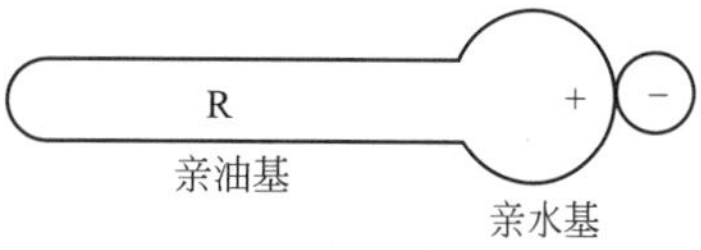

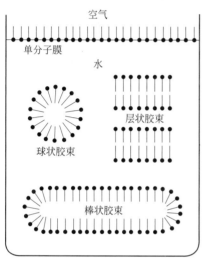

图 8-3　表面活性剂的结构

2. 表面活性剂的性质和作用

为了达到稳定结构，表面活性剂通常以两种方式溶于
水中（图 8-4）。第一种，在液面形成单分子膜，将亲水基留在水中，而将亲油基伸向空气，
以减少排斥。亲油基与水分子之间的斥力，相当于是表面的水分子受到了一个向外的推力，
抵消表面水分子原来受到的向内拉力，使水的表面张力降低。第二种就是形成胶束，胶束可
以为球形结构，也可以为层状和棒状结构，都尽可能地将亲油基藏于胶束内部而将亲水基
外露。

图 8-4　表面活性剂在水中的行为

正是由于表面活性剂在水中的上述两种性质，它能
降低水的表面张力，在水中能起到乳化、发泡、增溶、
洗涤等作用。

（1）乳化作用

两种互不相溶的液体，如水和油，若想得到较稳定
的乳状液，通常需要加入稳定剂，称为乳化剂，它的作
用在于能显著降低表面张力。由于表面活性剂在"液
滴"，即胶束表层定向排列，使"液滴"表层形成了具
有一定力学强度的薄膜，可阻止"液滴"之间因碰撞而
合并，这就是表面活性剂乳化作用的原理。

（2）发泡作用

在水中气体被液膜包围形成气泡，表面活性剂富集
于气液界面，以它的疏水基伸向气泡内，它的亲水基指
向溶液，形成单分子层膜。这种膜的形成降低了界面的
张力，从而使气泡处于较稳定的热力学状态，这是表面
活性剂发泡作用的原理。

（3）增溶作用

表面活性剂形成的胶束携带物质进入溶剂，使得低溶解度的物质溶解度增加，这是表面
活性剂的增溶作用。

（4）洗涤作用

表面活性剂显著降低了水的表面张力，使衣物上的油污易被润湿。表面活性剂夹带着水
润湿并渗透到油污表面，使油污与洗涤剂溶液中的成分相溶，经揉洗及搅拌等机械作用，油
污随之乳化、分散和增溶进入洗涤液中，部分还随着产生的泡沫浮上液面，经清水反复漂洗
达到去除污垢的目的。这就是表面活性剂的洗涤作用。

3. 表面活性剂的分类

表面活性剂的分类方法很多，根据其在水溶液中电离出的表面活性剂离子所带电荷的不
同，分为阴离子表面活性剂、阳离子表面活性剂、两性表面活性剂和非离子表面活性剂等。

（1）阴离子表面活性剂

阴离子表面活性剂在水中电离后，其亲水性基团为阴离子基团。代表性的阴离子表面活

性剂有羧酸盐、高级醇硫酸酯盐、烷基苯磺酸盐类等。羧酸盐类表面活性剂俗称肥皂。肥皂能吸附在气体、液体和固体表面上，而且具有良好的渗透、润湿、气泡、乳化、分散和去污性能。该类表面活性剂去污、洗涤能力强，价格低廉，但是抗硬水性能差，酸性条件下易失效。高级醇硫酸酯盐类代表性的产品为 K12，其结构简式为 $C_{12}H_{25}OSO_3Na$（俗称月桂醇硫酸酯钠）（图 8-5），常温下为白色粉末，水溶性好，常用来配制液体洗涤剂，是良好的发泡剂、洗涤剂。烷基苯磺酸类盐的代表性产品为 ABS（支链十二烷基苯磺酸钠）和 LAS（直链十二烷基苯磺酸钠），常温下为黏稠状固体，具有良好的发泡能力和去污能力，是洗衣粉中最主要的活性成分。总的来说，阴离子表面活性剂性能较温和，洗涤能力、去污能力和发泡能力良好，刺激性较小。

（2）阳离子表面活性剂

阳离子表面活性剂在水中电离后，其亲水性基团为阳离子基团，常见的均为有机胺衍生物。其中季铵盐类表面活性剂，杀菌能力极强，其代表性产品为苯扎溴铵和苯扎氯铵，两类都是阳离子表面活性剂，是广谱杀菌剂。例如阳离子表面活性剂"1227"（图 8-6），其杀菌能力强，俗称"洁尔灭"，在医疗卫生和医药行业均有应用。阳离子表面活性剂的总体特点是水溶性强，在酸性与碱性溶液中较稳定，具有良好的表面活性作用和杀菌作用，其溶液是常见的抑菌药。

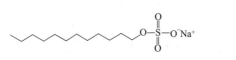

图 8-5　月桂醇硫酸酯钠的结构　　　　　图 8-6　洁尔灭的结构

（3）两性离子表面活性剂

两性离子表面活性剂同时具有阳离子官能团和阴离子官能团，有卵磷脂型、氨基酸型、甜菜碱型。在碱性水溶液中呈阴离子表面活性剂的性质，具有很好的起泡、去污作用；在酸性溶液中，呈阳离子表面活性剂的性质，具有很强的杀菌能力。其代表性产品为甜菜碱，是一种从天然作物中分离提炼出来的天然产物，其无毒、刺激性小，是较好的柔软剂、调理剂和抗静电剂。

（4）非离子表面活性剂

非离子表面活性剂本身不含离子型官能团，在水溶液中无法电离，以分子状态存在于溶液中，其中一类为烷基醇酰胺，代表性产品为"6501"，化学名为椰子油脂肪酸二乙醇酰胺，其结构如图 8-7 所示。具有发泡性好、毒性低、对眼睛和皮肤的刺激小等特点，主要用于洗发水及液体洗涤剂的制造。

（二）助剂

洗涤剂中主要成分是表面活性剂，如果想使表面活性剂更好地发挥洗涤能力，通常还需要添加一些"助剂"。助剂本身去污能力很小或没有去污能力，但加到洗涤剂中可使洗涤剂的性能明显地得到改善，是洗涤剂中必不可少的重要组成部分。洗涤助剂可分为无机助剂和有机助剂。

1. 无机助剂

（1）三聚磷酸钠

三聚磷酸钠，俗称五钠（$Na_5P_3O_{10}$）（图 8-8），为洗涤剂中最常用的助剂。三聚磷酸根对重金属离子有强烈的螯合作用，软化硬水；对污垢起分散、胶溶、乳化作用，促使污垢去除和防止污垢再沉积；起酸碱缓冲作用，配合水中的钙、镁离子，形成碱性介质，维持洗涤剂溶液具有良好的去污洗涤能力；对表面活性剂起增效作用；保持洗涤剂呈干爽粒状，防止因吸收水分而使洗涤制品结块，因为形成水合物而防潮，使粉剂呈空心状。

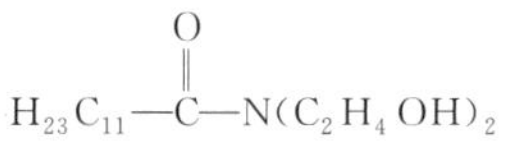

$$H_{23}C_{11}-\overset{\overset{\displaystyle O}{\|}}{C}-N(C_2H_4OH)_2$$

图 8-7　椰子油脂肪酸二乙醇酰胺

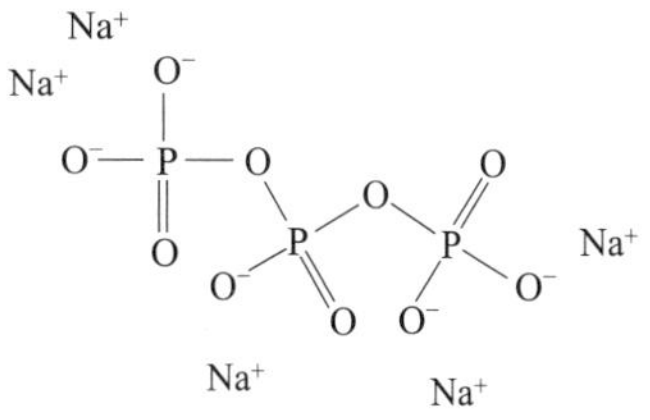

图 8-8　三聚磷酸钠的结构

（2）硅酸钠

硅酸钠俗称水玻璃或泡花碱，可用 $Na_2O\cdot nSiO_2\cdot xH_2O$ 表示，对水起软化作用；吸附于织物和纤维表面形成一层保护膜，防止污垢在衣物表面再沉积；润湿、乳化、增大黏度、防锈、防止结块；起到碱性缓冲作用；有稳泡、乳化、抗腐蚀等功能，也可以使粉状成品保持疏松均匀和增加颗粒的强度。

（3）硫酸钠

硫酸钠俗称元明粉，十水合物称为芒硝（$Na_2SO_4\cdot 10H_2O$），其优点是使阴离子表面活性剂吸附量增加，促使溶液中胶束的形成，有利于润湿和去污，还可以降低黏性，有利于配料成型。常添加在洗衣粉中作为填料，在洗衣粉中用量为 $20\%\sim50\%$。

2. 有机助剂

（1）螯合剂

洗涤剂中的螯合剂，主要包括乙二胺四乙酸（EDTA）、葡萄糖酸钠、草酸钠等。其中EDTA 对钙、镁离子均有较强的螯合作用，葡萄糖酸钠是良好的全能螯合剂。

（2）抗再沉淀剂

羧甲基纤维素钠（CMC）和聚乙烯吡咯烷酮（PVP）是常用的抗再沉淀剂（图 8-9）。CMC 抗污垢再沉淀的机理是 CMC 吸附在织物的表面，同时也被吸附在污垢离子的表面，使两者都带上负电荷，在同性电荷的相互排斥作用下，减弱纤维对污垢的再吸附，起到抗再沉淀的作用。PVP通常用于配制透明液体或重污垢洗涤剂，在洗涤剂中添加 PVP 有很好的防转色效果，而且可以增强净洗能力，洗涤织物时可防止合成洗涤剂对

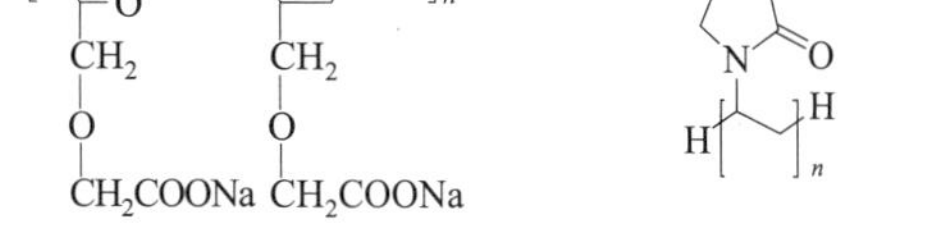

(a) 羧甲基纤维素钠　　(b) 聚乙烯吡咯烷酮

图 8-9　羧甲基纤维素钠（a）

和聚乙烯吡咯烷酮（b）

皮肤的刺激，尤其对合成纤维而言。

（3）泡沫稳定剂

烷基醇酰胺，例如月桂酸二乙醇酰胺，是常用的泡沫稳定剂，同时具有良好的渗透性能，添加量为表面活性剂10％左右时显著提高洗涤剂的性能，还能使皮肤柔润和抗静电，有极好的起泡性。

（4）酶制剂

洗涤剂中的酶制剂能将污垢中的脂肪、蛋白质、淀粉等较难去除的成分分解为易溶于水的物质从而提高洗涤效果。因此，在洗涤剂中添加酶制剂可以降低表面活性剂和三聚磷酸钠的用量，使洗涤剂朝低磷或无磷的方向发展，减少对环境的污染。洗涤剂中用的酶主要有蛋白酶、脂肪酶、纤维素酶和淀粉酶等。

另外，洗涤剂中还同时添加有荧光增白剂、增稠剂、增溶剂、织物柔软剂等其他有机助剂。

第二节　常用的洗涤剂及功效

常用洗涤剂及功效

家用洗涤剂，通常包括衣物洗涤剂、个人卫生清洗剂以及家庭日用清洁剂三大类。

一、衣物洗涤剂

（一）肥皂

就我国而言，肥皂目前仍然是每个家庭中必不可少的洗涤用品。肥皂是油脂在碱溶液中通过水解反应得到的脂肪酸钠，此过程发生的是皂化反应，反应式如下：

$$(C_{17}H_{35}COO)_3C_3H_5 + 3NaOH \longrightarrow 3C_{17}H_{35}COONa + C_3H_5(OH)_3$$

其主要成分是硬脂酸钠，分子式是$C_{17}H_{35}COONa$。肥皂是脂肪酸金属盐的总称，日用肥皂中的脂肪酸碳数一般为10～18，金属主要是钠或钾等碱金属，也有用胺及某些有机碱，如乙醇胺、三乙醇胺等制成的特殊用途肥皂。肥皂的分类如图8-10所示。

肥皂 {
　碱性皂 {
　　钠皂
　　钾皂
　　铵皂
　　有机碱皂
　}
　金属皂（非碱金属皂）
}

图8-10　肥皂的分类

1. 洗衣皂

洗衣皂是指洗涤衣物用的肥皂。普通使用的黄色洗衣皂一般加入松香，松香是以钠盐的形式加入的，其目的是增加肥皂的溶解度和多起泡沫，并且作为填充剂也相对便宜。白色洗衣皂则加入碳酸钠和水玻璃，一般洗衣皂中含30％的水分。如果把白色洗衣皂干燥后切成薄片，即得皂片，用以洗涤高级织物。在肥皂中加入适量的苯酚和甲酚的混合物或硼酸，使它们有防腐杀菌的作用，即得药皂。洗衣皂是碱性洗涤剂，其水溶液呈碱性。其去污能力强，泡沫适中，使用方便。缺点是不耐硬水，在硬水中洗涤时会产生皂垢。洗衣皂的基础配方见表8-1。

表 8-1　洗衣皂的基础配方

组分	质量分数/%
皂基	75
硅酸钠	5
羧甲基纤维素钠	1
水	11
碳酸钠	加至 100

2. 香皂

香皂一般是以牛油、羊油、椰子油等动植物油脂为原料，经皂化制得的脂肪酸钠皂，同时添加香精、钛白粉、泡花碱、抗氧化剂、杀菌剂、除臭剂等助剂。从制作原料来讲，虽然洗衣皂和香皂都是动植物油脂经皂化反应制成的，但是两种产品对油脂原料要求有所不同，香皂所用油脂在使用前要先经过碱炼、脱色、脱臭等精炼处理，使之成为无色、无味的纯净油脂；而洗衣皂的油脂一般不需要经过精炼处理。

(二)洗衣粉

洗衣粉是合成洗涤剂的一种，是必不可少的衣物洗涤剂。20 世纪 40 年代以后，随着化学工业的发展，人们利用石油中提炼出的化学物质——四聚丙烯苯磺酸钠，制造出了比肥皂性能更好的洗涤剂。后来人们又把具有软化硬水、提高洗涤剂去污效果的磷酸盐配入洗涤剂中，这样洗涤剂的性能就更完美了。人们为了使用、携带、存储、运输等的方便，就把洗涤剂制造成了洗衣粉。洗衣粉的成分共有五大类，包括：活性成分、助洗成分、缓冲成分、增效成分、辅助成分等。洗衣粉的配方有很多，表 8-2 列出了一种我国民用洗衣粉的配方。

表 8-2　洗衣粉的基础配方

组分	质量分数/%
烷基苯磺酸钠	15～30
烷基磺酸钠	0～10
三聚磷酸钠	15～40
硅酸钠	0～12
硫酸钠	18.5～52
碳酸钠	0～12
对甲苯磺酸钠	0～3
羧甲基纤维素钠	0.5～2
荧光增白剂	0.03～0.3
香精、色素	适量
水	1.95～9.6

洗衣粉可以用来洗衣服和其他不直接进入人体或不长期与人体接触的物品。洗衣粉中的主要成分——烷基苯磺酸钠具有中等毒性，如果它的微粒附着在餐具和瓜果蔬菜上，通过胃肠道进入人体后，可抑制胃蛋白酶和胰酶的活性，从而影响肠胃的消化功能，同时还会损害肝细胞，导致肝功能障碍，久而久之，会使人消化不良、肝肾异常。

(三)天然皂液

天然皂液是一种区别于洗衣液、洗衣粉、洗衣皂的新型织物洗涤剂，是洗衣皂与洗衣液的强强结合。天然皂液的特色成分是皂基，其起始原料来自可再生的植物，而普通洗衣液活性物主要是烷基苯磺酸盐、脂肪醇聚氧乙烯醚等。天然皂液由于含有皂基活性成分，其结构与油脂相似，可以有效去除油渍。

(四) 衣物柔顺剂

衣物柔顺剂是一种电荷中和剂，因为洗涤剂大多数是阴离子表面活性剂，少量阴离子残留在织物上引起静电，而导致织物变硬。柔顺剂的活性物质是季铵盐类阳离子表面活性剂，不仅可以消除静电，还可以使织物柔软而富有弹性。

(五) 干洗剂

干洗剂是非水系，以有机溶剂为主要成分的液体洗涤剂。它主要用于洗涤油性污垢，洗涤后衣服不变形，不缩水，适用于洗涤各种真丝、毛料、皮革等衣物。干洗剂由表面活性剂、漂白剂和有机溶剂组成，用作干洗剂的溶剂是石油产品中的卤代烃，最常用的是四氯乙烯。

二、个人卫生清洗剂

(一) 洗发水

洗发水的主要活性成分是硫酸脂肪醇，此外还含有三乙醇胺与氢氧化铵的混合物、十二酸异丙醇酰胺、甲醛、聚氧乙烯、羊毛脂、香料、色料和水，主要功能是清洁头发和头皮。在日常生活中，我们经常会听说有硅油和无硅油的洗发水。一般认为洗发水里含有硅油会使人头皮发痒、脱发、掉发。洗发水里的硅油是什么，它有什么作用呢？洗发水里的

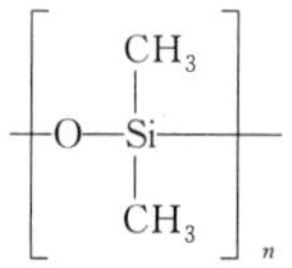

图 8-11 聚二甲基硅氧烷的结构

硅油是一种具有不同聚合度链状结构的聚有机硅氧烷液体油状物，以聚二甲基硅氧烷的形式存在（图 8-11）。它化学性质稳定，不易与其他物质发生化学反应，是一类具有化学惰性或不活泼性的化学物质。从 20 世纪 50 年代起，洗发水与护发用品中开始添加硅油，一直沿用至今。洗发水里添加硅油可以润湿和保护头发、抗静电、减小发间摩擦损伤。硅油吸附在头发上，填补毛鳞片受损的部位，避免头发断裂分叉，使头发自身更强韧，同时发丝表面变得更平滑，减少梳理时造成头发摩擦物理损伤的概率。洗发水里硅油含量很少，通常在 1% 以下，大量水的冲洗，加上在起清洁作用的表面活性剂作用下，吸附在头上的硅油几乎被冲洗干净。而且硅油对皮肤没有刺激性，作为化妆品添加剂是安全的。因此洗发水里的硅油可以柔顺秀发，减少头发的损伤，对头发护理所带来的长久好处是显而易见的。所以不必担心洗发水里的硅油会对头皮造成影响，更不会封闭毛囊而导致掉发。

(二) 口腔清洁剂

1. 牙膏

牙膏是以清洁牙齿为目的的口腔清洁剂，是由粉状摩擦剂（碳酸钙、磷酸氢钙、氢氧化铝）、表面活性剂、保湿剂（甘油、山梨醇，防止干裂和低温钙化）、黏合剂、香料、甜味剂及其他特殊成分构成的，普通牙膏的配方见表 8-3。

表 8-3　牙膏的配方

组分	质量分数/%
磷酸氢钙	45～50
羧甲基纤维素钠	0.06～0.15
硅酸镁铝	0.4～0.8
甘油	10～12
山梨醇(70%)	13～15
焦磷酸钠	0.5～1.0
月桂醇硫酸钠	2.0～2.8
糖精	0.2～0.3
香精	0.9～1.1
去离子水	加至100

一般普通牙膏在上述基本成分的基础上，加某些化学试剂，以清垢和固定钙质，主要功能是防龋齿和牙齿过敏，常见的有以下几类：① 氟化锶牙膏，主要成分为锶、钠、锡的氟化物，除有共同的杀菌作用外，氟离子有利于生成氟化钙，保护珐琅质（牙釉质），适用于饮用水氟含量低的地区。② 酶牙膏，基本成分为聚糖酶、淀粉酶，可加速分解牙垢、消除牙结石、去烟渍，适用于水氟含量高的地区。③ 氯化锶牙膏，基体加入较大量的氯化锶，氯化锶是重要的脱敏物，有使蛋白质凝固、减少刺激的功效，锶离子可以吸附在牙齿有机层的生物胶原上，生成碳酸锶、磷酸锶增强抗酸能力。④ 药物牙膏，药物牙膏在基本成分中添加药物，以防治疑难齿病或流行病，例如止痛消炎类的牙膏，往往会添加丁香油、龙脑、百里香酚、两面针等；止血类的牙膏往往会添加芦丁、三七等。

洁齿护齿类产品应注意，不要长久使用某一品种，避免化学物质累积。例如，非低氟地区长期使用含氟牙膏甚至双氟牙膏，会造成牙齿发黄，甚至出现氟斑牙等氟中毒的症状。

2. 漱口水

漱口水的主要功效在于清洁口腔，掩盖细菌或酵母菌分解食物残渣引起的口臭，以及使口腔内留下舒适清爽的感觉。漱口水一般含有香味剂、甜味剂、乙醇、保湿剂、表面活性剂、着色剂、防腐剂、精制水、功能添加剂等成分。

(三)洗面奶

油脂、水及表面活性剂是构成洗面奶的最基本的成分。为提高产品的滋润性，使之能更温和，除采用脂肪醇、脂肪酸酯、矿物油脂外，配方中还添加一些如羊毛脂、角鲨烷、橄榄油等天然动植物油脂。除了去离子水以外，水相中还经常加入一些多元醇，如甘油、丙二醇保湿剂，以减轻因洗面造成的皮肤干燥，表 8-4 是一种普通洗面奶的配方。

表 8-4　一种普通洗面奶的配方

组分	质量分数/%
硬脂酸	7.0
硬脂酸单甘油酯	8.0
十六醇和十八醇	2.0
辛酸(或癸酸)三甘油酯	5.0
蓖麻油	1.0
葵花籽油	4.0
甘油	4.0

组分	质量分数/%
三乙醇胺	0.9
防腐剂	适量
香精	适量
去离子水	68.1

配方中的表面活性剂作用尤为重要，洗面奶一方面借助于表面活性剂的润湿、渗透作用，使面部污垢易于脱落，然后将污垢乳化分散于水中。另一方面，洗面奶中的油性成分可以作为溶剂，溶解面部的油污性污垢。前一种去污作用与香皂的作用原理相似，但不同的是洗面奶中的表面活性剂要比香皂中的皂基温和得多，且加入量少。以上两种清洁作用相辅相成，使洗面奶在安全温和的同时却具有很好的去污效果。洗面奶中，还经常加入一些蔬菜瓜果等的提取物，可以适当给皮肤补充维生素等营养成分。

三、家庭日用清洁剂

(一)餐具、果蔬洗涤剂

餐具、果蔬洗涤剂就是常说的洗洁精，主要由表面活性剂、发泡剂、增溶剂等组成，常用的表面活性剂有脂肪醇聚氧乙烯醚、脂肪醇聚氧乙烯醚硫酸钠，通常含量在15%以上。总活性物质含量的高低，直接关系着洗涤效果。洗洁精用途比较广泛，可用于餐具、果蔬、衣物、玻璃、地板等有油污物品的清洗。相关研究表明，表面活性剂对去除农药残留有很好的效果，为了降低洗洁精本身的残留给果蔬造成的二次污染，应增加浸泡的时间，一般建议浸泡10~15分钟，再使用流动清水冲洗。

(二)消毒剂

消毒剂主要由表面活性剂、杀菌剂和稳定剂组成。其中含氯消毒剂是使用最广的消毒剂，常用品种有漂白粉、次氯酸钙、次氯酸钠、二氯异氰酸钠（优氯净）等。含氯消毒剂属于高效消毒剂，对细菌繁殖体、真菌、病毒、结核杆菌等具有较强的杀灭作用，适用于饮用水、餐具、果蔬、环境与物体表面，以及污水、污物、排泄物、分泌物的消毒。杀菌剂多使用次氯酸钠，测试表明，次氯酸钠的浓度为 1mg/L 时，5分钟之内可以杀死 99.99% 的金黄色葡萄球菌。浓度为 5mg/L 时，5分钟内可杀死 99.9% 的绿脓杆菌。这种洗涤剂在水中呈碱性，只适用于餐具、衣物的洗涤，使用时还要稀释到一定程度，一般稀释到次氯酸钠浓度为 20~30mg/L，才能获得最佳消毒效果，不得用于水果蔬菜的洗涤。

漂白粉的主要成分为次氯酸钙 $Ca(ClO)_2$，含有效氯 25%~30%，性质不稳定，受光、受潮、受热后容易分解。漂白粉与水作用后产生次氯酸（$HClO$），次氯酸不稳定，立即分解生成新生态氧，具有强烈的杀菌漂白效力。1983年世界卫生组织把二氧化氯（ClO_2）定为 A 级安全消毒剂，其杀菌、消毒作用不会使蛋白质变性，对高等动物基本无影响，仅使微生物蛋白质酶中的氨基酸氧化分解，导致肽键断裂、蛋白质分解，从而使微生物死亡。二氧化氯是高效消毒剂，可以灭杀包括细菌繁殖体、细菌芽孢、真菌、病毒甚至原虫在内的各种类型微生物，还可消除水中的臭味等异味，提高水质。

第三节　化妆品的发展历史与组成

化妆品的发展
历史和成分

化妆品在人们的肌肤保养及美容美发中经常使用，随着生活质量的提高，人们对其种类及功效的需求呈现多样化的特征，化妆品产业随之兴起。2007年，国家质量监督检验检疫总局公布的《化妆品标识管理规定》指出，化妆品是以涂抹、喷、洒或者是其他类似方法，施于人体（皮肤、毛发、指趾甲、口唇齿等），以达到清洁、保养、美化、修饰和改变外观，或者修正人体气味，保持良好状态为目的的产品。

一、化妆品的发展历史

爱美之心人皆有之，自有人类文明以来，就有了美化自身的需求，化妆品的发展历史大约可以分为以下六个阶段。

(一)古代化妆品时期

原始社会一些部落在祭祀活动时，会把动物油脂抹在皮肤上，使自己的肤色看起来健康有光泽，这算是最早的护肤行为了。公元前5世纪到公元前7世纪之间，各国都有不少关于制作和使用化妆品的传说和记载。如古埃及人用黏土卷曲头发，古埃及皇后用铜绿［孔雀石绿，$Cu_2CO_3(OH)_2$］描画眼圈、用驴乳沐浴身体，古希腊人用鱼胶遮盖皱纹。公元前7世纪到12世纪，阿拉伯国家发明了用蒸馏法加工植物花朵的先进技术，大大提高了香精油的产量和质量。中国是四大文明古国，不仅有悠久的文化历史，而且也是较早懂得和使用化妆品的国家之一。例如《中华古今注》有胭脂的记载，有"盖起自纣，以红蓝花汁凝作燕脂"之句，这种红蓝花产自燕地（今河北北部），所以又被称为"燕支"，也就是今日的"胭脂"。

(二)合成化妆品时期

合成化妆品是以油和水乳化技术为基本理论，以矿油锁住角质层的水分，保持皮肤湿润、抵抗外界刺激为主要功效的化妆品。第二次世界大战后，石油化工业迅速发展，加速了合成化妆品的产生。以矿物油为主要原料，加入色素、香料等化学添加物的合成化妆品由此诞生，雪花膏就是早期合成化妆品中有代表性的护肤膏霜。合成化妆品中使用了多种化工原料，且含有阻碍皮肤呼吸、导致毛孔粗大、引发皮脂腺功能紊乱的油类，因此会对皮肤造成内在的伤害。

(三)危险化妆品时期

伴随着合成化妆品的普及，在化妆品领域，出现了危险化妆品时期，发生了很多伤害肌肤的事件。危险化妆品时期一些不法商人在化妆品中加入激素等特殊成分，做成"三天美白""七天祛斑"等功效型产品，如用重金属铅或汞美白祛斑，造成肌肤铅汞中毒；利用雌性激素让肌肤白里透红，患上激素依赖性皮炎等皮肤病。这些化妆品的使用极大损害了消费者身心健康，给化妆品行业带来了极恶劣的影响。

(四)自然化妆品时期

20 世纪 90 年代末，由于危险化妆品造成的人体危害问题，掀起了一股"回归大自然"热潮，人们对天然物质制成的化妆品有了特殊的偏爱，这一阶段为自然化妆品时期。自然化妆品用植物油、动物油等天然油取代了矿物油。各种与人类肌肤亲和性好，具有一定滋润作用的天然原料添加到了化妆品中。但"纯天然"一定是安全的吗？至少在化妆品行业，"纯天然"的产品也存在许多模糊地带。例如，它可以是在很多人工合成的成分中，添加微量的植物提取物。化妆品公司可能以这些微量植物提取物来宣称其产品是安全的、温和的、健康的。另外，许多天然的成分也会造成皮肤刺激和敏感，如我们常见的薰衣草油、柠檬、九层塔、杏仁提取物、金缕梅等。所以，即便是纯天然的产品也不一定是 100％的安全。

(五)无添加化妆品时期

传统化妆品受到技术局限，必须加入防腐剂、杀菌剂等刺激性化学成分，长期使用会对皮肤造成慢性伤害。随着科技的进步，不添加任何有害物质的无添加护肤品正在走进人们的生活。无添加化妆品又称为仿生化妆品，指采用生物技术制造出与人体自然结构相似的、具有较高亲和力的生物精华物质并进行复配的化妆品。所谓"无添加"，是指在生产和销售过程中没有添加对皮肤构成敏感、损害的成分，包括杀菌剂、防腐剂、酸化防止剂、人造香料、人造色素、油脂和表面活性剂等，以避免出现"香污染""色污染""油污染"，对消费者身体造成伤害。20 世纪 90 年代末，日本率先成功研发了一种以凝胶为原料，不含上述可能对皮肤造成刺激及有潜在危害的化学添加物的无添加化妆品。

(六)基因化妆品时期

随着有关人类皮肤和衰老的基因被破解，大规模的基因研究已经开始梳理和参考皮肤老化过程的关键通路，逐渐渗透到了护肤和化妆品领域。如活性氧、自由基等，化妆品理念再次进化，由无添加时代更迭为基因时代。化妆品原料由原本的天然提取产物到如今针对于皮肤氧化机制特定的功能性原料。功能性护肤品大多以某种独特的天然活性成分为卖点，以更严谨的临床检验、更科学的作用机制来解决皮肤的深层问题。

二、化妆品的组成

化妆品是在基质中添加各种成分，精制而成的日用化学品，常添加有香料、防腐剂、色素、表面活性剂、保湿剂、化妆品用药物、金属离子黏合剂等辅助成分和特殊成分。

(一)基质

基质是组成化妆品的基本原料，主要分为溶剂、油性原料、胶质原料、粉质原料。

1. 溶剂

溶剂是液状、浆状、膏霜状化学品配方中不可缺少的一类主要组成成分。溶剂包括水、醇类（如乙醇、丁醇、戊醇）、酮类（如丙酮、丁酮）、醚类（如二乙二醇单乙醚、乙二醇单甲醚）、芳香类（如甲苯、二甲苯）等。它与其他成分互相配合，使制品具有一定物理化学特性，便于使用。几乎所有的化妆品中都有水，而且通常情况下，水占的比例最大，尤其是化妆水中 $80\% \sim 90\%$ 都是水。化妆品中溶剂的作用，一是为了皮肤补充水分，软化角质层；二是溶解稀释其他原料。

2. 油性原料

化妆品中的油脂是油和酯的总称，油脂的主要成分为脂肪酸以及脂肪酸甘油酯。例如卸妆油中油脂含量在 85% 左右。化妆品中油脂的作用，一是作为良好的保湿剂，使皮肤柔软有弹性；二是作为溶剂溶解物质，同水一样作为化妆品的基质。化妆品中常用的油脂原料有植物性油脂和动物性油脂。常用的植物性油脂有橄榄油、椰子油、蓖麻油等。动物性油脂用于化妆品中的有水貂油、蛋黄油、羊毛脂油、卵磷脂等。例如，水貂油具有较好的亲和性，易被皮肤吸收，用后滑爽而不腻，性能优异，故在营养霜、润肤霜、发油、洗发水、唇膏等中得到广泛应用。又如，卵磷脂是从蛋黄、大豆和谷物中提取的，具有乳化、抗氧化、滋润皮肤的功效，是一种良好的天然乳化剂，常用于润肤霜和润肤油中。

蜡类是高级脂肪酸和高级脂肪醇构成的酯，在化妆品中起到稳定调节黏稠度、提高液态油的熔点、减少油腻感等作用。常用的蜡类有巴西棕榈蜡、霍霍巴蜡、羊毛脂、蜂蜡等。其中的巴西棕榈蜡属于植物性蜡，是化妆品中硬度最大的一种，广泛用于唇膏等膏霜类制品。动物性蜡中经常使用的蜂蜡在常温下是固体，呈淡黄色，熔点为 $62 \sim 65^{\circ}\text{C}$，含有大量的游离脂肪酸，经皂化可以作为乳化剂。它是制造香脂的原料，也是口红等美容化妆品的原料。同时，蜂蜡还具有抗细菌、抗真菌、愈合创伤的功能，因而近年来常用它来制造高效去屑洗发剂。

烃类按照其性质和结构，可分为脂肪烃、脂环烃和芳香烃三大类。在化妆品中主要利用其溶剂作用，用来防止皮肤表面水分的蒸发，提高化妆品的保湿效果。例如，角鲨烷，又名异三十烷，是由鲨鱼肝油中提取的角鲨烯加氢反应制得。因其结构与人体皮脂最接近，所以具有良好的渗透性、亲和力、润滑性和安全性，能够与人类自身的皮脂膜融为一体，在皮肤表面形成一层天然的屏障，常被用于各类膏霜、乳液、化妆水、口红等高级化妆品中。

3. 胶质原料

化妆品中的另外一种基质是胶质原料。其本质为水溶性高分子化合物，在水中能膨胀成胶体，应用于化妆品中，会产生多种功能，如可使固体粉质原料黏合成型，作为胶黏剂；对乳状液或者悬浮液起到乳化作用，作为乳化剂，还具有增稠和凝胶化作用。水溶性高分子化合物主要分为天然和合成两大类。天然的水溶性高分子化合物有淀粉、植物树胶、动物明胶。这些天然的水溶性高分子质量不太稳定，易受气候、环境的影响，且产量有限，易受细菌、霉菌的作用而变质。合成的水溶性高分子有聚乙烯醇、聚乙烯吡咯烷酮、丙烯酸聚合物等，性质稳定，价格低廉，所以取代了天然的水溶性高分子化合物成为胶质原料的主要来源。胶质原料常用于各种凝露、啫喱质和果冻质化妆品中。常用的胶质有阿拉伯胶、卡拉胶、琼胶、明胶等。

4. 粉质原料

粉质原料主要用于粉末状化妆品，如爽身粉、香粉、粉饼等。其在化妆品中主要起到遮盖、滑爽、附着、吸收、延展等作用。常用的粉质原料有滑石粉、高岭土、膨润土、碳酸钙、碳酸镁、钛白粉、锌白粉等。例如，散粉中一般含精细的滑石粉（$3MgO \cdot 4SiO_2 \cdot 2H_2O$），有吸收面部多余油脂、减少面部油光的作用，可以全面调整肤色，令妆容更持久、柔滑细致，并可防止脱妆，遮盖瑕疵。又如，高岭土，又称为白陶土，为天然硅酸铝，主要成分为含水硅酸铝（$2SiO_2 \cdot Al_2O_3 \cdot 2H_2O$），对皮肤的黏附性能好，有抑制皮脂及吸汗的性能，在化妆品中与滑石粉配合使用，主要用于水粉、眼影、粉饼、胭脂等各种粉类化妆品。

(二)辅助原料

化妆品中的辅助原料包括表面活性剂、防腐剂、抗氧化剂、色素、香精及一些特殊的功能性添加剂。

1. 表面活性剂

表面活性剂在化妆品中起润湿、渗透、乳化、分散、增溶等多种作用，有硬脂酸皂、脂肪醇硫酸钠、脂肪醇聚氧乙烯醚硫酸钠、烷基甜菜碱、烷基氧化胺以及氨基酸等。

2. 防腐剂及抗氧化剂

许多化妆品的基质和经常添加的蛋白质、维生素、油、蜡及足够的水分，为微生物的繁殖提供了良好条件，所以为了防止化妆品变质，需加入防腐剂。常用的防腐剂有山梨酸、山梨酸钾、苯甲酸等。另外，化妆品中的油脂在空气中久放会发生氧化、水解反应，生成较小分子的羧酸和低级醛、酮，甚至发生酸败，刺激皮肤，严重的会引起皮炎。因此，化妆品中也需要加入抗氧化剂，常见的抗氧化剂有叔丁基苯甲酚及其衍生物、维生素 C（抗坏血酸）、生育酚（维生素 E）等。

3. 香精和色素

香精为化妆品提供令人愉悦的香气，同时能掩盖产品中某些成分的不良气味。化妆品中的香精按用途分，主要有香水类香精、膏霜类香精、美容化妆品用香精及香波香精等。色素，又称为着色剂，它可赋予化妆品美丽的颜色，改善化妆品的色泽，从而提高化妆品的品质和质量。化妆品中常用的色素分为有机合成色素、有机颜料和天然色素。胭脂红、红花苷、胡萝卜素、姜黄和叶绿素等是常用的天然色素。

4. 功能性添加剂

现代化妆品除了清洁和护肤等基本功能外，还要有营养和保健作用。为了实现化妆品的这些特殊功能，需要添加各种添加剂，如水杨酸、左旋维生素 C、透明质酸、熊果苷、甲壳素及其衍生物、海洋生物提取物等。

（1）水杨酸

水杨酸在化妆品中不仅是用途极广泛的消毒防腐剂，还可以去角质、促进皮肤代谢、收缩毛孔、清除黑头粉刺、有效淡化细纹及皱纹，水杨酸也被证明是很安全也很有效的祛痘类产品。水杨酸是脂溶性的，可以顺着皮脂腺渗入毛孔深处，有利于溶解毛孔内老旧堆积的角质层，改善毛孔堵塞的情况，从而缩小被撑大的毛孔。化妆品中所含的水杨酸浓度限制在 $0.2\% \sim 2\%$ 之间，过度使用会使皮肤防御力变差发生过敏现象，所以使用水杨酸需要加强保湿。

（2）左旋维生素 C

左旋维生素 C，简称左旋 C，是唯一可直接被人体肌肤所吸收的维生素 C 形式，能组织修补苯丙氨酸、酪氨酸、叶酸的代谢，促进蛋白质合成以及非血红素铁吸收，同时还具备抗氧化、抑制酪氨酸酶形成、促进胶原蛋白增生、修复紫外线对肌肤的损伤等作用，从而达到美白淡斑的功效。

（3）透明质酸

透明质酸又称为玻尿酸，是一种直链式高分子酸性黏多糖化合物（图 8-12），广泛存在于动植物细胞间质和眼玻璃体中，主要生理功能是保水和润滑，增加皮肤弹性与张力，有助于恢复肌肤正常油水平衡，改善干燥及皮肤松弛，是国际公认的最好的保湿剂。透明质酸也是肌肤中的一种重要成分，能够帮助弹力纤维以及胶原蛋白处在充满水分的环境中，让皮肤显得水嫩。玻尿酸是一种在微整形手术中被广泛应用的填充材料，越来越被广大爱美人士所熟知。在医疗美容中，玻尿酸（透明质酸）被用作组织填充剂注射至人体面部组织内，可以起到支撑、填充的作用，从而达到除皱、塑形、增加肌肤弹性的目的。纯净的、未经化学交联的玻尿酸注入人体后，组织反应较小，降解速度较快，安全性较好，但无法长时间维持增加组织容积的有效性。面部注射填充玻尿酸后可能会出现局部疼痛、肿胀、瘀血等症状，偶尔还会出现水肿、发红、热感、局部重压感等不良反应。

（4）熊果苷

熊果苷，又名熊果素，化学名称为对羟基苯-β-D-吡喃葡萄糖苷（$C_{12}H_{16}O_7$）（图 8-13），是一种从杜鹃花科植物熊果叶中萃取出的成分。熊果苷为国际公认的一种安全、高效祛斑美白剂，它能有效抑制酪氨酸酶活性，对皮肤有美白作用，抑制黑色素形成，同时还有杀菌、消炎作用。熊果苷经多种动物实验证明毒性很低。

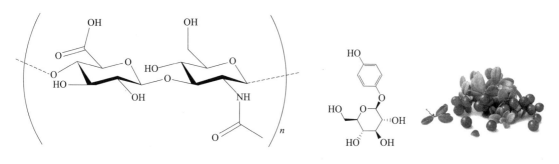

图 8-12 透明质酸的结构　　　　　　　图 8-13 熊果苷的结构和熊果

第四节　常用的化妆品及功效

常用化妆品及功效

常用的化妆品根据用途可以分为护肤类、护发美发类、芳香类、粉饰类、治疗类等。下面介绍几种常用化妆品的原料、作用原理及功效。

一、护肤类化妆品

护肤类化妆品包括润肤膏霜、乳液、防晒霜、化妆水、按摩膏等。

(一)润肤膏霜

面霜的制作过程是把水、油和乳化剂放在一起,可以形成两类乳化体系——水包油型和油包水型。水包油型(oil-in-water,O/W)[图8-14(a)]可以简单理解为:水相比例高于油相,油以小液滴的形式分散在水中。一般来说,水分含量高,质地会更加清爽易推开,产品多数带有"乳""露""蜜""膏"等字样,适合混合型肌肤、油性皮肤或夏季使用。例如雪花膏由于洁白如雪花,将它涂在皮肤上,开始有乳白色痕迹,随后很快就消失,因此而得名。雪花膏油相约占 $10\%\sim30\%$,涂抹后可以抑制表皮水分的过量蒸发,减少外界环境对皮肤的影响与刺激。油包水型(water-in-oil,W/O)中[图8-14(b)],油相比例高于水相,水以小液滴的形式分散在油中。油脂封闭性强,锁水保湿性能优越,相对而言,质地比较厚重油腻,多呈不透明的白色或黄色膏状物,产品多数带有"膏""霜"字样。适合在干燥的秋冬季节和干性皮肤使用,有利于锁水、保湿、抵御外界侵害。例如,油包水型的冷霜一般含油相组分为 $50\%\sim80\%$,涂抹后在皮肤表面形成一层油膜,可防止皮肤干燥、皲裂,一般适用于干性皮肤。

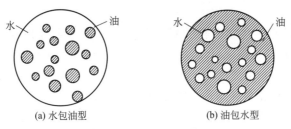

(a) 水包油型　　　　　　　　(b) 油包水型

图 8-14　水包油型(a)和油包水型(b)示意图

(二)防晒霜

防晒霜是能够防止或减轻由紫外线辐射而造成的皮肤损害的一类特殊用途化妆品,其中含有某种程度上能吸收 UV-B 及 UV-A 的化合物。防晒霜外包装都会标注 SPF 和 PA 值,SPF 和 PA 值是衡量防晒能力的标准之一。其中 SPF 指的是对 UV-B 的防护能力,即日光防护系数,用来评价防晒剂防止皮肤发生日晒红斑的能力,数值越大,抵御的时间越长。例如 SPF50 防晒时长为 12.5 小时,是用 50×15 分钟算出来的;又如 SPF30,用同样的方法可以算出防晒时长为 7.5 小时。PA 指的是对 UV-A 的防护能力,主要评价防晒霜延缓晒黑的等级,"+"号越多,防护 UV-A 能力越强。例如 PA++++,表示可以非常有效地对抗 UV-A。

防晒霜可以分为化学防晒霜和物理防晒霜。化学防晒霜主要成分有邻氨基苯甲酸酯衍生物、肉桂酸酯类、氨基苯甲酸类衍生物、二苯酮类等,它可以将紫外线与热能变成可见光的形式释放出来,但是它要被皮肤吸收后才能发挥作用,所以,至少出门前 $15\sim30$ 分钟涂抹才有效。物理防晒霜主要成分有二氧化钛和氧化锌,覆盖能力强,相当于给皮肤穿了件防护衣,可以很好地保护皮肤,比较适合敏感肌肤,不过缺点在于偏粗糙、较厚重、肤感不好。

二、护发美发类化妆品

护发美发类化妆品主要包括染发剂、烫发剂和生发剂等。

(一) 染发剂

染发剂具有改变头发颜色的作用，染发剂分为无机染发剂（也称为金属染发剂）、合成染发剂、植物染发剂三大类。

1. 无机染发剂

无机染发剂主要是含有铅、铁、铜等金属的化合物染料，作用机理是染发剂中的金属离子渗透到头发中，与头发蛋白质生成黑色硫化铅，使头发被染黑。染发剂中含有的重金属离子易引起积累中毒，对人体的危害很大，除了损害头发健康、导致过敏外，还有可能导致一些疾病。

2. 合成染发剂

合成染发剂又叫氧化染发剂，常用的染发剂通常由两种制剂组成：染色剂（Ⅰ）和显色剂（Ⅱ）。染色剂的主要成分是染色中间剂（如对苯二胺及苯二胺类物质）、碱性物质（如氨水）和耦合剂等。显色剂主要成分为氧化剂，包括过氧化氢和过硼酸钠等。染色中间剂通常无色，在与显色剂混合发生反应时，才能起到染色效果。染发时将两种制剂混合在一起后均匀涂抹于头发上。染色中间剂具有还原性，易被强氧化剂氧化，根据氧化剂种类的不同，可变为不同的颜色，如紫红色、褐色、黑色等。例如对苯二胺为染色中间剂，遇过氧化氢可变黑，遇三氯化铁可变棕色。

对苯二胺是大多数染发剂中都含有的过敏原，部分人用后会出现眼睑浮肿、皮肤发红，甚至出现奇痒难忍的小疹。动物实验证明，对苯二胺、对氨基苯酚及其衍生物都有致癌作用，《化妆品卫生标准》规定其最大允许使用量为 2%，此外染发剂中的二胺类化合物和芳香类化合物同样具有致癌作用，所以日常生活中染发次数不宜过多，并且染发前 1～2 周加强头发护理，可以减少对头发的伤害，并且让头发更易上色。

3. 植物染发剂

植物染发剂主要成分为多元酚，从天然植物中提取或以天然植物为原料制成，除个别人可能过敏外，对人体和环境基本无害，比较健康。目前的植物染发剂主要是五倍子和海娜花（图 8-15），例如《本草纲目拾遗》中便有关于五倍子的记载：又名染发草，有染色、解毒、消炎、抗菌之功能。

(a) 五倍子　　　　　　　　　　　　(b) 海娜花

图 8-15　五倍子（a）和海娜花（b）

(二) 烫发剂

烫发剂是一种用于改变头发形状和特性，使头发变得卷曲、蓬松或垂顺的化学品。1872

年法国化学家马尔塞尔哥拉德发明了一种药剂，涂在头发上后，用电热夹子加热，使头发卷曲，这就是最早的电烫。头发的主要成分是角蛋白质，由多种氨基酸组成，其中以胱氨酸的含量最高，可达 15%～16%，因此头发中存在很多二硫键，另外还有离子键、氢键和范德华力等多种作用力。烫发的原理是利用还原剂将头发中二硫键打开，这是头发的软化过程。然后将软化的头发卷曲成所需要的发型，最后再用氧化剂使头发在卷曲的状态下重新生成新的二硫键，这个过程称为定型（图 8-16）。所以烫发剂一般为两剂型，即软化过程所使用的卷曲剂（还原剂）和定型过程所使用的定型剂（氧化剂）。

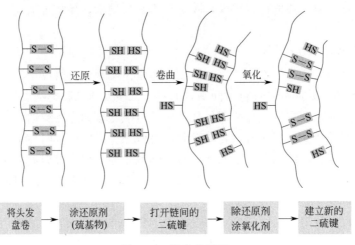

图 8-16　烫发的原理

(三) 生发剂

生发剂的主要成分有三种：① 刺激剂，例如金鸡纳酊、盐酸奎宁、生姜、侧柏叶、大蒜提取汁等，可以改善血液循环，促使头发再生；② 杀菌剂，例如樟脑、水杨酸、百里香酚、间苯二酚等，对治疗脂溢性脱发有效，兼具刺激作用；③ 营养剂，人参汁、胎盘组织提取液及蜂王浆、维生素等，可以加强发根营养，使发根强壮，不易脱落。

三、芳香类化妆品

(一) 香水

香水是一种混合了香精油、固定剂与酒精或乙酸乙酯的液体，用来让物体拥有持久且悦人的气味。香精油取自花草植物，用蒸馏法或者是脂吸法萃取。固定剂用来将各种不同的香料结合在一起，包括香脂、龙涎香以及麝香。香水加入酒精是基于酒精的挥发性来达到香气四溢的效果。香水的香味可以分为前调、中调和尾调三个部分。前调通常是由挥发性的香精油所散发，味道一般比较清新，大多为花香或者是柑橘类成分的香味。中调是一款香水的精华所在，这部分通常含有某种特殊花香、木香及微量辛辣刺激香，其气味无论清新还是浓郁，都必须是和前调完美衔接的。中调的香味一般可持续数小时或者是更久。尾调，也就是我们平常所说的余香，通常是微量的动物性香精和雪松、檀香等芳香树脂所组成的，这个阶段的香味兼具整合香味的功能，后味持续时间最长久，可达整日。

（二）花露水

花露水一般由香精、乙醇、水、少量螯合剂柠檬酸钠、抗氧化剂 2，6-二叔丁基对甲基苯酚制成，其中香精含量为 2%～5%，乙醇浓度为 70%～75%，具有杀菌、防痱、止痒、祛除汗臭等功效。有些花露水中含有薄荷醇或冰片，从而具有清凉提神作用。驱蚊花露水中还含有驱蚊酯，又称为伊默宁，化学名称为 3-（N-正丁基乙酰氨基）-丙酸乙酯，是一种广谱、高效的昆虫驱避剂，它可以使蚊虫丧失对人叮咬的意识。

四、粉饰类化妆品

粉饰类化妆品具有遮盖性、修饰性，可以改善美化人的肤色，调整面部轮廓，五官比例等。粉饰类化妆品包括粉底、胭脂、眼影等。粉底含有氧化锌或二氧化钛、硬脂酸、色素、蜂蜡、羊毛醇、甘油、乳化剂和去离子水等成分，有非常强的遮盖性，能够有效掩盖皮肤上的瑕疵。胭脂有粉状和膏状两大类，粉状胭脂以粉料和颜料为基体，还有胶黏剂、香精和水。膏状胭脂与唇膏相似，以油脂蜡为主要基体，其他成分为香精、色素等。胭脂的主要功能是改善肤色，令皮肤看上去健康红润。眼影是眼部化妆品，主要含有滑石粉、碳酸钙、高岭土、硬脂酸锌、色料和少量黏稠剂，可以有效改善和强化眼部的凹凸结构，对眼型有很好的修饰作用。

五、治疗类化妆品

治疗类化妆品往往含有某种药物成分，主要用于问题性皮肤。常用的治疗类化妆品有祛斑霜、祛痘霜等。祛斑霜是在润肤霜或乳剂产品中添加中药成分及维生素的制品，其中维生素 C 有抑制皮肤黑色素形成的功效。因加入了调理性中药，可改善色斑情况。祛斑霜的主要添加成分有熊果苷、曲酸、维生素 C 衍生物、果酸及一些中药提取物。祛斑霜通常会含有较多的中草药成分，比如人参、黄芪、珍珠等。祛痘霜是用于治疗粉刺和痤疮的化妆品。治疗痤疮常应用含有抗雄性激素药物、抗生素、维 A 酸、过氧化苯甲酰成分的祛痘霜等，但易引发多种不良反应，并且耐药易复发。近年来祛痘霜从传统中医药中寻找有效成分，治疗痤疮疗效好、毒副作用小。

第五节　日用品与人类健康

一、合成洗涤剂与人类健康

（一）合成洗涤剂与环境污染

化学日用品与人类健康

资料显示，地球上的水质和土壤污染，大部分来源于工业和城市的废水排放。其中最引人注意的是，家用洗涤剂是造成水体富营养化的主要原因。所谓水体富营养化是指湖泊、水库和海湾等封闭或半封闭水体，以及某些开放性河流水体中的氮、磷等营养元素富集，水体生产力提高，某些特征性藻类异常增殖，使水质恶化的过程。

家用洗涤剂中一般含有 15％～30％ 的磷酸盐助剂。磷是水体中藻类的一种营养物质，排入水体后使水体中的营养物质增加，造成水体富营养化，在适宜的条件下促成藻类大量繁殖。历史上发生过多次水体富营养化事件。例如，从 20 世纪 50 年代开始，随着日本经济的快速增长，琵琶湖附近的人口和工厂开始迅速增加，工业废水和大量未充分处理的生活污水无限制地排放到琵琶湖流域，导致琵琶湖的水体超出自净能力。20 世纪 70 年代末，由于湖中黄色鞭毛藻类、美洲辐尾藻大量滋生，琵琶湖连续 3 年发生了赤潮，水质也不断恶化。又如 2007 年 5 月，我国太湖无锡流域曾发生大面积蓝藻暴发事件，造成无锡全城自来水污染。

藻类只在水体表面能接受阳光的范围内生长并排出氧气，在深层的水中就无法进行光合作用而出现耗氧，夜间和阴天也同样消耗水中的溶解氧，严重时导致水中生物死亡。藻类的死亡和沉淀又会把有机物转变为厌氧分解状态，大量厌氧菌繁殖，最终使水体变得腐臭。富营养化的水中含有硝酸盐和亚硝酸盐，人畜长期食用也会中毒致病。

为了防止水体富营养化现象的产生，很多国家都制定了污水排放中禁磷和限磷的措施。目前我国每年的洗衣粉生产量为 200 万吨左右，如果按平均 15％ 的磷酸盐含量计算，每年将有 30 万吨的含磷化合物被排放到地表中。科学实验表明，1g 磷入水，可使水内生长蓝藻100g，这种蓝藻可产生致癌毒素，并通过水体散发出令人难以忍受的气味。1996 年地方法规《江苏省太湖水污染防治条例》颁布以后，先后有很多城市开始禁磷。另外，很多国家也投入大量人力和物力研究和开发三聚磷酸钠的替代品，其中比较有效的有：有机螯合助剂，如乙二胺四乙酸、氮川三乙酸、酒石酸钠、柠檬酸盐、葡萄糖酸盐等；高分子电解质，如聚丙烯酸钠以及人造沸石等。

(二) 合成洗涤剂的毒性

一般合成洗涤剂的主要原料本身毒性不大，在正常使用条件下不需要担心合成洗涤剂的毒性。但是，有些原料本身或者其中的杂质、中间体可能对人体健康产生影响，如合成洗涤剂中的漂白粉、杀菌剂、酶制剂、香料等本身就是过敏原或对皮肤有刺激作用。此外，劣质原料中可能含有过量的重金属铅、汞、砷以及对人体有害的甲醇和荧光增白剂等。其危害主要体现在以下几方面。

1. 洗涤剂混用产生的危害

你可能听过这样的新闻报道，某家庭主妇在家中打扫卫生时突然晕倒，家人发现后立即将她送往医院抢救。经过血液和胃液化验，确认是氯中毒。原来这位主妇为了获得更强的去污能力，把漂白粉和洁厕灵混合使用，结果发生化学反应产生氯气。因为漂白粉中含有次氯酸根和氯离子，洁厕灵中含有氢离子，次氯酸根和氯离子在酸性条件下生成氯气和水。反应方程式如下：

$$ClO^- + Cl^- + 2H^+ \Longrightarrow Cl_2\uparrow + H_2O$$

氯气比空气重，沉积于面积狭小的浴室，导致中毒事故发生。氯气在空气中含量达到 15mg/L 时，人的眼睛、呼吸道会有疼痛感，达到 50mg/L 时就会胸痛、咳嗽，达到 100mg/L 将会引起呼吸困难、血压下降，甚至出现休克窒息而导致死亡。

2. 皮肤损伤

洗衣粉、漂白剂、洁厕灵等家庭用清洁化学品中含有碱、发泡剂、脂肪酸、蛋白酶等有机物。其中的酸性物质能从皮肤组织中吸出水分使蛋白质凝固，而碱性物质除吸收水分外，还能使组织蛋白变性并破坏细胞膜，损害比酸性物质更加严重。洗涤用品中所含的阳离子、阴离子表面活性剂，会去除皮肤表面的油性保护层，进而腐蚀皮肤，对皮肤伤害也很大，尤其是强力去污粉和洁厕剂。

3. 免疫功能受损

各种清洁剂中的化学物质都可能导致人体发生过敏性反应，引起人体抵抗力下降。有些化学物质进入人体后会损害淋巴系统，造成人体抵抗力下降；过度使用清除跳蚤、白蚁、臭虫和蟑螂的药剂，会使人体患淋巴癌的风险增大；一些漂白剂、洗涤剂中所含的荧光剂、增白剂成分进入人体后不易分解，而在人体内蓄积，大大削弱人体免疫力。

4. 致癌风险升高

洗涤剂中的毒性积累在肝脏或其他重要器官，会成为潜在的致癌因素。例如一种被广泛应用于肥皂、牙膏、内裤清洗剂、洗手液中的抗菌剂——三氯羟基二苯醚，也称为三氯生（图 8-17），被认为可能致癌。这来自于 2002 年美国弗吉尼亚理工大学彼得的一项研究。研究发现这一杀菌成分有可能干扰甲状腺功能，甚至会使部分细菌对抗生素产生抗药性。另外，洗涤剂中的荧光增白剂能使人体细胞出现变异倾向，其与伤口外的蛋白质结合，会使伤口的愈合受到阻碍。

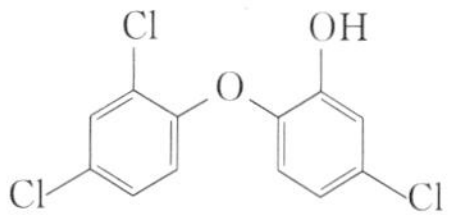

图 8-17　三氯羟基
二苯醚（三氯生）

5. 神经系统受损

一般的空气清洁剂所含的人工合成芳香物质，会对神经系统造成慢性毒害，出现头晕、恶心呕吐等症状，影响儿童生长发育，一旦进入人体中枢神经系统会使人患抑郁症或痴呆。如果含有杂质成分，如甲醇，散发到空气中对人体健康的危害更大。这些物质会引起人呼吸系统和神经系统中毒和不良反应，产生头痛、头晕、眼睛刺痛等症状。

二、化妆品与人类健康

化妆品作为每天使用的日常生活用品，连续、直接地与皮肤接触，并长时间停留在皮肤、面部、毛发、口唇等部位，其安全性非常重要。一般要求化妆品不应有任何影响身体健康的不良反应或有害作用。为了对化妆品的安全性有更为严格的要求和控制，各国都对化妆品的安全性制定出相应的政策和法规。如我国《化妆品安全技术规范》（2015 年版）中规定了化妆品中禁用组分，要求包括 1388 项禁用组分及 47 项限用组分要求。其中还规定了化妆品中有害物质不得超过表 8-5 规定的限值。化妆品中的有害物质可以简单地分为：无机重金属、有机化合物、微生物、化妆品添加剂等。

表 8-5　化妆品中有害物质限值

有害物质	限值/（mg/kg）
汞	1（含有机汞防腐剂的眼部化妆品除外）
铅	10
砷	2

有害物质	限值/(mg/kg)
镉	5
甲醇	2000
二噁烷	30
石棉	不得检出

(一)无机重金属

1. 铅

在化妆品中添加铅能美白，并且遮瑕效果明显，所以铅被添加于美白增白化妆品中，但是铅对于所有的生物都有毒性。在化妆品中，铅的氧化物作为添加剂也有着悠久的历史，含铅的美容用品曾一度风靡，我国明朝时期用的铅华（粉饼的雏形），其主要成分就是氧化铅。铅及其化合物是化妆品组分中的禁用物质。但是，氧化铅粉末遮瑕效果明显，附着力强，成本低廉，仍旧有些化妆品厂商使用。铅及其化合物通过皮肤吸收而危害人类健康，主要影响造血系统、神经系统、肾脏与内分泌系统，特别是影响胎儿的健康。

2. 汞

汞在化妆品中主要有两种形式，即硫化汞和氯化汞。硫化汞又名朱砂，是一种很常用的染料，硫化汞曾添加在口红、胭脂等化妆品中，以使颜色鲜艳持久。氯化汞用于化妆品中具有洁白、细腻的特点，并且汞离子会干扰人体皮肤内酪氨酸变成黑色素的过程，曾添加于增白、美白、祛斑化妆品中，特别是一些廉价的增白皂、增白霜中。目前国家规定，汞及其化合物为化妆品组分中禁用的化学物质。其中例外的是，硫柳汞（乙基汞硫代水杨酸钠）具有良好的抑菌性，允许用于眼部化妆品中。汞及其化合物都可穿过皮肤的屏障，进入人体所有的器官和组织，主要对肾脏损害很大，其次是肝脏和脾脏，破坏酶系统活性，使蛋白凝固、组织坏死。

(二)有机化合物

1. 对苯二酚

对苯二酚是化妆品中的限用物质，其在化妆品中最大允许浓度为2%，允许使用范围及限制条件是染发用的氧化着色剂。同时对苯二酚也是一种皮肤漂白剂，其美白机理是凝结酪氨酸酶中的氨基酸，破坏黑色素，其美白效果非常明显。但对苯二酚本身是一种有毒物质，可能对人体内部器官带来致命的伤害，尤其是肾和肝。

2. 邻苯二甲酸酯

邻苯二甲酸酯，是邻苯二甲酸形成的酯的统称。在化妆品中，指甲油中邻苯二甲酸酯含量最高，很多化妆品的芳香成分也含有该物质。邻苯二甲酸酯在化妆品行业中的使用功效主要集中在：使指甲降低脆性而避免碎裂；使发胶在头发表面形成柔韧的膜，而避免头发僵硬；在皮肤上使用后增加皮肤的柔顺感，增加洗涤用品对皮肤的渗透性。同时还作为一些产品的溶剂和芳香固定液。邻苯二甲酸酯在人体和动物体内发挥着类似雌性激素的作用，可干扰内分泌。化妆品中的这种物质会通过女性的呼吸系统和皮肤进入体内，过量使用会增加女性患乳腺癌的概率。

3. 对羟基苯甲酸乙酯

对羟基苯甲酸乙酯广泛用于化妆品、除臭剂、皮肤护理产品和婴儿护理产品中，可作为防腐剂以延长保质期。对羟基苯甲酸乙酯是有毒物质，可造成皮疹和过敏性反应。在英国最近的科学研究中发现，该防腐剂的使用和妇女的患乳腺癌比例增长有着密切关系。

(三)微生物

化妆品常含有维生素、蛋白质、水等物质，且 pH 一般都在 4～7，适宜微生物的生长、繁殖，容易被微生物污染。化妆品易受霉菌的污染，常见的霉菌有青霉菌、曲霉菌、根霉菌、毛霉菌等，常引起污染的还有酵母菌，细菌有杆菌和大肠埃希菌。在化妆品中加入一定量的防腐剂是防止微生物感染的有效方法之一，但是需要控制防腐剂的添加量。使用被微生物感染的化妆品可能会引起面部器官等局部甚至全身性感染，对皮肤和眼睛周围的部位伤害更大。此外病原微生物及其代谢产物会导致人体健康受到危害，对人体有不同程度的损害。

(四)化妆品添加剂

化妆品中添加的激素，主要是糖皮质激素，如氢化可的松、地塞米松、去炎松、强的松、雌二醇、雌三醇等。如果长期使用含激素成分的化妆品，皮肤就会产生如同"上瘾"的症状，只要停用，过敏症状就会加重发作，造成毛细血管扩张萎缩、皮肤变薄、痤疮加重、色素沉着等症状。同时，激素外用还可能引起人体内激素水平变化，造成内分泌混乱，引起月经不调等不良反应，如长期使用含有地塞米松的化妆品，皮肤会变薄、变黑。

矿物油和凡士林是卸妆用的洁颜油以及婴儿油的主要原料。含有矿物油的护肤品滋润效果很好，但易堵塞毛孔，阻止毒素的排出，导致痤疮等皮肤病的发生。

据统计显示，引起皮肤功能性障碍的化妆品原料中最危险的是香料，其次就是色素和防腐剂，它们被称为化妆品中的"三害"。有研究指出，化妆品中的色素与人类皮肤的色素沉着有一定的关系。化妆品中所含的色素属于焦油衍生物，长期使用会对光线发生敏感反应，从而导致色素沉着。

侯氏制碱法创始人——侯德榜

在中国化学工业史上，有一位杰出的科学家，他为祖国的化学工业事业奋斗终生，并以独创的制碱工艺闻名于世界，他就像一块坚硬的基石，托起了中国现代化学工业的大厦，这位先驱者，就是被称为"国宝"的侯德榜。

侯德榜（名启荣，字致本），1890 年 8 月 9 日出生于福建省福州市闽侯县坡尾乡一个普通农户家庭。1911 年，考入北京清华留美学堂，1913 年，被保送美国麻省理工学院，1916 年毕业，获学士学位，1919 年，在哥伦比亚大学获硕士学位，1921 年，以《铁盐鞣革》的论文获该校博士学位。这一年，侯德榜收到爱国实业家范旭东先生的来信，恳请他回国共同振兴祖国的民族工业。当时，中国一向依赖进口的洋碱断了来源，国计民生受到严重影响，范旭东先生决心创办永利制碱公司并进一步发展中国自己的制碱工业，可是苦于当时国内没有专业人才。就这样侯德榜怀着工业救国的远大抱负，毅然放弃自己热爱的制革专业，回到阔别 8 年的祖国。为了实现中国人自己制碱的梦想，揭开苏尔维法生产的秘密，打破洋人的封锁，侯德榜把全部身心都投入到研究和改进制碱工艺上。

侯氏制碱法是将氨碱法和合成氨两种工艺联合起来，同时生产纯碱和氯化铵两种产品的方法。原料是食盐水、氨气和二氧化碳-合成氨厂用水煤气制取氢气时的废气。此方法提高了食盐利用率，缩短了生产流程，减少了对环境的污染，降低了纯碱的成分，克服了氨碱法的不足，曾在全球盛誉，得到普遍采用。变换气制碱的联碱工艺，是我国的独创，有显著的节能效果。

侯德榜一生在化工技术上有三大贡献。第一，揭开了苏尔维法的秘密；第二，创立了中国人自己的制碱工艺-侯氏制碱法；第三，为发展小化肥工业做出贡献。

侯德榜一生勤奋好学，虽工作繁忙却还著书立说，先后发表过 10 部著作和 70 多篇论文。《纯碱制造》一书于 1933 年在纽约被列入美国化学会丛书出版。这部化工巨著第一次彻底公开了苏尔维法制碱的秘密，被世界各国化工界公认为制碱工业的权威专著，美国的威尔逊教授称这本书是"中国化学家对世界文明所作的重大贡献"。《制碱工学》是侯德榜晚年的著作，也是他从事制碱工业 40 年经验的总结。全书在科学水平上较《纯碱制造》一书有较大提高，该书将"侯氏碱法"系统地奉献给读者，在国内外学术界引起强烈反响。

关注易读书坊
扫封底授权码
学习线上资源

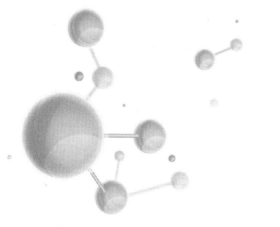

第九章

化学与生命科学

化学与生命科学相结合已成为现代化学发展的一大趋势，所有生命科学的成就无一不包含着化学研究的贡献。20 世纪以基因重组技术为代表的新成果，标志着生命科学进入了一个崭新的时代，这项技术实现了从分子水平了解生命现象的本质，揭示生命的奥秘。21 世纪是生命科学的世纪，生命科学研究的重大成果在工农业、医学等许多领域正发挥着日益显著的作用，对提高全人类的健康水平也发挥着积极的作用。

第一节　核　酸

编码生命信息的化学物质

核酸最早于 1869 年由瑞士医生和生物学家弗雷德里希·米歇尔分离获得。这种最初从脓细胞中提取到的一种富含磷元素的酸性化合物，因存在于细胞核中被命名为"核质（nucleic）"。"核酸（nucleic acid）"是在米歇尔发现核质 20 年后才被启用的。核酸是广泛存在于所有动植物细胞和微生物体内的生物大分子，核酸不仅和蛋白质一样，是一切生命活动的物质基础，而且是基本的遗传物质，在生长、遗传、变异等一系列重大生命现象中起着决定性作用。

一、核苷酸的组成

1911 年，美国化学家列文进一步发现有两种不同的核酸，一种含戊糖为脱氧核糖，称为脱氧核糖核酸（DNA）；另一种则含核糖，称为核糖核酸（RNA）。1934 年列文发现 DNA 和 RNA 各含有 4 种核苷酸。核苷酸是组成核酸的基本单元，即组成核酸分子的单体。核苷酸是核苷和磷酸残基构成的化合物，是核苷的磷酸酯，一个核苷分子由一分子含氮的碱基和一分子戊糖构成，所以一个核苷酸分子是由一分子含氮的碱基、一分子戊糖和一分子磷酸组成的。

构成 DNA 的碱基包括四种，两种大一些的碱基是腺嘌呤（A）和鸟嘌呤（G），它们都含有一个彼此融合在一起的五元环和六元环。两种小一些的碱基为胞嘧啶（C）和胸腺嘧啶（T），它们结构中仅含有一个六元环。四种碱基中都含有 N 元素，所以称它们为含氮碱基。

而在 RNA 中，四个碱基中的胸腺嘧啶（T）被尿嘧啶（U）取代。表 9-1 列出了碱基的名称、代号及化学结构。另外，DNA 和 RNA 的差别还体现在基本单元戊糖上，如图 9-1 所示，RNA 中的是核糖，DNA 中的是 2-脱氧核糖，在 RNA 中 2 号碳原子上连接的基团为 OH，而在 DNA 中，这个位置连接的是 H。

表 9-1　碱基名称、代号及化学结构

碱基中文名	腺嘌呤	鸟嘌呤	胞嘧啶	胸腺嘧啶	尿嘧啶
碱基英文名	adenine	guanine	cytosine	thymine	uracil
代号	A	G	C	T	U
化学结构	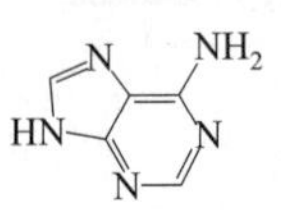	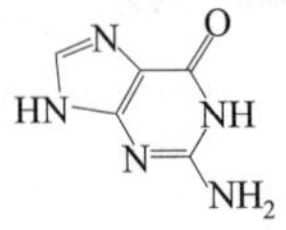	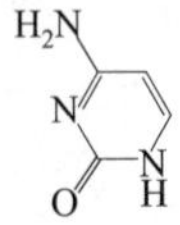	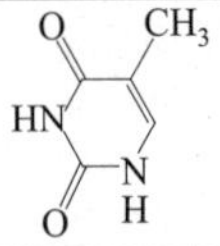	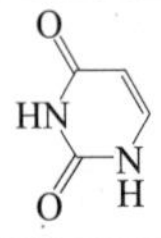

在核苷酸中，首先戊糖和碱基缩合以糖苷键相连形成核苷，核苷中的戊糖被磷酸酯化形成核苷酸，其中的磷酸基可以在 3′位和 5′位，构成的核苷酸可视为 3′-核苷酸和 5′-核苷酸，例如 3′-胞嘧啶脱氧核苷酸（3′-dCMP）和 5′-腺嘌呤核苷酸（5′-AMP）（图 9-2）。根据核苷酸分子中磷酸基团的多少，核苷酸有一磷酸核苷、二磷酸核苷、三磷酸核苷。核苷酸在构成核酸外，尚有一些游离的核苷酸参与物质代谢、能量代谢与代谢调节，如三磷酸腺苷就是体内重要的能量载体。

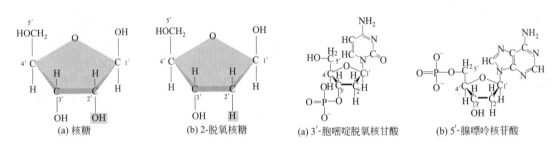

图 9-1　核糖（a）和 2-脱氧核糖（b）

图 9-2　核苷酸的结构

二、核酸的结构

（一）DNA 的一级结构

从图 9-2 中可以看出，脱氧核糖环上的一个羟基仍旧能够参与反应，它会与另外一个核苷酸中的磷酸基团发生缩合反应，从而将两个核苷酸连接起来。以此类推，最终以糖-磷酸基团交替，连接为骨架的长链结构，即 DNA。DNA 分子通常由成千上万个核苷酸组成，这使得一个 DNA 单链分子的分子量高达数百万。所以，DNA 的一级结构是指脱氧核糖核苷酸通过磷酸酯链连接而成的一维链状结构，RNA 的结构与其类似，图 9-3 画出了 DNA 和 RNA 的部分片段的一级结构。

（二）DNA 的二级结构

早期的化学分析表明，DNA 中含氮碱基是成对出现的，无论何种情况，A 的百分比一定与 T 相同，类似的，G 的含量也一定会与 C 相同。也就是腺嘌呤（A）和胸腺嘧啶（T）

碱基是完全匹配，并且两个碱基是通过两个氢键连接的。同样，胞嘧啶（C）和鸟嘌呤（G）是通过三重氢键连接的，这种配对作用导致了 DNA 双螺旋结构的形成（图 9-4）。

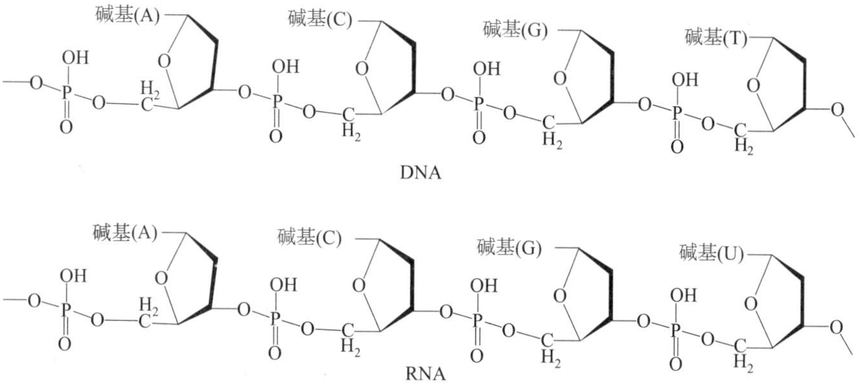

图 9-3 两类核苷酸链的片段结构

DNA 主链骨架的化学结构决定了其方向性，图 9-5 中 P 为磷酸基团，S 为糖，A、T、C、G 为碱基，脱氧核糖的环直接与其下边的磷酸基团连接，但是与上面的磷酸基团是通过一个碳原子连接的，这种化学键类型的不同使得两条链的方向不同，因此当 DNA

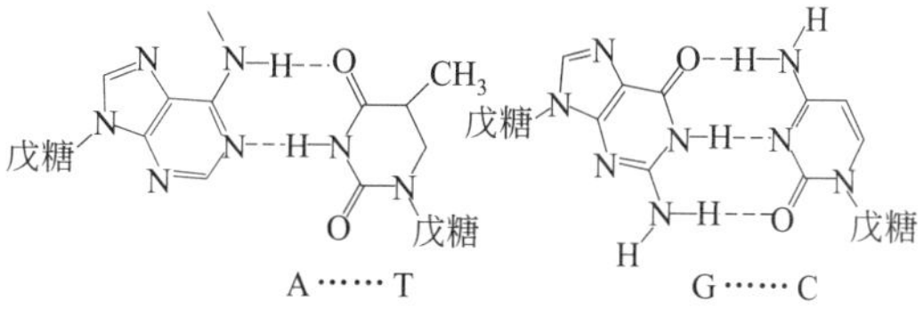

图 9-4 碱基互补配对原则

双螺旋结构中的两条链结合在一起时，一条链的方向必须与另一条链相反。所以 DNA 的二级结构就是由两条链根据碱基配对原则形成的右手螺旋结构。1962 年诺贝尔生理学或医学奖被授予沃森、克里克和威尔金斯三人，以表彰他们创立的 DNA 双螺旋结构。DNA 的双螺旋结构具有以下特点：① 两条 DNA 互补链反向平行；② 两条单链围绕一个中心轴形成，碱基对平行排列，且碱基对之间的距离为 0.34nm，并有一个 36°的夹角，且重复单元之间的距离为 3.4nm，是 10 个碱基对组成的一个完整的螺旋长度；③ 两条 DNA 链依靠彼此碱基之间的氢键结合在一起；④ DNA 双螺旋结构比较稳定，维持这种稳定性主要依靠碱基对之间的氢键以及碱基的堆积力。

（三）DNA 的三级结构

在二级结构的基础上，DNA 双螺旋结构进一步扭曲、盘绕和折叠形成更加复杂的结构，即为 DNA 的三级结构。

与 DNA 的结构不同，RNA 一般为单链分子，不形成双螺旋结构，但是 RNA 分子的某些区域可自身回折进行碱基互补配对，形成局部双螺旋结构。有些 RNA 也需要通过碱基配对原则形成一定的二级结构、三级结构来行使生物学功能。RNA 的碱基配对原则基本和 DNA 相同，不过 RNA 有 U 无 T，所以碱基配对原则为 A—U 和 G—C，另外 G—U 也可以配对。RNA 根据功能可以分为三类：信使 RNA（messenger RNA，mRNA）、转移 RNA（transfer RNA，tRNA）和核糖 RNA（ribosomal RNA，rRNA）。关于 RNA 的分子结构，由于较难提纯，研究比较困难。目前了解比较清楚的是分子量较小、大约只含 80 个核苷酸的 tRNA（图 9-6）。

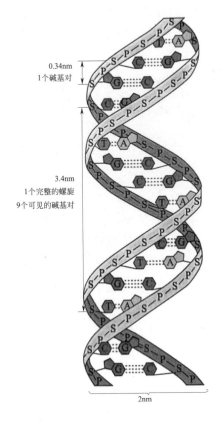

图 9-5　DNA 的双螺旋结构

0.34nm
1个碱基对

3.4nm
1个完整的螺旋
9个可见的碱基对

2nm

图 9-6　tRNA 的结构

第二节　基　因

一、基因的本质

基因（gene）又称遗传因子，一般指位于染色体上编码一个特定功能产物（如蛋白质或RNA 分子）的一段核苷酸序列。现代遗传学家认为，基因是 DNA 分子上具有遗传学效应的核苷酸序列的总称，基因不仅可以通过复制把遗传信息传给下一代，还可以使遗传信息得到表达，也就是说遗传信息的载体就是 DNA，DNA 就是基因的实体。基因存在于染色体上，每条染色体只含有 1～2 个 DNA 分子，DNA 的每一个片段就是一个基因，这个片段由几百或几千个核苷酸组成。组成每个基因的核苷酸的数量不同，核苷酸的相互连接方式也不同，所以每一个基因都是不同的。组成简单生命最少要 265～350 个基因，人体的 DNA 大概承载着 3 万个基因。

人类基因组计划（图 9-7）是测定人类基因组的全部 DNA 序列，从而破译所有遗传密码，揭示生命的奥秘，是全面系统地解读和研究人类遗传 DNA 的全球性合作计划。1986年，美国的雷纳托·杜尔贝科（1975 年诺贝尔生理学或医学奖得主之一）率先呼吁，应该全面了解人类基因组，这样至少可以揭示肿瘤的起因，把人类带出这种超级病魔的阴影。由此正式提出了伟大的人类基因组计划。

1990 年 10 月，国际人类基因组计划正式启动，预计用 15 年时间投资 30 亿美元，完成 30 亿碱基对的测序，并对所有基因进行绘图和排列，达到破译人类遗传信息的最终目的。全球性人类基因组计划由美国、英国、日本、法国、德国和中国负责，中国承担了其中 1% 的测序任务。人类基因组计划与曼哈顿原子计划、阿波罗登月计划，并称为人类科学史上的三大工程。2006 年 1 月，人类 23 条染色体中最后也是最大的一条——1 号染色体的测序工作

图 9-7　人类基因组计划图标

全部完成，历时 16 年的人类基因组计划终于画上了圆满的句号。人类基因组计划无论是对于了解人类的起源和进化，还是对生物学、医学以及在社会学、经济学等方面均会产生重大影响，它为人类社会带来的巨大影响是不可估量的。

二、 DNA 的复制

(一) DNA 的半保留复制

1953 年沃森和克里克指出，DNA 很可能以"半保留"的方式进行复制（图 9-8）。一条 DNA 单链包含了形成其配对单链所需要的所有信息，因此一条 DNA 单链便可以指导其配对单链的形成。复制是指细胞繁殖的过程，在繁殖时，细胞必须将遗传信息复制并传递给子代。在细胞分裂前，部分双螺旋快速解旋，这就导致一个 DNA 链分离区域的出现。细胞中单个的核苷酸有选择性地与作为模板的这两条链以氢键相结合，A 和 T、T 和 A、C 和 G、G 和 C 互相配对。被固定后，这些核苷酸在生物催化剂也就是酶的作用下，被键接在一起，原 DNA 的每条链都产生出与自身互补的一份拷贝。原本的模板链和新合成的互补链形成了与最初的分子完全相同的新分子。类似地，原分子中另一条分离链与它的互补链互相缠结，形成另一个复制分子。因此原来只有一个双螺旋，现在得到了两个完全相同的拷贝，两个新的 DNA 分子就各保留了一条来自于母体 DNA 分子的老链，这就称为"半保留"复制。1958 年，美国的马修·梅塞尔逊和富兰克林·斯塔尔用同位素完全证明了这个假说。

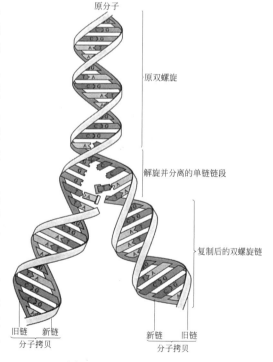

图 9-8　DNA 的半保留复制

在大多数生物体中，新复制的 DNA 链并不会保持伸展的双螺旋结构，而是进一步发生卷曲和缠绕。这不仅节省了空间，还进一步组织和保护了遗传信息。当需要特定的存储信息时，又可以通过精心调整卷曲，使得该 DNA 的一小部分可以被访问。这个完整的遗传信息被打包成染色体，它是一种存在于细胞核中，由 DNA 和特定蛋白形成的棒状紧密线圈。细胞每次分裂增殖时，全套染色体都必须解开并进行完美的复制，使得每个新细胞都含有一套完全相同的染色体。

(二) 基因突变

DNA 的这种半保留复制过程极为可靠，发生错误的可能性只有万分之一，因此保证了生物物种的稳定性和延续性。尽管错误的可能性只有万分之一，但还是可能发生，这里的错误称为突变，是指由 DNA 碱基顺序的改变，引起的生物遗传性变化的现象。例如正常条件下碱基 A 应与 T 配对，但是由于不同的异构体存在，导致 A 与 C 配对。DNA 复制中由于细胞不能识别这样的错误，出现的随机突变是不可逆的。基因突变能够引起遗传的变异，而变异又是进化的基础。如果 DNA 的复制是绝对可靠，绝对没有任何错误的，那么生物体的突变只能靠外界因素来实现，生物的进化也就不会是目前的情况了，也就不可能有今天五彩缤纷的生物世界了。但是，在某些条件影响下，如物理、化学因素，DNA 复制错误的可能性会大大增加。紫外线、高能射线、电离作用以及一些化学物质，如亚硝酸钠、二噁英、苯并芘等，干扰 DNA 的正常复制和转录时，DNA 复制发生错误，从而可能诱发生物体的病变。

三、基因的表达

(一) 基因表达的中心法则

染色体中的 DNA 分子用来储存和维持有机生命体所需的信息，例如在什么部位（如手、脸、耳朵、叶、花等）形成什么样的结构，什么样的酶应该被制造出来控制像呼吸和消化这样的功能，这些信息完全取决于 DNA 分子两条链上碱基的排列顺序。通过 DNA 的复制，遗传的特征就由亲代传给子代。在子代的生长发育过程中，以 DNA 分子为模板，合成出与 DNA 分子碱基互补的 RNA 分子，这种 RNA 分子从而具有了从 DNA 传递而来的遗传信息，这种从 DNA 到 RNA 的过程称为基因的转录，此过程为基因表达的第一步。基因表达的第二步是从 RNA 到蛋白质的过程，由于两者分别由

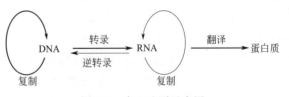

图 9-9　中心法则示意图

核苷酸与氨基酸构成，好像是由一种语言翻译成另外一种语言，称为翻译。所以，DNA 的核苷酸序列是遗传信息的储存者，它通过自我复制得以保存，通过转录生成 RNA，进而翻译成蛋白质来控制生命现象，这就是生命科学的中心法则（图 9-9）。该法则表明，信息流的方向是 DNA→RNA→蛋白质。另外，有些病毒也可以由 RNA 转录出 DNA（逆转录）。

(二)基因表达的具体过程

基因表达的具体过程如下：携带遗传信息的 RNA 从细胞核内移动到核外的细胞质中，然后再由一种"转换器"把碱基序列"翻译"成氨基酸序列。这种"转换器"就是前面提到的 tRNA。1961 年，那种把遗传信息从核内传递送到核外的 RNA 分子的存在也被证实，就是 mRNA。蛋白质的合成是在核糖体上进行的。核糖体是分散在细胞质中的许多小颗粒，本身是由蛋白质和 RNA 构成的，被称为 rRNA。mRNA 的一头会与核糖体结合，然后核糖体便沿着 mRNA 从头一直"读"到尾，边读边把 tRNA 携带的氨基酸拼在一起，于是蛋白质就这样制造出来。

(三)遗传密码

这个翻译过程的遗传密码是什么呢？后来发现在核酸中的核苷酸序列与蛋白质中的氨基酸序列之间，存在着由三个一定顺序的核苷酸决定一种氨基酸的对应关系，这就是遗传密码，也就是 RNA 分子中的 4 种核苷酸如何决定 20 种氨基酸的问题。

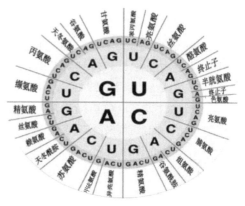

图 9-10　遗传密码图示

图中心的 4 个字母代表密码子的第一位碱基，周围一圈字母代表第二位碱基，再向外一圈代表第三位碱基，最外一圈带代表由这三位碱基构成的密码子决定的氨基酸种类

最先，美国物理学家乔治·伽莫夫猜测，应该是 3 个碱基合起来作为一个"密码子"编码一个氨基酸，因为蛋白质的基本氨基酸有 20 种，两个碱基的各种排列却只有 $4 \times 4 = 16$ 种，不够用；三个碱基的各种排列则有 $4 \times 4 \times 4 = 64$ 种，这就绰绰有余了，4 个核苷酸的碱基组合是 256 种，就太浪费了。同年，美国的马歇尔·尼伦伯格等人破译出第一个"密码子"。他们的办法是这样的：首先把大肠杆菌碾碎，除去细胞碎片，剩下的清液里就含有核酸体和各种 rRNA、氨基酸、酶等蛋白质合成所必需的物质；再把全由 U 构成的人造 RNA 加到这种清液里，过了一段时间以后，溶液中居然出现了全由苯丙氨酸构成的肽链，这就知道了密码 UUU 代表苯丙氨酸。接下来，尼伦伯格等人，用了 5 年时间，把大肠杆菌的 64 个遗传密码全部破解（图 9-10）。在 64 个密码中，有 60 个是编码氨基酸的，有 3 个是终止蛋白质合成的，有 1 个既是开始合成，又可编码甲硫氨酸的，具有双重功能。大肠杆菌的遗传密码，对几乎所有其他已知的生物都是适用的。遗传密码的破译被认为是 20 世纪生物学中的一个重要发现。

第三节　DNA 重组与基因工程

DNA 重组与基因工程

1980 年，P. Berg、F. Sanger 和 Walter. Gilbert 三位化学家获得诺贝尔化学奖，获奖原因是他们在 DNA 重组等方面的研究工作对现代基因工程有开创性的贡献。1993 年，M.

Smith 和 K. B. Mullis 因发明寡聚核苷酸定点诱变和多聚酶链式反应（PCR）技术对基因工程有重大贡献而获得诺贝尔化学奖。2020 年诺贝尔化学奖得主埃马纽埃尔·卡彭蒂耶和詹妮弗·杜德纳发现了基因研究中最锐利的工具之一，即 CRISPR/Cas9——"基因剪刀"。诺贝尔奖官网介绍称，通过这项技术，研究人员可以极其精确地改变动物、植物和微生物的 DNA。这项研究对生命科学产生了革命性的影响。从上述重大研究成果看出，没有化学的参与，就不可能有现在的基因工程。

一、 DNA 重组与基因工程概述

(一)基因工程的定义

今天，大家对于"基因工程"和"转基因"都比较熟悉了，但是大家对这两个概念的印象可能相去甚远。提到基因工程，很多人联想到的是厂房、生产线等，最终生产出来的是人类所需要的产品。但是，提到转基因，人们想到的是超级病菌、变异的怪兽等。实际上基因工程的本质就是转基因。DNA 重组技术也称为克隆技术，是指将不同的 DNA 分子片段，按照人为的设计方案定向连接起来，与载体一起，在特定的受体细胞中得到复制和表达，使受体细胞获得新的遗传特征，这一技术过程也称为基因工程。简单一点说，基因工程就是对生物体 DNA 的直接操纵。严格地讲，基因工程的含义更为广泛，它还包括除 DNA 重组技术外的一些其他可使生物基因组结构得到改造的技术。

(二)转基因现象的发现

生物间真正的转基因现象，是 1959 年在日本发现的。1947 年，日本刚刚战败，一年内就有 9000 人死于痢疾。1955 年，引起痢疾的痢疾杆菌对当时治疗用的磺胺类药物完全产生了抗药性。后来利用更新、更高效的药物——抗生素治疗痢疾取得了成效。1956 年研究发现，痢疾患者体内分离出的痢疾杆菌，居然对磺胺、链霉素、四环素和氯霉素都有抗药性。第二年，又发现从痢疾患者体内分离出来的大肠杆菌，也产生了多重抗药性。1959 年，日本的两位流行病学家发现，把有多重抗药性的大肠杆菌和没有多重抗药性的痢疾杆菌混合培养，一段时间以后，痢疾杆菌也有了多重抗药性。当然把有多重抗药性痢疾杆菌和没有多重抗药性的大肠杆菌混合培养也得到了同样的结果。他们经过研究确定，决定抗药性的基因是位于这两种细菌染色体 DNA 以外的一种叫作"质粒"的环状 DNA 分子，称之为 R 质粒。上述的大肠杆菌和痢疾杆菌虽然是两种不同的细菌，可是彼此间却可以交流，它们的细胞可以连通在一起，从而两个细胞的 R 质粒便可以相互交流基因。这是人类发现的第一个转基因现象。1970 年，RNA 的逆转录过程被发现，病毒可以通过逆转录把自身的基因转到寄主的 DNA 分子里面，这是第二种天然转基因途径。

二、基因工程的步骤

20 世纪 50 年代，瑞士的 Werner Arber 发现，大肠杆菌可以把噬菌体的 DNA 打碎，避免对自身造成伤害。这种能切断 DNA 的酶在 1970 年由美国的 Hamilton O. Smith 及其合作者从流感嗜血杆菌中分离出来的，它可以把双链 DNA 在特定的序列处切断，称为"限制酶"。1967 年，发现了与限制酶作用相反的 DNA 连接酶，它可以把断开的 DNA 双链黏起来。有了上述"剪刀"和"胶水"，人类就可以按照自己的意图对 DNA 进行操纵了。1973 年，美国的斯坦利·科恩等人，从大肠杆菌里取出两种不同的质粒。科恩把这两种分别对抗不同药物的质粒上的不同抗药基团"裁剪"下来，再把这两个基团"拼接"成一个叫"杂交质粒"的新质粒。当这种"杂交质粒"进入大肠杆菌体内后，这些大肠杆菌就能抵抗两种药物了，而且这种大肠杆菌的后代都具有双重抗药性，这表示"杂交质粒"在大肠杆菌的细胞分裂时能自我复制了，标志着基因工程的首次胜利。

基因工程一般需要以下五个步骤（图 9-11）。

1. 目的基因（所需 DNA 片段）的分离与制备

具体方法有：从生物基因群体中分离、人工合成和 PCR 技术。PCR 可扩增各种材料的 DNA 且不必分离目的基因，并可在短时间内获得大量的目的 DNA 片段。

2. 把目的基因与载体连接起来

虽然直接把目的基因引入受体细胞也不是不可能，但大多数情况下，因每种生物经过漫长的进化演变，已具有抗拒异种生物侵害而保护自己的能力，所以当外源 DNA 直接进入细胞后，往往会被限制性内切酶等酶类破坏。这就需要一种载体把目的基因安全送进受体细胞中。此类载体往往能比较方便地进入受体细胞，还要能够在受体细胞中复制自己以便扩增。基因工程中所应用的载体往往带有一定的选择性标记和酶切位点，这样可以方便地选择和装卸外源 DNA。最常用的载体是质粒（环状 DNA）和噬菌体等。

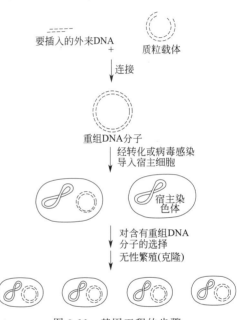

图 9-11　基因工程的步骤

3. 将重组 DNA 导入受体细胞

重组 DNA 分子建立之后还要引入到受体细胞中去，使细胞获得新的遗传特性，此过程称为转化或感染。常用的受体细胞主要是细菌，如大肠杆菌细胞，因为细菌具有操作方便、容易培养、繁殖迅速等特点，此外还用酵母、植物细胞和哺乳动物细胞。

4. 筛选出含有重组体的细胞进行克隆

由于细胞的转换率较低，即转换后带有重组 DNA 的细胞只占其总数的百万分之一，所以必须用一些方法检验，然后筛选出含有重组 DNA 的细胞进行克隆。

5. 目的基因在受体细胞中得到表达

通过基因在受体细胞中的表达，生产出人类所需的产品——蛋白质，这样基因工程就成功了。

第四节 基因工程的应用

转基因食品与绿色合成化学

一、杂交与转基因育种

杂交技术和转基因技术都是育种的一种方式，通过某种手段使种子朝着自己希望的方向去发展，大大提高了作物的产量。但是杂交和转基因并不是一回事，可以说有着本质的区别。

(一)杂交育种

回忆我们从古到今栽培植物的过程，人们倾向于种植那些具有特定性状的植物。可以说，从史前时代人类就开始按自己的意愿选育优良的生物品种。所以，为了创造具有新的独特性状的品系，人们将不同品系进行杂交，最终我们驯化了植物，创造出如今的农作物。例如，柑橘类水果，它们是现在世界上种类最多、产量最大的水果。其实形形色色的柑橘类水果只有 3 个不同的祖先——橘子、柚子和枸橼。后来的其他各种柑橘类水果，如酸橙、甜橙、蜜柑、柠檬、葡萄柚等，都是用这 3 个祖先品种反复杂交而形成的。又如，玉米原产于美洲，该地区的原住民改造了类蜀黍植物的基因，不同于现在玉米产生玉米棒子的结果方式，这种植物的果实结在茎干的顶部。改良育种为我们提供了更具有营养的食品（图 9-12）。

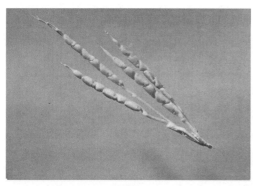
(a) 类蜀黍

(b) 玉米

图 9-12　类蜀黍（a）和玉米（b）

从上述例子可以看出，杂交育种是将父母本杂交，形成不同的遗传多样性，再通过对杂交后代的筛选，获得具有父母本优良性状，且不带有父母本中不良性状的新品种的育种方法。例如，我国的杂交水稻就是其典型代表，杂交水稻（hybrid rice）指选用两个在遗传上有一定差异，同时它们的优良性状又能互补的水稻品种进行杂交，生产具有杂种优势的第一代杂交种，就是杂交水稻。杂交水稻具有根系发达、穗大粒多、适应性好、米质好等优势。我国被誉为"杂交水稻之父"的袁隆平一生致力于杂交水稻技术的研究、应用与推广，发明"三系法"籼型杂交水稻，成功研究出"两系法"杂交水稻，创建了超级杂交稻技术体系。国际上甚至把杂交稻当作中国继四大发明之后的第五大发明，誉为"第二次绿色革命"。

(二)转基因育种

长期以来，人们一直用动植物和微生物的手段（即杂交和选择）来培养植物和动物新品种，后来又发展到人工诱变。但是由于不同物种之间的生殖隔离给中间杂交带来了极大的困难，同时人工诱变尚不能定向，所以以往育种工作盲目性大，且效率低，许多育种专家用一生的心血却只能培育出几个优良品种。从理论上讲，基因工程可以把任何不同种类生物的基因结合在一起，从而赋予生物所需要的遗传特性，这样得到的生物称为转基因生物，这使人类向育种的自由王国迈进了一大步。

例如，人们用基因工程技术培育出能够产生苏云金芽孢杆菌（Bt）毒蛋白的农作物是基因工程中的一个例子。金芽孢杆菌毒蛋白是一种细菌性生物杀虫剂，对防治鳞翅目幼虫效果尤为明显。它的制剂是胃毒剂，进入昆虫消化道后，伴孢晶体（主要成分为蛋白质）被昆虫碱性肠液破坏，成较小单位的 δ-内毒素，使中肠停止蠕动、瘫痪，中肠上皮细胞解离、停食，芽孢则在肠中萌发，经被破坏的肠壁进入血腔，大量繁殖，使害虫得败血症而死。利用转基因技术把来自于 Bt 的 DNA 片段转移进玉米植株中，玉米获得了自己产生这种毒素的能力，就得到了 Bt 转基因玉米（图 9-13）。同样利用基因工程还可以产生 Bt 棉花、Bt 土豆、Bt 水稻等，它们都可以产生抗虫性。

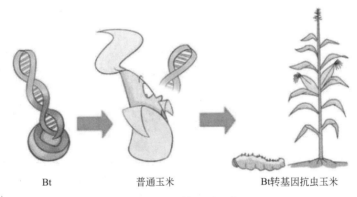

Bt　　　　　　普通玉米　　　　　　Bt转基因抗虫玉米

图 9-13　Bt 转基因玉米

(三)杂交和转基因育种的区别

从杂交水稻和 Bt 转基因玉米的育种过程，可总结出杂交和转基因育种的差别有以下几点。

1. 原理不同

杂交是不同个体之间的基因组合，不会产生新的基因。杂交的目的是让母体各自的优良性状同时表现在下一代。比如两粒种子，一粒抗旱好，一粒抗病虫害好，那么下一代就又抗旱又抗病虫害，这是杂交育种优势的体现。转基因育种是在植物的基因序列中添加新的基因，这改变了植物原来的基因。一般来说，转基因的效果会在下一代中表现明显。

2. 繁殖方法不同

繁殖方式不同。杂交用的是自然之间的有性繁殖，只不过是人为地给它们创造了更有力的繁殖条件。转基因是无性繁殖，主要采用的是基因嫁接的方式。

3. 父本、母本不同

杂交育种是选择两种亲缘关系近的植物或动物进行杂交，逐代筛选综合了父本、母本优良性状的后代，不会脱离其本身所属种类。而转基因的基因片段可以是从特定生物体基因组中提取的，也可以是人工合成指定序列的 DNA 片段，所以转基因技术可以创造出新物种。

4. 结果不同

杂交育种过程中结果是未知的，只有结果出来才知道是遗传了上一代的优良基因还是劣质基因，它需要一遍又一遍地实验才能达到理想的状态，换句话说，它的结果不可控，甚至会失败。而转基因是用人为挑选的基因序列进行育种，添加了我们想要的基因片段，结果是可知的。

二、转基因农作物和转基因食品

(一)转基因食品

转基因食品是利用现代生物技术，将某些生物的基因转移到其他物种中去改变生物的遗传性质，使其在性状、营养品质、消费品质等方面向人们所需要的目标转变，以转基因生物为原料加工生产的食品，就是转基因食品。

转基因植物是 1983 年第一次出现。这一年，有 4 个研究小组同时培育出转基因植物——含有抗生素类抗体的烟草（图 9-14）、开出白和紫相间花的矮牵牛和向日葵，所采用的转基因方法相同，就是把要转入的基因拼接到土壤杆菌质粒中，再让土壤杆菌充当载体，把基因转给植物。而第一种批准上市的转基因食品是转基因西红柿。普通西红柿在成熟的时候，会合成出一种"多聚半乳糖醛酸酶（PG 酶）"，这种酶使西红柿变软，导致了西红柿不耐贮藏，容易腐

图 9-14　世界上第一例转基因植物——烟草

烂。美国 Calgene 公司采用反义 RNA 技术，向西红柿中转入一个反义基因，关闭了 PG 酶基因的表达，西红柿就合成不出 PG 酶，就不会这么快变软了。1994 年这种延熟番茄进入美国市场。

1999 年瑞士的英格·波特里科斯和德国的彼得·拜耶利用转基因技术成功培育成功了"金大米"。两位科学家向水稻中转入了 3 种基因，其中 2 种来自于黄水仙、1 种来自于细菌。这 3 种基因可以在大米中制造出胡萝卜素，这些胡萝卜素让白色的大米带上了金黄色。这种富含胡萝卜素的金大米，解决了大米中不含维生素 A 导致的营养不全面问题。

(二)转基因食品的优势

转基因食品的迅速发展，得益于其自身独有的优势。① 可降低生产成本，一个品种的

基因加入另一种基因，会使该品种的特性发生变化，具备原品种所不具备的因子，从而增强了抗病、抗杂草或抗虫害能力，由此可以减少农药和除草剂的用量，降低种植成本。② 可提高作物单位面积产量，作物通过基因改良后，更容易适应环境，能更有效抵御各种灾害的袭击，并使产量更高。③ 转基因技术可以使开发农作物的时间大为缩短，利用传统的育种方法，需要 7~8 年时间才能培育一个新的品种，而基因工程技术培育出一种全新的农作物品种，时间可以缩短一半。

(三)转基因的潜在危害

直到今天，转基因食品是否会对人体健康造成潜在的伤害，仍然是一个存在巨大争议的问题。目前人类对转基因的担忧主要表现在以下几个方面。

1. 转基因食品本身存在的安全隐患

例如，转基因食品中存在的过敏原问题。基因结构的改变，可能会改变基因的表达，从而提高某些天然植物毒素的表达水平，使其产生对人体有害的毒素或者毒素含量增加。某些基因工程中选用的载体大多为抗生素性标记，人们在食用转基因食品后，可能会产生抗生素抗性，从而降低抗生素在临床中的有效性。

2. 转基因农作物对生态环境的影响

转基因农作物相对于非转基因农作物具有一定的优势，如缺乏天敌的存在，以及外界环境的强适应性，但也破坏了原有的生态结构和食物链，打破了原有生物种群的动态平衡。转基因农作物还可能通过杂交作用，使野生亲缘种获得转基因，进化为超级杂草。进化速度过快，可能会产生新的病毒或者有害物种，可能会造成基因污染，也就是外源基因扩散到其他物种，造成自然界基因库的混乱或污染。

三、基因工程在医药领域的应用

基因工程技术在医药领域中也有着极为广泛的应用前景，最早的应用就是利用转基因植物或转基因动物生产药用蛋白质。

(一)基因工程用于生产药物

用基因工程生产的最早的两种药物分别是重组人胰岛素和重组生长激素。有了 1978 年科恩利用基因工程合成出具有抗药性的大肠杆菌的先例，让细菌分泌人胰岛素或生长激素的技术就水到渠成了，只要把表达这些激素的基因拼接到大肠杆菌的质粒里就行。

1. 人胰岛素的合成

自从 1921 年发现胰岛素以来，它就成为治疗 I 型糖尿病的最有效药物。人胰岛素是由 51 种氨基酸组成的很小的蛋白，但是其化学合成却很不简单。在 1982 年以前，用于糖尿病治疗的胰岛素都是从牛和猪的胰腺中分离出来的。要提取 1 克猪、牛胰岛素需要几十千克的胰脏，这让胰岛素成了供不应求的药物，比黄金还贵重。并且后来发现牲畜产生的胰岛素和人类的胰岛素不完全相同。牛胰岛素和人胰岛素的区别在于 51 个氨基酸中有三个不同，猪胰岛素和人胰岛素只有一个氨基酸不同。尽管这些差别是微小的，却非常重要，比如某些患者可能会出现对抗异源胰岛素的抗体，并对其产生排斥作用，也就是说需要人胰岛素。尽管胰岛素可以在实验室中合成，但是这个过程对工业化大批量生产而言太过复杂，造价太高。幸运的是1978年，基因泰克（Genentech）公司利用DNA重组技术，成功地使大肠杆菌生产出人胰岛素。编码人胰岛素的基因被导入质粒，质粒又被导入大肠杆菌中，这就是人们今天所依赖的更为稳定和经济的人胰岛素来源（图9-15）。

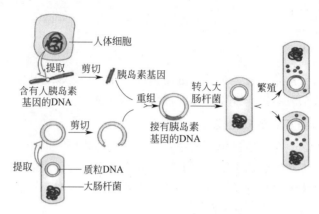

图 9-15　基因工程生产人胰岛素

2. 生长激素的合成

生长激素是由人的脑垂体分泌的，主要作用之一是促进儿童身体生长，因此可以用来治疗一种叫"垂体性侏儒症"的遗传病（这种病的患者垂体不能分泌足量的生长激素，结果造成身体发育缓慢，个头矮小）。可是，最初生长激素只能从人体内获取，要得到1克生长激素，需要解剖几十具尸体的脑垂体。1979年，用生产人胰岛素类似的方法，人们用大肠杆菌也生产出了生长激素。此两种药物在1982年和1985年先后进入市场。原本供不应求、价格昂贵的药物，现在普通人也承受得起了。

目前，通过基因工程技术也成功合成了人体活性多肽、白介素、促红细胞生长素等药物。

(二)基因诊断和基因疗法

人类疾病都直接或间接与基因相关，在基因水平上对疾病进行诊断和治疗，既可提高病因诊断的准确性和原始性，又可使诊断和治疗工作达到特异性强、灵敏度高、简便快速的目的。

所谓基因诊断就是利用现代分子生物学和分子遗传学的技术，直接检测基因结构及其表达水平是否正常，从而对疾病作出诊断的方法。目前基因诊断作为第四代临床诊断技术已被广泛应用于对遗传病、肿瘤、心脑血管疾病、病毒细菌寄生虫病等的诊断。

基因治疗是用正常的基因整合入靶细胞，以校正和置换致病基因的一种治疗方法。目前从广义上来讲，将某种遗传物质转移到患者细胞内，使其在体内发挥作用，以达到治疗疾病目的的方法，也称之为基因治疗。而基因治疗的目标则是通过DNA重组技术创建具有特定功能的基因重组体，以补偿失去功能的基因的作用，或是增加某种功能对异常细胞进行矫正或消灭。

四、基因工程在绿色合成化学中的应用

基因工程在绿色合成化学中也有着重要的应用。例如，大多数高分子是在大型化工厂合成的，整个过程需要消耗大量的化学试剂和能量，并且这些化学试剂往往是石油的衍生物。Metbolix 公司的科学家通过基因工程解决了这个问题。通过基因改造的生物体，能够利用玉米、甘蔗、菜籽油等可再生的原料生产单体，然后催化其聚合反应。如聚羟基丁酸酯，这种生物塑料像聚丙烯一样，可以被加工成塑料用具和涂料，非常类似于聚丙烯。然而不同于聚丙烯的是聚羟基丁酸酯是生物可降解的，制备过程使用低毒的材料，非常高效，并降低了温室气体的排放。利用基因工程的绿色合成化学反应相比于传统的化学反应，更快、更安全，产生更少的有毒物质，同时只需更低的温度并产生更少的废料。

结晶牛胰岛素的全合成

1965 年 9 月 17 日，中国科学院上海生物化学研究所的钮经义、龚岳亭等，北京大学的季爱雪、邢其毅和中国科学院上海有机化学研究所的汪猷、徐杰诚等科学家经过 7 年攻关，成功合成结晶牛胰岛素，这也是世界上第一个人工合成的蛋白质。标志着人类在探索生命奥秘的征途中迈出了关键性一步，它促进了生命科学的发展，开辟了人工合成蛋白质的时代，更挽救了无数人的生命，在人类生物化学发展史上留下了浓墨重彩的一笔。

牛胰岛素由 A、B 两条链组成，A 链由 21 个氨基酸组成，B 链由 30 个氨基酸组成，两条链通过两个二硫键连接在一起。1958 年，研究组成员在前人对胰岛素结构和肽链合成方法研究的基础上，开始探索利用化学方法来合成胰岛素。虽然当时国际学界已具有了一定的研究基础，但人工合成胰岛素绝非易事，尤其是多肽链的合成，一直难以获得成功。首先他们将天然胰岛素的 A、B 两条链拆开，再重新连接得到重合成的天然胰岛素结晶，为下一步的人工合成确定了路线。经过长期的努力，上海有机所和北京大学共同合成了 21 个氨基酸的 A 肽链，上海生化所合成了 30 个氨基酸的 B 肽链，并承担了最后 A、B 肽链的组合折叠工作，研究组终于完成了结晶牛胰岛素的全合成，经过检测它的结构、生物活性、物理化学性质、结晶形状都和天然的牛胰岛素完全一样。这是世界上第一次人工合成出与天然胰岛素分子具有相同化学结构和完整生物活性的蛋白质，也是继 1828 年从无机物出发人工合成首个有机分子尿素后，人类在揭示生命本质的征途上实现的里程碑式的新飞跃。

人工合成牛胰岛素的成功，推动了我国胰岛素分子结构研究和胰岛素作用原理的研究，使我国的胰岛素研究形成了具有我国特色的体系，并培养了一批优秀的蛋白质和多肽的研究人才，使我国在人工合成生物大分子方面一跃至世界领先水平。在这项工作完成以后，我国的科学工作者继续改进合成方法，并合成了许多有应用价值的多肽激素，同时进行了更大蛋白质分子的人工合成。

参 考 文 献

[1] 周为群，杨文. 现代生活与化学 [M]. 2 版. 苏州：苏州大学出版社，2016.

[2] 刘雁红，刘永新. 化学与社会生活安全 [M]. 北京：科学出版社，2021.

[3] 徐建中，马海云. 化学简史 [M]. 北京：科学出版社，2019.

[4] 徐冬梅. 走进化学 [M]. 北京：科学出版社，2018.

[5] 赵雷洪，竺丽英. 生活中的化学 [M]. 杭州：浙江大学出版社，2010.

[6] 江元汝. 化学与健康 [M]. 北京：科学出版社，2009.

[7] 伊恩·C·斯图尔特，贾斯廷·P·罗蒙特. 身边的化学秘密 [M]. 侯鲲，雷铮，译. 上海：上海技术文献出版社，2020.

[8] 凯瑟琳·米德尔坎普. 化学与社会 [M]. 段连运，译. 北京：化学工业出版社. 2018.

[9] 孟长功. 化学与社会 [M]. 2 版. 大连：大连理工大学出版社，2008.

[10] 柳一鸣. 化学与人类生活 [M]. 北京：化学工业出版社，2011.

[11] 杨文，邱丽华. 化学与生活 [M]. 北京：化学工业出版社，2020.

[12] 王彦广. 化学与人类文明 [M]. 杭州：浙江大学出版社，2000.

[13] 张胜义，陈祥迎，杨捷. 化学与社会发展 [M]. 合肥：中国科学技术大学出版社，2009.

[14] 张倩，李孟. 水环境化学 [M]. 北京：中国建材工业出版社，2018.

[15] 徐峰，陶雪芬. 药物化学 [M]. 2 版. 北京：化学工业出版社，2019.

[16] 陈润生，刘夙. 基因的故事：解读生命的密码 [M]. 2 版. 北京：北京理工大学出版社，2018.

[17] 王凯雄，徐冬梅，胡勤海. 环境化学 [M]. 2 版. 北京：化学工业出版社，2018.

[18] 陈平初，李武客，詹正坤. 社会化学简明教程 [M]. 北京：高等教育出版社，2004.

[19] 田民波. 图解化学电池 [M]. 北京：化学工业出版社，2019.

[20] 陈卫华，王凤忠. 食品安全中的化学危害物——检测与控制 [M]. 北京：化学工业出版社，2017.

[21] 蔡平. 化学与社会 [M]. 2 版. 北京：科学出版社，2016.

[22] 汪朝阳，肖信. 化学史人文教程 [M]. 2 版. 北京：科学出版社，2015.

[23] 皇甫倩. 化学与社会 [M]. 北京：科学出版社，2020.

[24] 景崤壁，吴林韬. 化学与社会生活 [M]. 北京：化学工业出版社，2020.

[25] 高胜利，谢钢，杨奇. 化学·社会·能源 [M]. 北京：科学出版社，2012.

[26] 唐玉海，张雯. 化学与人类文明 [M]. 北京：化学工业出版社，2020.

[27] 李强林，黄万千，肖秀婵. 化学与人生哲理 [M]. 重庆：重庆大学出版社，2020.

[28] 周公度. 化学是什么 [M]. 2 版. 北京：北京大学出版社，2019.

[29] 尼瓦尔多·J·特罗. 基础化学与生活 [M]. 王毕魁，傅姗，译. 北京：电子工业出版社，2021.

[30] 王运，胡先文. 无机及分析化学 [M]. 4 版. 北京：科学出版社，2016.